普通高等教育“十四五”规划教材

深海金属矿产资源及利用

居殿春　陈春钰　编著

本书数字资源

北　京
冶　金　工　业　出　版　社
2024

内 容 提 要

本书共分为4章，内容包括多金属结核、富钴结壳、多金属硫化物、深海稀土软泥。为了巩固学习内容，每章后均附有思考题。

本书可作为高等院校冶金工程、金属材料工程、矿物工程、海洋工程与技术、海洋资源开发技术等相关专业的教材，也可供相关研究人员和工程技术人员参考。

图书在版编目(CIP)数据

深海金属矿产资源及利用/居殿春，陈春钰编著．—北京：冶金工业出版社，2024.3

普通高等教育“十四五”规划教材

ISBN 978-7-5024-9730-9

Ⅰ.①深…　Ⅱ.①居…　②陈…　Ⅲ.①金属矿物—矿产资源—高等学校—教材　Ⅳ.①P578

中国国家版本馆CIP数据核字（2024）第041441号

深海金属矿产资源及利用

出版发行	冶金工业出版社	**电　话**	(010)64027926
地　址	北京市东城区嵩祝院北巷39号	**邮　编**	100009
网　址	www.mip1953.com	**电子信箱**	service@mip1953.com

责任编辑　王　颖　美术编辑　吕欣童　版式设计　孙跃红　郑小利

责任校对　范天娇　责任印制　禹　蕊

北京建宏印刷有限公司印刷

2024年3月第1版，2024年3月第1次印刷

787mm×1092mm　1/16；10.25印张；247千字；155页

定价49.90元

投稿电话　(010)64027932　投稿信箱　tougao@cnmip.com.cn

营销中心电话　(010)64044283

冶金工业出版社天猫旗舰店　yjgycbs.tmall.com

（本书如有印装质量问题，本社营销中心负责退换）

前　言

深海海底演化历史悠久，造就了丰富而独特的地质环境、地貌特征和生态系统，也形成了特有的金属矿产资源。目前，社会能源转型升级的步伐加速推进，清洁能源越来越受到重视，随着清洁能源对钴、镍、锰等金属矿产的需求日益增长，深海金属矿产资源受到关注，也将为国民经济可持续发展提供主要支撑。

江苏科技大学新兴科技创新团队精细冶金研究所以氢冶金工艺为基础对深海金属矿产资源进行了开发利用研究，并取得积极效果。本书围绕多金属结核、富钴结壳、多金属硫化物、稀土软泥等深海金属矿产资源的成矿机理及形成过程、分布、勘探、开采、冶金矿物学特性，以及提取冶金工艺技术的国内外研究现状和未来发展趋势等进行编写。

本书由江苏科技大学居殿春、陈春钰编撰。在编撰过程中，课题组研究生周东杰、李凡、徐思语、王炳伟、李莹莹、何家琪等在收集和整理文献资料方面完成了大量繁杂工作，课题组教师邱家用、堵伟桐、陈卓、白妮等在书稿审阅阶段提供了有益的修改意见和建议。

本书在编写过程中，参考了有关文献资料，在此向文献作者表示衷心感谢。

本书的出版得到了江苏科技大学冶金工程学科建设经费的资助，部分研究样品由中国大洋协会提供，在此表示感谢。

由于编者水平所限，书中不妥和疏漏之处，敬请广大读者批评指正。

编　者

2023 年 10 月

目　录

1 多金属结核

1868 年，在北冰洋喀拉海首次发现了铁锰结石；1872—1876 年，英国皇家海军“挑战者号”考察船环球探险过程中，在大西洋和其他大洋中发现了许多像土豆一样的深褐色小球，富含锰和铁元素；1900 年前后，在东太平洋的多数拖网取样中发现深海多金属结核（Polymetallic Nodules，也称多金属结核、锰结核）。从 20 世纪 60 年代起，陆地上的镍、铜、锰等金属资源获取越发困难，而这些金属资源的需求量激增、价格猛涨，相关国家从而对开发深海多金属结核产生了极大的兴趣。

我国自 20 世纪 70 年代末启动了深海多金属结核资源调查。1990 年 4 月，中国大洋矿产资源研究开发协会（China Ocean Mineral Resources research and Development Association，简称中国大洋协会）经国务院批准成立，其宗旨是通过国际海底资源研究开发活动，开辟我国新的资源来源，促进我国深海高新技术产业的形成与发展，维护我国开发国际海底资源的权益，并为人类开发利用国际海底资源做出贡献。经过多年且系统的深海资源调查和研究，2001 年 5 月，中国大洋协会与国际海底管理局签订了《勘探合同》，标志着中国大洋协会正式从国际海底开辟活动的先驱投资者成为国际海底资源勘探的承包者；同年，在东北太平洋获得 7.5 万平方千米多金属结核合同区，该合同区多金属结核总平均丰度为 7.96 kg/km^2，总平均品位（Cu + Co + Ni）为 2.52%，干结核总量为 42259.79 万吨。

1.1 多金属结核成因

多金属结核按其物质来源不同，可分为水成型和成岩型，水成型多金属结核的物质基本上来自上覆海水中溶解态或颗粒态物质；成岩型多金属结核的物质主要来自沉积物中的孔隙水。多金属结核的形成过程主要受到水成和成岩两种沉淀过程的控制，两种沉淀物质围绕着海底硬质核心（包括岩石碎屑、鲨鱼牙等）不断沉淀并持续生长，最终形成球状、椭球状、菜花状、连生体状等不同形态类型的多金属结核。

水成沉淀过程主要发生在沉积速率低、富氧海水的深海海底或者表层沉积物中。海水中溶解态的 Mn^{2+} 和 Fe^{2+} 被氧化，以 Mn^{4+} 和 Fe^{3+} 氧化物胶体形态在硬质核心表层持续沉淀，形成水成型的多金属结核（水成结核）。水成结核多以中型的球状（3 ~ 6 cm）为主，表面较为光滑。

成岩沉淀过程主要发生在高表层海水生产力、次氧化性的海底环境和表层沉积物中。深海沉积物中有机质被氧化而发生分离和溶解，释放出 Ni、Cu、Li 等金属离子，这些金属离子在沉积物孔隙水中向海底表面运移，与富氧的上覆海水混合并被氧化成锰氧化物，形成成岩型的多金属结核（成岩结核）。成岩结核以中型和大型为主，形态较为复杂，可见菜花状、盘状、连生体状，结核常发育多核心。

海水水柱中的 Fe^{2+}、Mn^{2+} 被氧化，形成难溶的 Fe 和 Mn 的氧化物或羟基氧化物，降落到沉积物表面生长发育成多金属结核。这些结核有的暴露在海水中，有的陷入沉积物，甚至完全埋藏于沉积物。沉降到海底的有机质降解消耗溶解氧，造成沉积物内部间隙水环境缺氧，Fe 和 Mn 的氧化物在还原条件下会被转换成可溶的 Fe^{2+} 和 Mn^{2+}，它们透过间隙水向上迁移，遇到氧化环境后形成相对稳定的高价态氧化物或羟基氧化物。沉积物间隙水中 Mn、Cu、Ni 活性相对更强，使得埋藏型的多金属结核相对富集 Mn、Cu、Ni。这是造成水成成因型结核和成岩成因型结核在产状、锰相矿物、地球化学特征差异的根源。然而大洋沉积物中有机质含量少，有的甚至全部为黏土沉积，缺少硅质和钙质软泥。因此，判断多金属结核的形成是否有间隙水的参与，需要从沉积物类型、埋藏深浅、矿物组成、化学指标等多方面考虑。

1.1.1 多金属结核成因判别法

以东太平洋结核（东太结核）和西太平洋结核（西太结核）为例，将两地结核主要化学特征进行对比详见表 1-1。东太结核相对富含 Mn、Cu、Ni；Mn/Fe 原子比比值为 0.88～7.26，平均值为 2.69。西太结核相对富含 Fe、Co；Mn/Fe 原子比比值为 0.71～1.97，平均值为 1.07。东太结核 Cu + Co + Ni 质量分数为 1.01%～3.28%，平均值为 2.15%；西太结核的 Cu + Co + Ni 质量分数为 0.93%～1.68%，平均值为 1.13%。东太结核∑REY（∑REE + Y）质量分数为 587～2050 μg/g，平均值为 1164 μg/g；西太结核∑REY 质量分数为 1016～2393 μg/g，平均值为 1751 μg/g，西太结核的稀土含量明显高于东太结核，略低于西太结壳。从绝对值上看，多金属结核的稀土仍然以富集 LREE 为特征，东太结核的∑LREE（La + Ce + Pr + Nd）质量分数平均值为 974 μg/g，西太结核为 1556 μg/g，其中 Ce 接近稀土含量的 50%。结核的∑REY 含量与 Ce 含量、δCe 存在一定的正相关关系；结核中 Y 元素主要受到磷酸盐化的影响，而结核中磷含量很低，因此 Y/Ho 比值稳定，不受∑REY 含量的影响。

表 1-1 多金属结核和富钴壳主要化学元素特征对比

样品	参数值类型	w_B/%										w_B/%		δCe	Y/Ho
		Al_2O_3	SiO_2	P_2O_5	CaO	TiO_2	Mn	Fe	Co	Ni	Cu	Ce	∑REY		
东太结核	最小值	3.30	12.68	0.30	2.08	0.49	16.78	4.41	0.61	0.32	0.20	217×10^{-4}	587×10^{-4}	0.96	14.1
	平均值	5.41	15.48	0.56	2.62	1.27	25.00	10.30	0.29	1.07	0.79	588×10^{-4}	1164×10^{-4}	1.55	17.3
	最大值	6.96	19.47	1.00	3.46	2.42	32.57	19.09	0.49	1.51	1.61	1368×10^{-4}	2050×10^{-4}	3.17	21.5
西太结核	最小值	3.99	15.23	0.56	2.03	1.37	15.02	11.80	0.31	0.25	0.18	626×10^{-4}	1016×10^{-4}	2.28	16.6
	平均值	6.23	18.48	0.71	2.60	2.13	18.01	17.01	0.45	0.42	0.26	1140×10^{-4}	1751×10^{-4}	2.88	18.6
	最大值	9.41	29.02	1.50	3.52	2.67	23.2	21.05	0.55	0.79	0.59	1556×10^{-4}	2393×10^{-4}	3.44	20.9

随着 Mn 含量增加，结核的 Cu、Co、Ni 品位增加，稀土含量降低。在 Mn-Fe-(Co、Ni、Cu) 三角成因判别图中，如图 1-1 所示，西太结核具有较低的 Mn/Fe 原子比比值、低 Cu、Ni 含量和高 Co 含量，落在典型的水成成因区域，而东太结核具有较高的 Mn/Fe 原子比比值、高 Cu、Ni 含量和低 Co 含量，横跨水成成因和成岩成因。

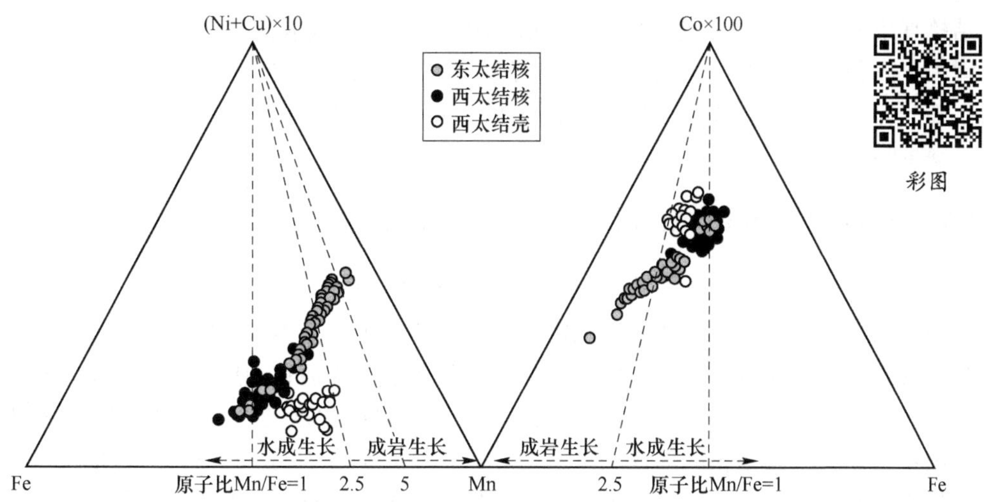

图 1-1 在 Mn-Fe-(Co、Ni、Cu) 三角成因判别图

由于 Mn-Fe-(Co、Ni、Cu) 三角成因分类难以区分热液和成岩作用，有学者通过统计全球不同海域结核样品，提出用稀土指标弥补 Mn-Fe-(Co、Ni、Cu) 在成因分类上的不足。水成成因、成岩成因和热液成因的 δCe 和 Nd 含量逐渐降低，Y/Ho 比值有升高趋势。东太结核具有较高的 Nd 含量、中等偏高的 δCe 和低的 Y/Ho 比值，落入水成成因型和成岩成因型两个区间。西太结核具有较高的 Nd 含量和 δCe 以及低的 Y/Ho 比值，全部落入水成成因型结核范围，如图 1-2 所示。两种成因分类的结果相似。

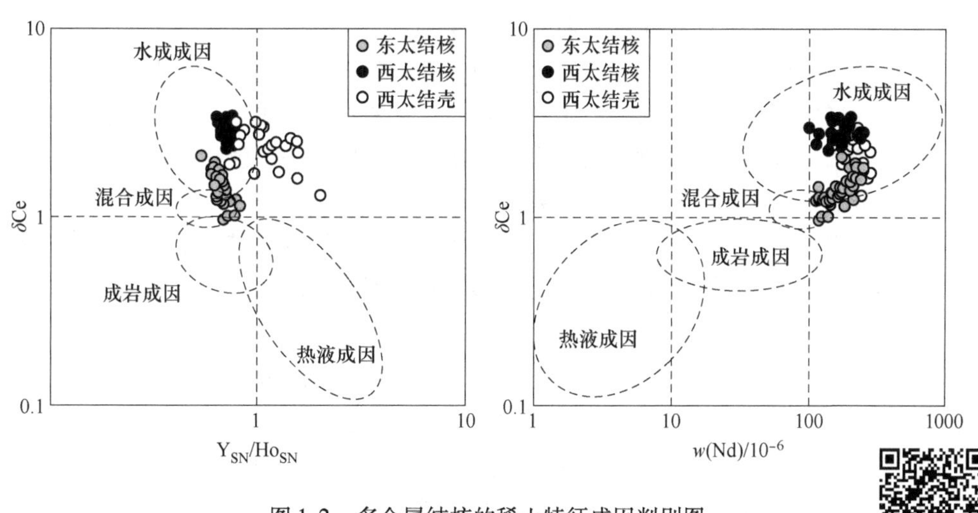

图 1-2 多金属结核的稀土特征成因判别图

多金属结核形成之初基本以结晶极差的 δ-MnO_2 和 γ-FeOOH 形态存在，结晶程度较好的具层状晶体格架的钠水锰矿和隧道结构的钡镁锰矿可以通过结晶较差的锰相矿物在后期成岩作用中重结晶形成。东太结核相对西太结核形成环境氧逸度低，成岩作用明显，而且东太结核周围的沉积物含有大量的硅质软泥组分，大多数多金属结核有一半以上陷入沉积物中，造成间隙水对接触位置元素的活化和再造。因此，东太结核相对于西

太结核富集 Mn、Cu、Ni。然而，大洋沉积物中的组分含量极低，尽管有部分东太结核全部埋藏于沉积物中，但相关间隙水影响有限。因此，东太结核显示部分落入水成成因范围，部分样品落入成岩成因范围。西太结核主要分布在深海黏土之上，主体暴露于海水中，缺少间隙水的影响，属于典型的水成成因。

1.1.2 影响多金属结核形成的因素

1.1.2.1 洋底火山作用对多金属结核形成的影响

频繁的火山活动不仅给洋底沉积提供了丰富的物源，为多金属结核的形成提供了金属组分和核心物质，而且也为多金属结核的形成创造了极为适宜的地形地貌环境。在多金属结核核心物质中，火山物质核心包括玄武岩、火山岩风化蚀变产物和浮岩约占30%，揭示火山物质与多金属结核的形成关系密切。洋底热液矿石中的 Fe、Mn 的含量很高，说明洋底热液矿石能为多金属结核的形成提供充足的物源。数量众多的玄武岩核心物质主要来自区内的海山、海丘，以玄武岩为核心的多金属结核也主要分布在这些地方，说明二者之间有非常相近的亲缘关系。可见洋底如果没有大量玄武岩的存在与供给，就很难形成海山区高丰度的多金属结核。同时，正因为玄武岩本身在外力作用下剥蚀、风化，直接参与多金属结核的形成，所以玄武岩类核心也影响了结核的形态特征，比如海山区风化破碎玄武岩，多呈棱角状或次棱角状，没有经过长距离搬运未曾磨圆，由此形成的结核也以碎屑状为主，少数为椭球状、球状、板状、连生体状等，个体一般都较小。因此，火山活动不仅能为多金属结核的形成创造环境因素（如地形地貌及加速底流流动），还能为多金属结核的生长提供主要的物源。

1.1.2.2 生物作用对多金属结核形成的影响

洋底沉积物中含丰富的生物化石，主要种类有放射虫、硅藻及有孔虫等。生物作用对多金属结核的形成有相当大的影响。生物死亡后，随着生物碎屑下沉，在深层水中受分解而重新进入海水，未分解部分则加入洋底沉积物。在深层水中，由于受硫酸根离子的细菌还原作用，磷酸根离子从有机质中被分离出来，经过氧化沉淀—还原活化—再氧化沉淀—再还原活化，逐步搬运到远洋沉积，从而为多金属结核的形成提供大量成矿物质，多金属结核中 P、Ca、Mn、Mg 等元素的获取，主要是生物作用的结果。

1.1.2.3 海底洋流对多金属结核形成的影响

海底洋流溶解能力相当强，在其流过通道上形成强氧化环境 CO_2 含量高，碳酸钙补偿深度（Carbonate Compensation Depth，CCD）界面上升，大量生物溶解，促使生物中吸附的大量成矿金属组分释放，为多金属结核的形成提供了充足的物源。同时，底流作用造成沉积间断和沉积速率变缓，对多金属结核的形成十分有利。底流有强烈冲蚀作用，可使结核免遭埋藏，有利于结核生长与富集。

1.1.3 多金属结核形成机理

太平洋新生代板块构造运动和后期火山活动，使东太平洋洋壳增生，形成了克拉里昂断裂-克里帕顿区（Clarion-Clipperton Zone，CC 区）地形地貌轮廓，确立了区域构造格局。CC 区一带南北为克拉里昂断裂带和克里帕顿断裂带，中间为广阔的深海海山丘陵区，这种特定的地形、水深为多金属结核的形成提供了有利于成矿的地质场所。由于区域地质背景的影响，断裂构造发育，火山活动比较频繁、强烈，导致大量玄武岩浆的多次喷溢与海解洋底扩张使洋中脊不断释放金属元素，玄武岩和火山岩蚀变产物经侵蚀淋滤不断释放出金属组分，火山活动也使洋底岩石沉积并发生破碎，产生岩石碎块和泥团，所有这些都为结核的形成提供了丰富的成矿金属组分和大量核心物质。CC 区第四纪时洋底海水的 pH 值为 7.72 ~ 8.18，E_h 为 366 ~ 535 mV，底层水温为 2 ℃，说明当时主要为低温、碱性-弱碱性的氧化环境，该区位于太平洋赤道高生物生产力带的北侧，极适宜放射虫、硅藻等生物种群繁育，大量生物死亡、沉积和溶解，也为多金属结核的形成提供了重要物源。CC 区由于沉积作用、生物作用、洋底火山作用、海水化学成分、南极底流等多种方式和渠道为多金属结核的形成提供了充足的物源，这些物源中的 Fe、Mn 离子由于氧化作用在海水的中-低含氧带首先形成水合氧化物胶体，这些水合氧化物胶体在下沉过程中，由于 Mn 与 Cu、Ni 等金属元素为较好的正相关关系，元素之间的相关性好，亲合力强，在吸附作用下不断吸附达到饱和状态的 Co、Ni、Cu、Zn、Pb 等离子到其表面，逐步形成多金属结核的雏形。在生物、洋流等诸多因素的作用与影响下，多金属结核的雏形在平缓的海山斜坡及粗糙的玄武岩基底开始生长发育，并逐步形成矿藏，如图 1-3 所示。

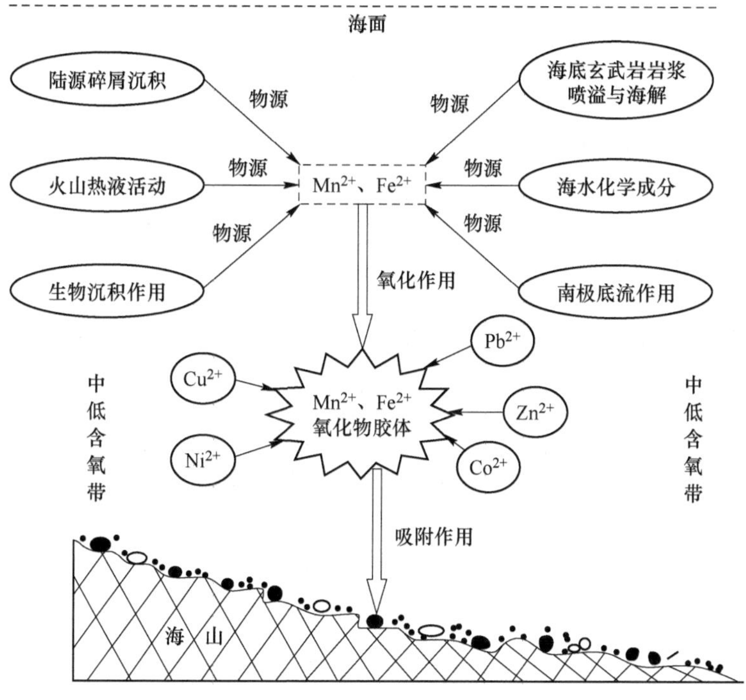

图 1-3 CC 区多金属结核形成模式示意

1.2 多金属结核分布

从 20 世纪 60 年代人们开始重点关注深海多金属结核资源以来，世界各国针对深海多金属结核的航次调查遍布太平洋、印度洋和大西洋，结果显示多金属结核资源主要分布于各大洋水深4000～6000 m的深海盆地。深海多金属结核的空间分布大致可分为两类：一类是多期形成多金属结核分布区；另一类是以单期形成为主的多金属结核分布区。深海多金属结核生长历史分为5个时期：晚渐新世至早中新世中期生长期（第Ⅰ生长期）、早中新世晚期间断期（第Ⅰ间断期）、早中新世晚期至中中新世初期生长期（第Ⅱ生长期）、中中新世中期至晚中新世末期间断期（第Ⅱ间断期）、上新世至第四纪生长期（第Ⅲ生长期）。

多金属结核产于海底积物表面，有一半或一半以上没入浅表层沉积物中，少见有全部或部分埋藏的多金属结核层，如图1-4所示。结核资源特征评价一般包括丰度、覆盖率、品位等指标。其中丰度和覆盖率是描述多金属结核富集程度的重要参数。依据我国多金属结核开辟区分布特征，将丰度划分为<5 kg/m²、5～10 kg/m²、≥10 kg/m²，依次称为边界丰度、中等丰度和高丰度。

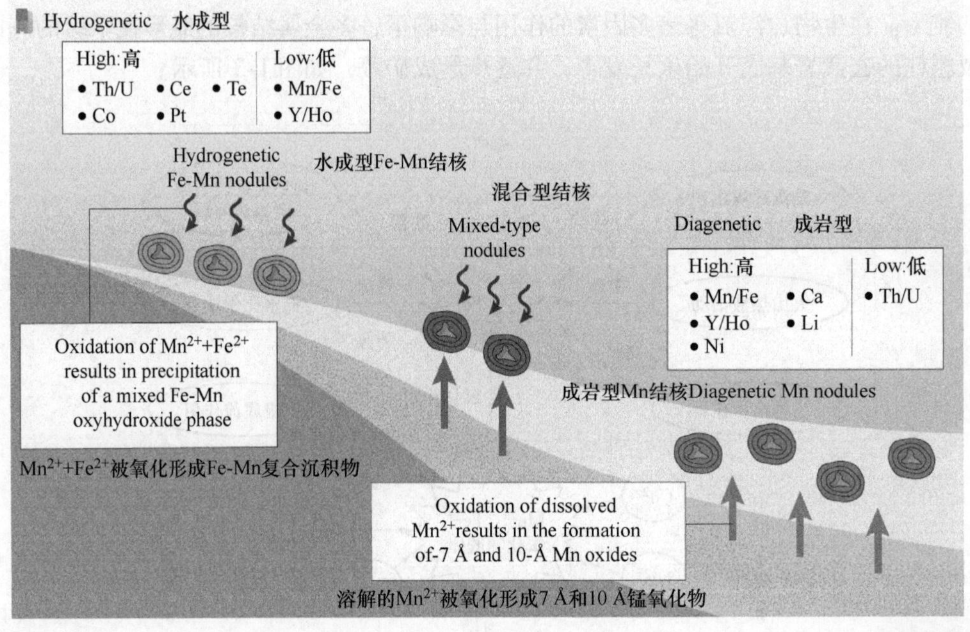

图1-4　多金属结核生长示意图
（1Å = 10^{-10} m）

彩图

首先多金属结核的丰度与沉积物的类型有很大关系，见表1-2，其中硅钙质软泥及含钙硅质软泥中多金属结核的平均丰度最高（8.4 kg/m²），其次是硅质黏土与钙质软泥（7.3 kg/m²）。硅质软泥与沸石黏土中丰度为最低，平均丰度分别为4.5 kg/m²或4.8 kg/m²，说明不同的沉积物类型，结核丰度差异很大，多金属结核丰度与表层沉积物类型关系密切，揭示沉积物的不同类型是构成多金属结核的重要物源之一，硅钙软泥及含钙硅质泥、硅质黏土、钙质软泥对多金属结核形成十分有利，而硅质软泥及沸石黏土对多金属结核的形成欠佳。

表 1-2 构成多金属结核不同沉积物的平均丰度

沉积物类型	平均丰度/kg · m^{-2}	沉积物类型	平均丰度/kg · m^{-2}
硅质软泥	4.5（138）	沸石黏土	4.8（4）
钙质软泥	7.3（27）	硅钙软泥及含钙硅质泥	8.4（20）
硅质黏土	7.3（30）		

整体来看，具有经济价值同时也是目前世界各国关注较多的深海多金属结核资源主要分布在东太平洋 CC 区、中印度洋海盆、库克群岛和秘鲁海盆等。东太平洋 CC 区多金属结核被认为最具有经济价值，其丰度范围为 0 ~ 30 kg/m^2，平均丰度约为 15 kg/m^2。CC 区多金属结核预估的储量约为 21 × 10^9 t，其中含有 Mn 约为 6 × 10^9 t，这一储量比已知的陆地全部锰储量还要大。同时，CC 区多金属结核的 Ni 含量(270 Mt)和 Co 含量(44 Mt)分别是陆地上储量的 3 倍和 5 倍。尽管多金属结核的总储量和一些主要金属元素的总量很大，但 CC 区多金属结核的整体分布并不是均匀的，整体上，CC 区中部和北部的多金属结核储量要多于南部、西南和东部。在 CC 区，品位高的多金属结核 Ni + Cu 质量分数可达 2% ~2.6%。库克群岛区域的多金属结核资源因为其具有高品位的 Co 而备受关注，其单一样品的 Co 质量分数可以达到 0.5%，这基本上达到目前已报道的海底矿产资源的最高值。同时，该区多金属结核高的 Ti 质量分数（1.2%）和 REE(REE 总质量分数 1665 × 10^{-6}）也使得该区资源具有很高的经济价值。在中印度洋海盆最富集的区域是 IONF 区(Indian Ocean Nodule Field，IONF)，约覆盖了 300000 km^2，该区域总的多金属结核储量约为 1400 Mt，平均丰度约为 4.5 kg/m^2，同时赋存 21.84 Mt 的 Ni + Cu + Co 资源。秘鲁海盆多金属结核平均丰度约为 10 kg/m^2，最高可达 50 kg/m^2。与 CC 区相比，秘鲁海盆的多金属结核具有相似的 Ni 和 Mo 含量、低的 Cu、Co 含量和 REY（REE + Y）以及高的 Li 含量和 Mn/Fe 比值，见表 1-3。

表 1-3 世界主要海底多金属结核资源区各主要金属元素含量

元素含量	CC 区	中印度洋海盆	秘鲁海盆	库克群岛
w(Mn)/%	28.4	24.4	34.2	16.1
w(Ni)/%	1.3	1.1	1.3	0.4
w(Cu)/%	1.1	1.0	0.6	0.2
w(Co)/%	0.21	0.11	0.05	0.41
w(Ti)/%	0.28	0.40	0.16	1.20
w(Mo)/%	590 × 10^{-4}	600 × 10^{-4}	547 × 10^{-4}	295 × 10^{-4}
w(Li)/%	131 × 10^{-4}	110 × 10^{-4}	311 × 10^{-4}	—
w(REE + Y)/%	813 × 10^{-4}	1039 × 10^{-4}	403 × 10^{-4}	1665 × 10^{-4}

印度洋是全球第三大洋，面积约为 7.5 × 10^7 km^2，占全球海洋总面积的 20.5%。印度洋内发育深海盆地、活动的洋脊和扩张中心、海沟、增生楔、走滑断裂带、弥散型变形带、洋底高原、无震海岭、海底扇、微陆块和陆缘盆地等多种大型构造地貌单元。其中，印度洋内占地面积最广的十多个大小不一的深海盆地是发育多金属结核的理想场所。查戈斯-拉克代夫海岭以东，东经 90°海岭以西，中印度洋脊和东南印度洋脊以北的中北印度

洋内分布着目前印度洋已知的多金属结核聚集程度最高，资源潜力最大的区域。该区域主要位于中印度洋海盆内，由IONF及周边的IOPNRA所组成。这片水深为3000～6000 m的海域内多金属结核的调查研究程度极高，仅1981—1987年就有超过50个航次在此区域内开展海上调查研究工作。

我国科学家曾搭载“大洋一号”科考船在IONF内进行过多金属结核调查工作，以开展全球不同海域的结核分布和成矿对比研究。IONF内结核大小通常为2～6 cm，中小型结核普遍为球状和类球状，少量的大型结核多呈现长条状、盘状、板状和不规则状形态。IONF内结核的矿物类型并不一致，北部区域钙锰矿含量高，相对富集Mn、Ni和Cu，表面粗糙，南部区域则水羟锰矿含量高，相对富集Fe和Co，表面光滑。通过对IONF海底约1000处站位结核的取样研究发现，区域内结核的分布极不均一，北部区域结核分布稀疏，平均分布密度低于2 kg/m^2，中南部区域结核分布密集，平均分布密度接近6 kg/m^2。IONF结核的平均分布密度略高于4.5 kg/m^2，其潜在资源量在全球各海域中仅次于CC区，估算赋存有超过14亿吨的多金属结核可供人类未来开发利用，结核的Cu、Co、Ni和Mn平均质量分数分别为1.04%、0.11%、1.1%和24.4%，Cu、Co、Ni资源量之和估算为2184万吨。IONF内多金属结核的形成年代介于晚中新世到早上新世之间，距今为3～8 Ma，生长速率为1.2～3.2 mm/Ma，水生成因和成岩成因组分供给的比例相当。在不包括IONF和IOPNRA的中北印度洋其他海域内，目前已发现的多金属结核站位仅有19处，这些站位分布零散，采集到的结核样品数量也较少，仅有1处站位用海底摄像发现了结核密集分布现象，但该站位水深较浅，约为2819 m，也缺乏全样成分数据，是否具有资源潜力还需要后续调查工作加以确认。

1.3 多金属结核勘探

1999—2008年，俄罗斯在波罗的海芬兰湾的俄罗斯海域对多金属结核进行了普查评价工作。并于2000年进行了首次大吨位多金属结核的提升实验，2004年开始研制多金属结核开采工艺。并对开采和提升作业对生态环境的影响进行了评估。对所获得的多金属结核在化学试验厂和铁合金厂进行了加工处理和金属提取试验。根据普查评价工作及25000多个海洋台站调查资料处理和分析结果，按照国家储量委员会的规定，俄罗斯已将库尔加利、科波尔、维赫列夫和朗多4个矿床的多金属结核储量列入了评价储量。

与美国、俄罗斯等发达国家相比，我国的大洋矿产资源调查工作起步较晚。虽然起步晚，但一开始就积极吸取国外经验教训，20世纪60年代初，我国已注意到多金属结核资源的潜在经济价值和科学意义，20世纪70年代中期，我国调查船在大洋科学考察时在太平洋中部采集到结核，并进行了相关研究。从20世纪80年代中期，我国开始正式针对多金属结核的航次调查，1985—1990年，国家海洋局“向阳红16号”船在中太平洋和东太平洋海盆进行了4个航次多金属结核调查；1986—1989年，原地矿部“海洋四号”船在中太平洋和东太平洋CC区进行了4个航次调查，取得了一大批成果，为我国申请国际海底开发先驱投资者打下良好的基础。2016年6月，我国在南海进行了首次深海多金属结核和富钴结壳采掘与输运关键技术及装备深海扬矿泵管系统海上试验。海试管道布放水深为304 m，管道总长为638 m，输送矿浆体积流量为500 m^3/h，结核输送量为50 t/h，一举突破了我国深海采矿系统研究多年来尚未解决的关键技术。2018 年 5 月 1 日—6 月 18 日，我国首次自主研发完成了 500 m 级水深海底多金属结核集矿系统试验。海试中，“鲲龙 500”海底集矿车共下水 11 次，其中 70 m 浅海试验下水 6 次，500 m 海试下水 5 次，海试中最大作业水深为 514 m，多金属结核采集能力为 10 t/h，单次行驶最长距离为 2881 m，水下定位精度达 0.72 m，实现了自主行驶模式下按预定路径进行海底采集作业的能力。

如果未来我国在西北太平洋海山盆地和东太平洋 CC 区同时实施两个深海多金属结核采矿项目，采矿规模为干结核 300 万吨/年，回采率和综合利用率采用 100%。通过对比这两个采矿项目供给的金属量与我国相关金属的年消费量，见表 1-4，可以发现深海多金属结核采矿活动可有效改善我国对于 Co 金属的对外依存度，强化我国对于 Mn、Ti、Ni 等金属的保障，同时提供一定数量的 Zr、Te、Li、Nb、Ta 等金属供给。以 Co 金属为例，我国 Co 金属年消费量约为 6.6 万吨，对外依存度超过 90%，西北太平洋海山盆地和东太平洋 CCZ 区两个多金属结核采矿项目每年能够分别生产约 1.32 万吠和 0.81 万吨的 Co 金属，约占到我国年消费量的 32%。

表 1-4 深海多金属结核采矿项目对于我国相关金属需求的影响

元素	西北太平洋		东太平洋 CCZ 区		消费量/t
	含量(质量分数)/%	年产量/t	含量(质量分数)/%	年产量/t	
Mn[1]	20.0	60×10^4	24.69	74.07×10^4	1516×10^4
Cu[1]	0.26	0.78×10^4	0.83	2.49×10^4	1195×10^4
Co[1]	0.44	1.32×10^4	0.27	0.81×10^4	6.6×10^4
Ni[1]	0.49	1.47×10^4	1.07	3.21×10^4	111.1×10^4
Ti[1]	1.66	4.98×10^4	0.73	2.19×10^4	7.86×10^4
Zr[2]	635	0.1905×10^4	532	0.1596×10^4	112×10^4
Te[2]	26	0.0078×10^4	2	0.0006×10^4	0.015×10^4
Li[2]	42	0.0126×10^4	108	0.0324×10^4	3.24×10^4
Nb[2]	21	0.0063×10^4	43	0.0129×10^4	1.5×10^4
Ta[2]	0.24	0.000072×10^4	0.57	0.00017×10^4	0.055×10^4

截至 2018 年 3 月，已有德国、中国、日本、韩国、法国、俄罗斯、英国、比利时等 18 个《联合国海洋法》缔约国与国际海底管理局签订了 17 份克拉里昂—克里帕顿地区多金属结核勘探合同。

1.4 多金属结核开采

20 世纪 60 年代开始，以美国为首的多个西方国家便开始了对多金属结核采矿技术方案的研究。将多金属结核从数千米海底提升至海面是深海采矿的重要技术环节，提升方式决定着深海矿产资源采矿系统的整体结构和组成。国内外对深海采矿技术进行了广泛的研究。日本人提出的“连续链斗法”和法国提出的“穿梭艇法”，都因为技术和经济方面的一些问题未能解决而终止了研究。20 世纪 70 年代末，以美国为首的 4 个西方财团在东太平洋进行了数次 5000 m 以上的深海多金属结核采矿海试，都获得了一定程度的成功。这几个海试采矿系统所采用的装备有所不同，但也具备一个共同的基本特征，即这些系统都是由海底集矿机、水面采矿船，以及连接两者的数千米的矿物垂直提升系统三部分组成，其中垂直提升系统均采用管道提升式。在管道提升式深海采矿系统作业时，海底集矿机先将海底沉积物上的结核采集到集矿机上并进行初步的破碎，然后通过提升管道将破碎后的结核垂直输送到水面采矿船上，进行初步脱水处理后再由运输船运至陆地。根据矿物提升的驱动方式不同，管道提升系统又分为气力提升和水力提升两种方式。气力提升方式和水力提升方式的技术可行性都已经在多次 5000 m 级水深的多金属结核采矿海试中得到验证，相关研究人员对其各自的利弊也有一些分析和比较，但大多集中于技术原理和系统结构方面，缺乏从商业开采立场和角度的分析。

采矿系统的基本功能是将深海海底的多金属结核采集、提升到海面、运输至港口，如图 1-5 所示。因此，采矿系统一般由以下 4 个子系统组成：

（1）海底采集系统；

（2）海底提升系统；

（3）监控系统；

（4）水面支持系统。

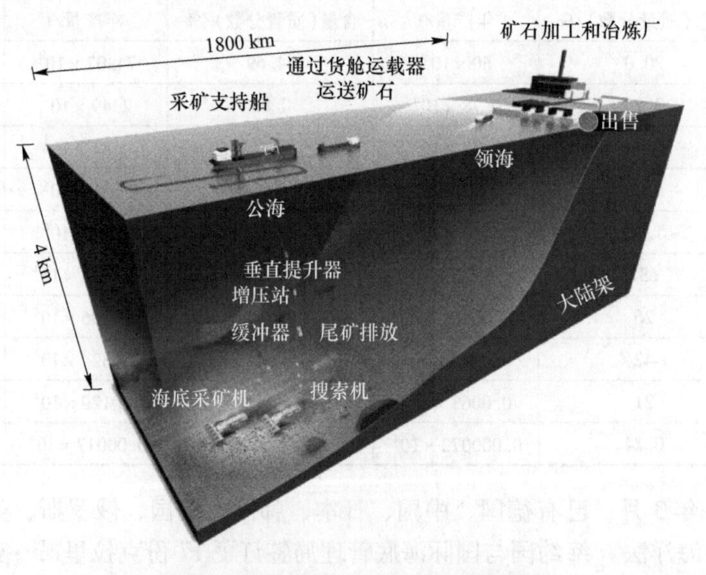

图 1-5 深海多金属结核采矿系统设想

彩图

1.5 多金属结核矿物学特性

1.5.1 多金属结核的表面形貌

多金属结核的颜色较深，呈黑色或黑褐色，颜色的变化与其中 Mn、Fe 的相对含量有关，含 Mn 较多的结核呈黑色，含 Fe 较多的结核呈褐色，其生长模式如图 1-6 所示。

结核样品表面大部分较为光滑，根据表面形态可分为 S 型（光滑型）、R 型（粗糙型）和 S + R 型，如图 1-7 所示。光滑与粗糙是相对而言的，在显微镜下结核的表面均具

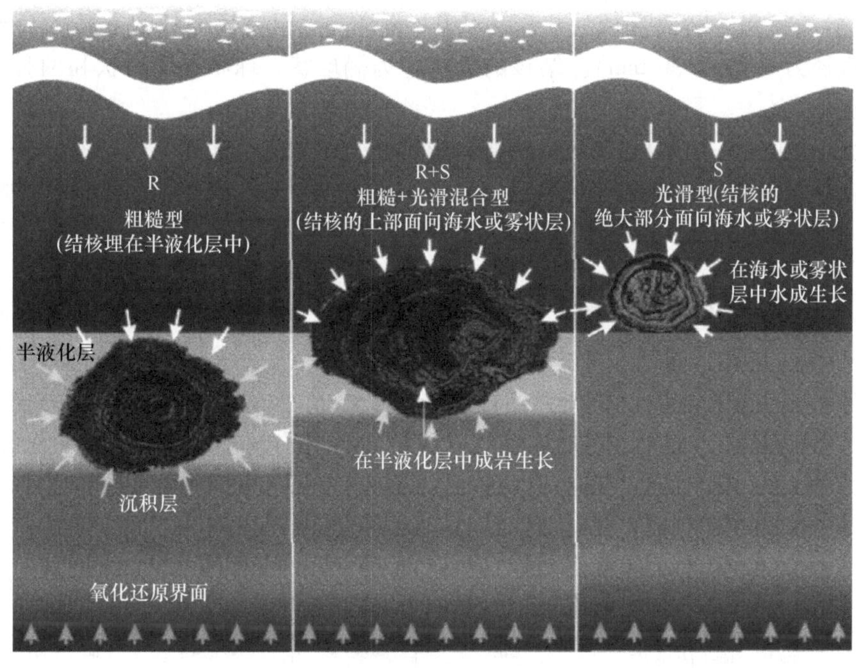

图 1-6 多金属结核生长模式示意图

彩图

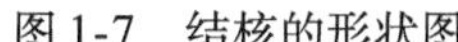

图 1-7 结核的形状图

彩图

有葡萄状的小突起，不同结核类型之间的区别在于突起幅度的不同，一般情况下，光滑表面的突起幅度小（突起横断面直径为0.03～0.09 mm），而粗糙表面的突起较大且密集（突起横断面直径为0.1～0.36 mm）。结核的形状多为椭球状、球状、碎屑状和两种以上形状组成的连生体状。

结核的大小差别很大，从小于2 mm的微结核到几十厘米的特大型结核均有，普通结核的直径为3～7 cm，较大结核的直径可达20 cm以上甚至1 m。产在不同地形的结核大小变化很大，产在海底平原、凹地的结核大小常小于3 cm，产在海山、海底丘陵的结核较大，常大于5 cm。

结核的形状受到核心组成物质形状和结核成因的影响，具体关系见表1-5和表1-6。如果核心是等轴或一向稍长则绕它而生的是球状或椭球状结核；核心是一个方向长的物体（如鱼骨、鱼牙）则绕它而生的就是棒状或板状结核。水成型结核的核心常为火山物质，因而常呈球状、椭球状、碎屑及它们的连生体；成岩型结核的核心常为碎块、沉积物等，形状呈碎屑状、盘状、板状以及菜花状。

表1-5　海底多金属结核类型和特征

类　型	形　态	表　面	产状	矿物成分	品位	成因
S型（光滑型）	球状、椭球状、不规则状、连生体状	光滑	暴露型	水羟锰矿	低	水成成因
R型（粗糙型）	菜花状、鲕状、杨梅状	粗糙，颗粒状	埋藏型	水羟锰矿和钡镁锰矿	高	成岩成因
S-R型	椭球状、菜花状、板状	上表面光滑，下表面粗糙	半埋藏型	混合型	较低	混合成因

表1-6　多金属结核核心大小及其对结核形态和大小的影响

样品号	核心成分	核心大小/mm×mm×mm	结核形态	铁锰氧化物外壳厚度/mm	结核大小/mm×mm×mm
CCB35	钙质软泥	20×19×18	椭球状	4.72	28×27×27
CCB48	老结核	39×24.5×24	椭球状	4.76	54×34×30
CCA15	硅质黏土	39×36×18	盘状	3.73	45×43×22
CCA17	硅质黏土	23×19×4	盘状	3.39	30×26×11
CCA53	老结核	65×30.5×2.5	板状	6.00	77×44×23
CCA45	七个小结核	—	葡萄状	8.4	62×47×35

1.5.2　多金属结核的构造

1.5.2.1　宏观结构

二层构造的球状多金属结核及其剖面结构如图1-8所示，由外部结核层、内部结核层和核心构成。具有经济价值的金属元素主要富集在核心外面的结核层中，因此结核层的经济价值要比核心重要得多。

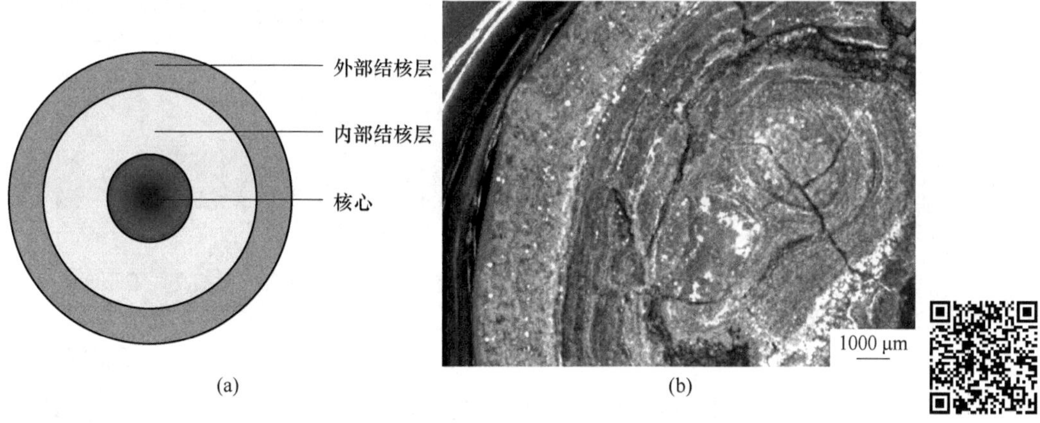

彩图

图 1-8　二层构造的球状多金属结核横截面示意图和体视图
（a）示意图；（b）体视图

外部结核层疏松多孔，质地硬而脆，具有柱状构造和花瓣状构造，脉石杂质以颗粒状填充在孔隙中，如图 1-9 所示。

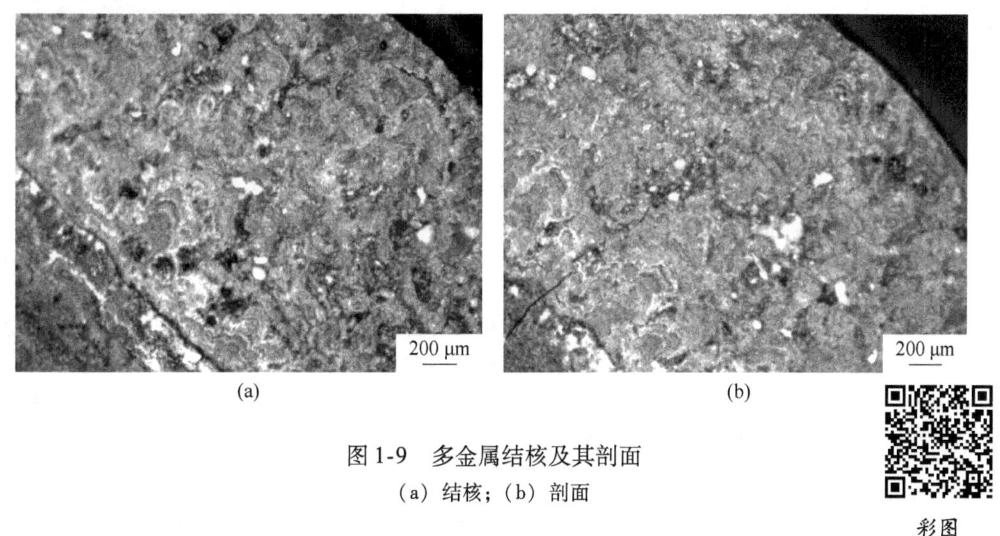

彩图

图 1-9　多金属结核及其剖面
（a）结核；（b）剖面

内部结核层层纹结构明显，脉石矿物和锰铁矿物交互成层，这说明脉石矿物和锰铁矿物是间歇性沉淀的，如图 1-10 所示。

多金属结核的核心层剖面如图 1-11 所示，结核的核心通常由各种不同成分岩石碎屑、火山弹、黏土团块、浮石、鲨鱼牙齿、鱼骨、生物贝壳以及沉积物组成，其中各种喷出岩和火山凝灰岩在形核过程中较为优势。结核的核心多经受不同程度的磨蚀，粒径小的（1 ~5 mm）多为棱角状，粒径大的多为圆状和椭圆状。核心的经济价值不高，但是具有很高的理论研究价值，因为可以通过对核心的研究来了解锰结核的生长年代、生长速率以及海洋的历史变化。

有一种火成玻璃碎屑凝灰岩，称为橙玄玻璃凝灰岩，是组成深海多金属结核当中常见的核的物质，这种物质的变化最为典型，从整个核的横断面上来看，这种物质经常可以看

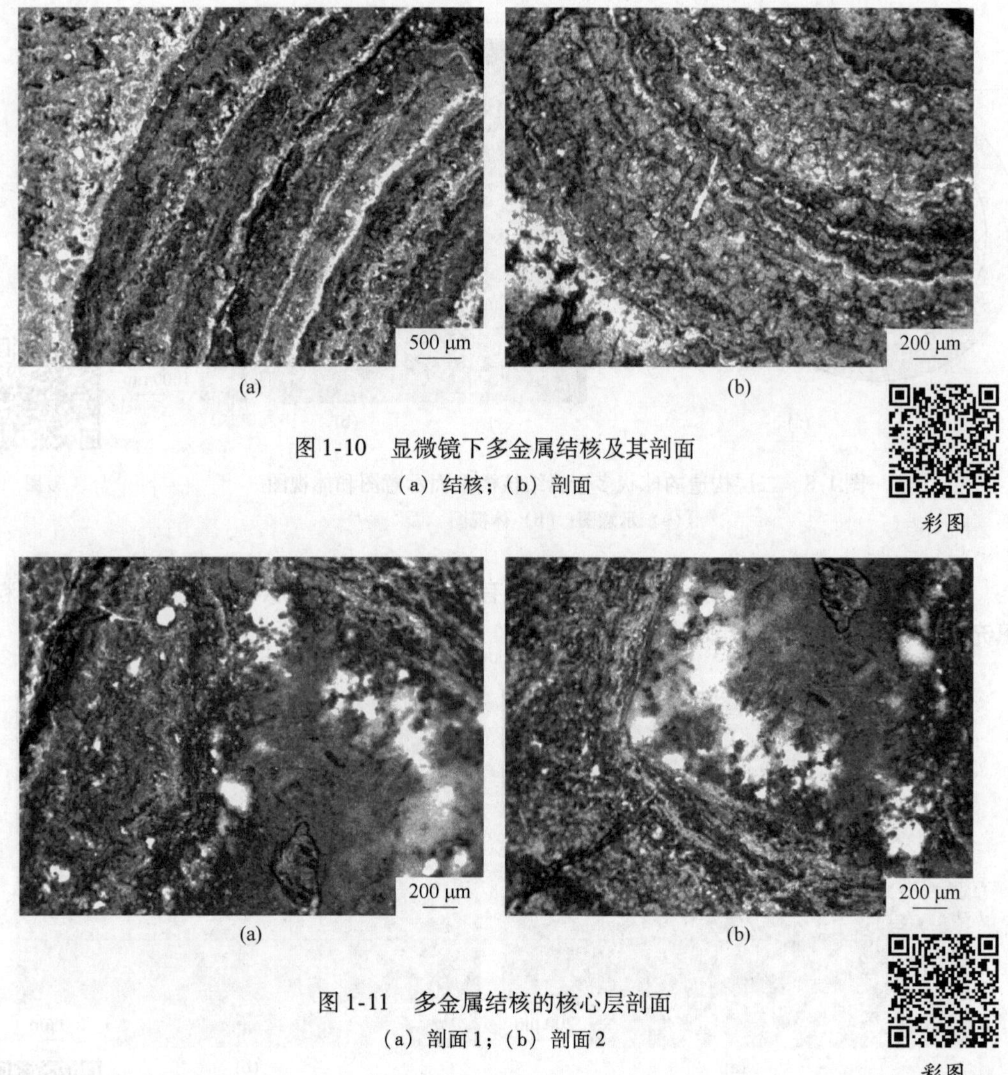

图 1-10　显微镜下多金属结核及其剖面

（a）结核；（b）剖面

图 1-11　多金属结核的核心层剖面

（a）剖面 1；（b）剖面 2

到连续变化的几个带：核的中心，保留着十分新鲜的橙玄玻璃、带棱角、黄黑色；向外，玻璃碎屑变成棕黄色和红色，在显微镜下，可看到这些红色物质是铁和锰的氧化物粉末；再向外，岩石碎片变成灰白色和棕色相间的斑点和条带，这是大量的蒙脱石和钙十字沸石粉末和棕红色的氧化镁、氧化铁浸染而成的；最外面一层的橙玄玻璃被锰铁矿物包围，参差不齐地过渡到黑色的金属层。从这个比较典型的变化层次，人们就可以判断锰结核形成过程和变化，还说明了锰铁氧化物和氢氧化物沉淀时有一个沸石化和蒙脱石化的过程发生，这是一个重要的地球化学问题。

有时候还可以根据核的上限年龄，作为确定整枚多金属结核生成的年代，推算生长速率。1956 年，美国人哈密顿在中太平洋海底发现一枚多金属结核，其核心是一颗上白垩纪的生物化石，围绕这个化石，沉淀了 5.5 cm 厚的锰铁氧化物和氢氧化物，构成一个球状的多金属结核。这个地区沉积作用很缓慢，几乎没有沉积作用发生，因此，他推断：这枚锰结核已经在海底存在一亿年，从而估算它的生长速率为每一千年内增长 0.6×10^{-2} mm，这种估计比同位素绝对年龄测定更为直观和富有说服力。

1.5.2.2 显微构造

有学者对西太平洋某海山区的多金属结核样品进行了分析测试，结果显示锰相矿物的显微构造类型较多，本次研究样品中主要出现以下构造。

(1) 柱状构造［见图1-12(a)］，由铁锰氧化物和黏土矿物层呈弧形相间叠置而成；壳层由呈放射性排列的柱状体组成。每个柱状体基本是由几个短小的柱体首尾相连接而成，有的有超覆或分支现象。这种构造有时在横向上过渡为层纹状构造。

(2) 掌状构造［见图1-12(b)］，与柱状构造相似，但柱体慢慢向一个方向收缩，形似手掌。

(3) 充填构造［见图1-12(c)］，也叫脉状构造，是由于条件变化，结核结壳局部产生裂隙，被其他物质填充形成。按脉状体的形态可划分为单脉、复合脉、网状脉和对称脉，一般脉壁都比较平滑，有时见到溶蚀现象；按成分可分为δ-MnO_2、钠水锰矿、钡镁锰矿等单矿物脉。脉状构造属于后生构造，即结核形成和固结以后由于外力（滑坡或底流）和内力（脱水收缩）作用使结核产生裂缝，然后含矿溶液灌入其中而形成。

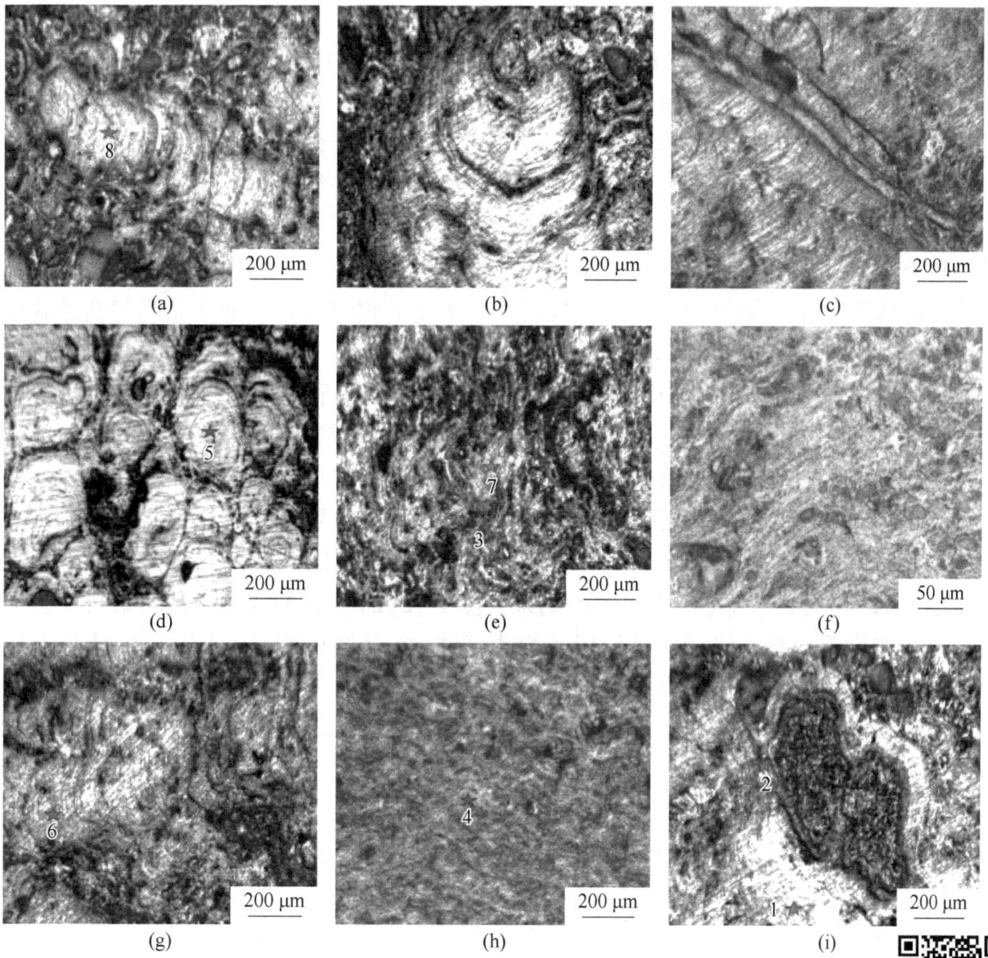

(a) (b) (c) (d) (e) (f) (g) (h) (i)

图1-12 锰相矿物的显微构造类型

(a) 柱状构造；(b) 掌状构造；(c) 充填构造；(d) 鲕状构造；(e)(f) 纹层状构造；(g) 树枝状构造；(h) 叠层状构造；(i) 花瓣状构造

彩图

(4) 鲕状构造［见图1-12(d)］，由许多个铁锰质氧化物和黏土矿物相间构成的同心圆鲕粒组成，鲕粒中心一般没有石英等碎屑物质核心，只有极个别的鲕粒中心出现圆形孔洞或黏土微粒。鲕粒有单鲕和复鲕，复鲕是由几层环带包围2~5个具同心环带结构的球粒组成。鲕粒的大小一般为0.05~0.5 mm。

(5) 纹层状构造［见图1-12(e)和(f)］，波浪状铁锰质氧化物层与黏土矿物层相间近平行堆叠而成；叠层状构造，铁锰质矿物和黏土矿物相间叠起，层间厚度不一。但这些纹层基本是平行的，局部可见较小的弯曲，即出现起伏不大的波浪形结构。在结核中几乎看不到全部由层纹状构造组成的壳层。它在横向上经常过渡为柱状构造。

(6) 树枝状构造［见图1-12(g)］，类似柱状构造，柱体出现分叉，形似树枝。

(7) 叠层状构造［见图1-12(h)］，由于整个结核收缩而产生的内压力使微纹层受挤压而拱起形成叠层状构造。

(8) 花瓣状构造［见图1-12(i)］，铁锰氧化物和黏土矿物形成弧形弯曲，相间排列向四周延伸。

所研究样品以纹层状构造和柱状构造多见，同一样品不同部位有时可见多种显微构造，不同的显微构造类型间常呈过渡关系。其中鲕状构造、掌状构造、柱状构造和树枝状构造的金属光泽较强、花瓣状构造外层的金属光泽较强。结核中几乎看不见穿透所有壳层的裂隙，裂隙大部分发生在生长层间或层纹间，这称之为平行裂隙；还有裂隙穿切层纹裂隙形成交叉裂隙和网状裂隙。这些裂隙不论其产状和形态怎样，其成因难以判断，可能由于受结核形成不同阶段的外力作用，结核脱水收缩而产生的内力作用，以及前两种作用力的综合作用所形成。但结核中某一纹层或裂隙充填物的收缩裂隙，如非晶质锰铁氢氧化物中的裂隙，则毫无疑问是因胶体脱水而产生的。

对不同的显微构造区域进行拉曼光谱分析，如图1-13所示，图中1~8号光谱的采集点为图1-12中星号位置（见二维码中彩图），星号序号对应光谱序号。所测图谱大部分存在3个拉曼谱峰，谱峰大多宽缓，使用Wire4对所测图谱进行峰位拟合，谱峰主要出现在490 cm^{-1}附近、558~572 cm^{-1}和626~643 cm^{-1}。其中，2号和3号谱图由于位于626~643 cm^{-1}的谱峰强度大，位于558~572 cm^{-1}的谱峰暂时难以判别是否存在。2号图谱主要采自图1-12(i)的2号位置，3号图谱则采自图1-12(e)较暗的区域。同是采自纹层构造区的7号图谱则采集自光泽较强的纹层状构造区域，1号图谱则采自图1-12(i)的1号位置，该位置较2号位置金属光泽强。

研究区域的样品中还出现了一些单矿物颗粒和矿物微晶，单矿物颗粒自型、半自型、他形均可见，部分颗粒形成核心，铁锰质矿物绕其层层向外生长。自型-半自型晶粒截面可见菱形、长方形、梯形、正方形、十字形等形状［见图1-14(a)(b)(d)(e)］，大小从几十微米到几百微米，多出现在结核核心附近。矿物微晶多形成结核局部微构造的核心［见图1-14(c)(f)(g)(h)］，矿物微晶可见长石和钙十字沸石，还有铁锰质矿物微晶，其中铁锰质矿物微晶由多个微晶层叠起形成花瓣状或鲕状，铁锰质矿物绕其向外生长。

多金属结核由核心和围绕核心生长的锰铁氧化物生长层（结核层）组成，结核通常有1~5个结核层。每个结核层的厚度各有不同，内部结核层比外表结核层厚，结核层的厚度依赖于结核类型及其核心的大小。在核心相差不大的情况下，结核越大，它的每个结核层的厚度也就越大。部分结核没有核心或者有多个核心，但结构没有明显变化。

在图 1-15 中显示的样品呈现纯黑色的不规则菜花状，长径为 5.4 cm，短径为 4.5 cm，厚度为 3.4 cm，可明显区分光滑面和粗糙面，光滑面在上，为与海水接触的一侧，粗糙面在下，为与沉积物直接接触的一侧。

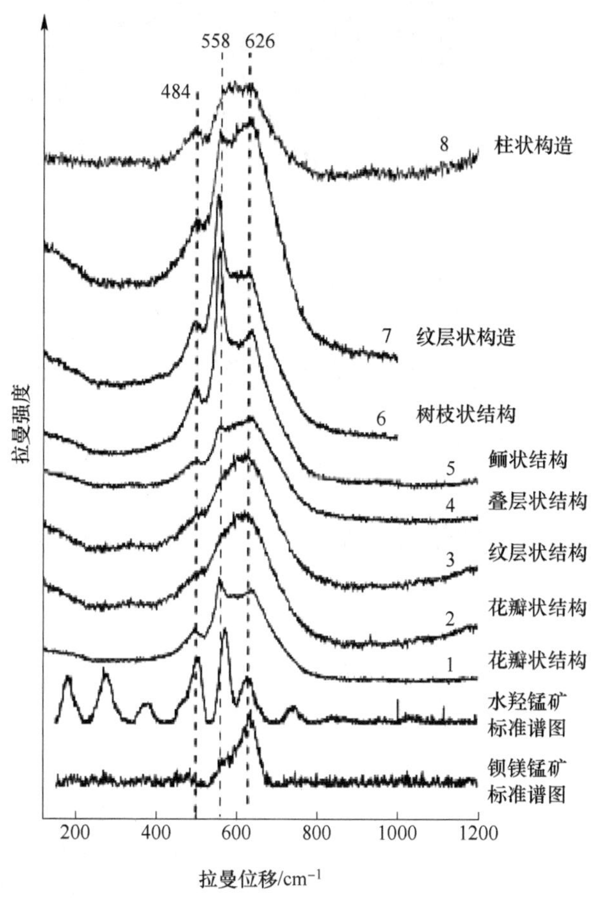

图 1-13 多金属结核样品各部位拉曼光谱图

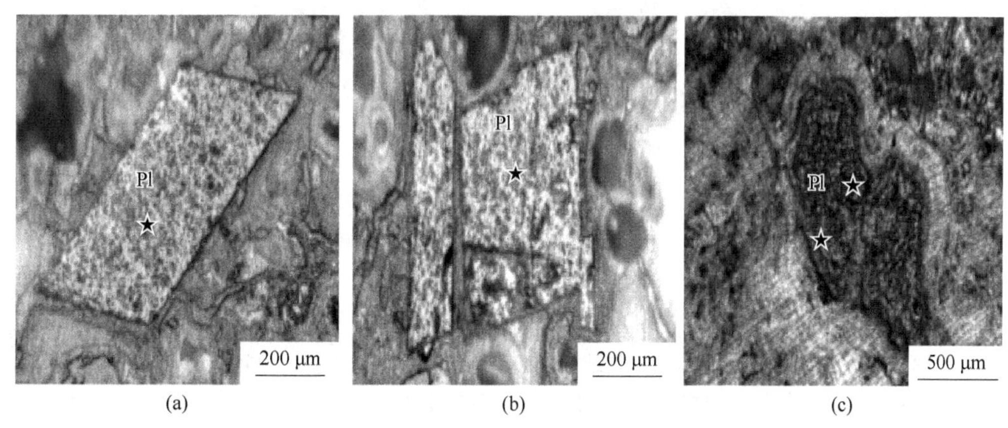

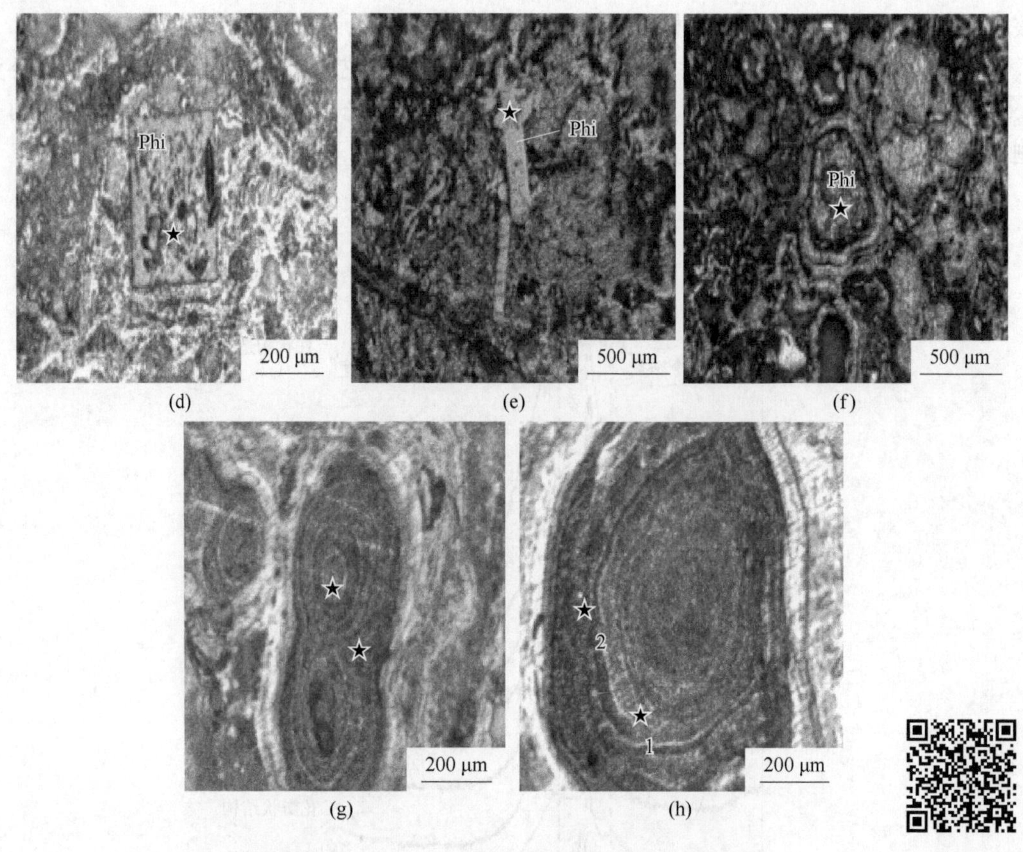

图 1-14　部分结核样品中的矿物颗粒及矿物微晶

★—测试点所在位置；Pl—斜长石；Phi—钙十字沸石

彩图

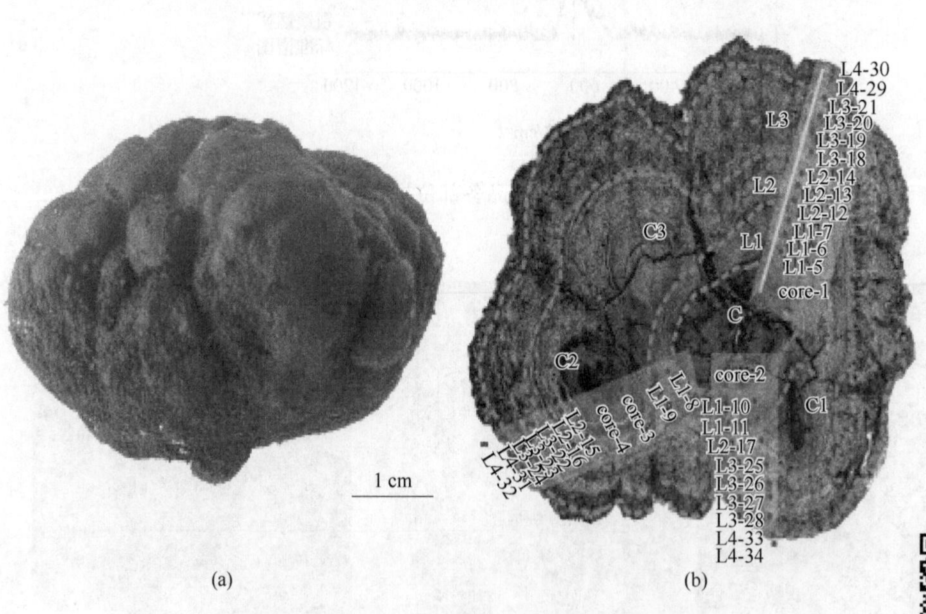

图 1-15　结核样品手标本照片和结核剖面图中红点为原位点测试位置，黄色线处为线扫描和面扫描区域（见二维码中彩图）

彩图

彩图

通过对样品显微结构进行观察，由于生长间断、溶蚀或破碎等内外因素，结核内部壳层往往发育有间断构造，在样品薄片上可见3处明显的间断构造，均为生长间断构造，并将结核分为4个圈层，如图1-16所示。结核核心由硅质黏土和锰铁质矿物微团块糅杂而成。与暗黑色的核心物质形成鲜

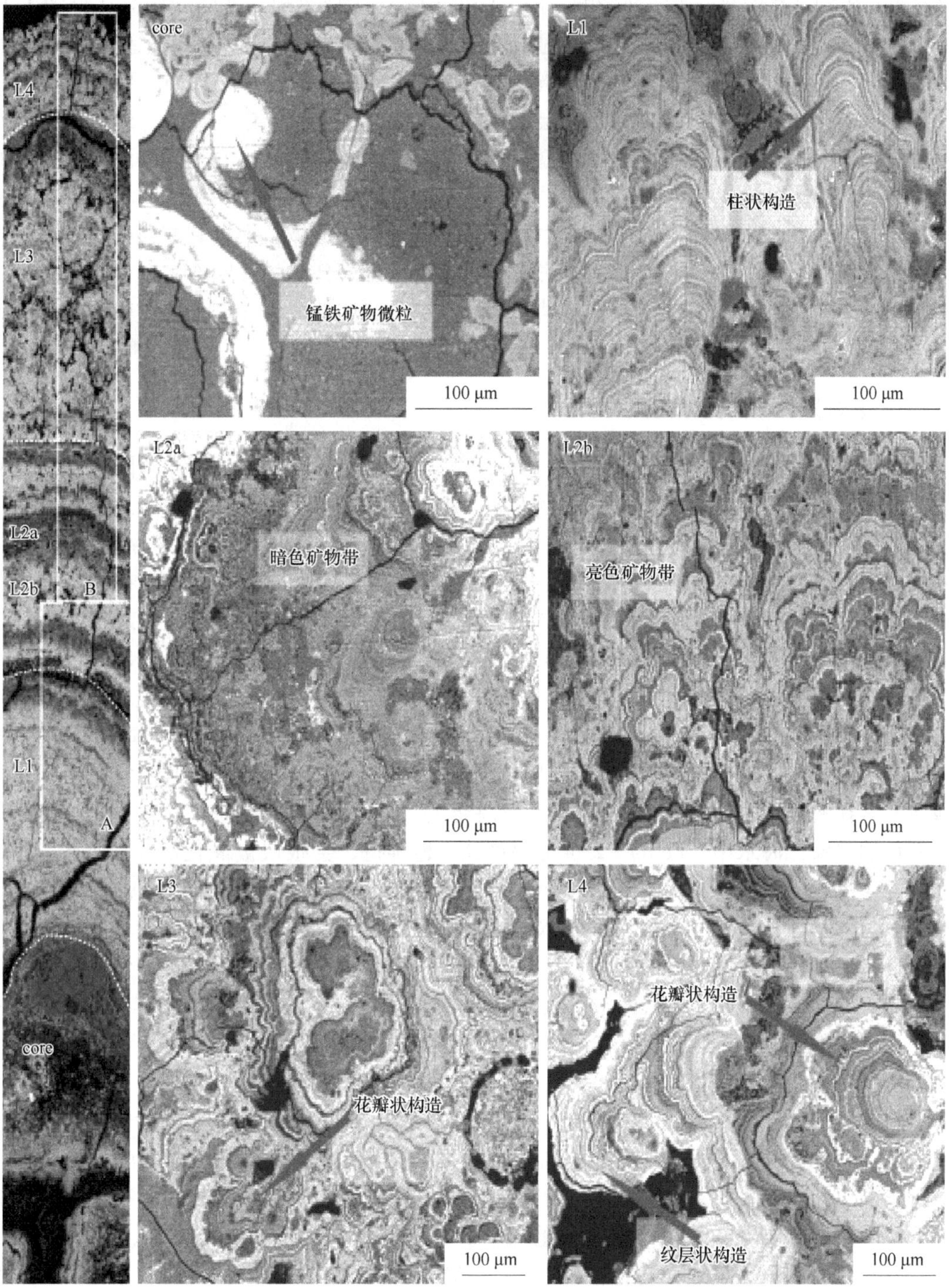

图1-16 结核剖面圈层元素面扫描图

明对比，层 L1 是由致密、均匀而明亮的锰铁质矿物层组成，并表现为柱状构造（见图 1-16 中 L1），其由非晶质的铁锰氧化物和黏土矿物微层以较高角度有序覆盖形成，相邻柱状体之间的裂隙有少许黏土杂质和碎屑充填，该类显微构造在水成结核中较为常见。亮暗矿物条带交替变化是层 L2 最为显著的特征，而层 L3 中孔隙极为发育，但该类特征差异并未对矿物堆叠构造产生实质影响，层 L2 和层 L3 则主要表现为花瓣状构造（见图 1-16 中 L2，L3），铁锰氧化物和黏土矿物的条带弯曲，形成花瓣状外观。条带主要指向结核的生长方向，在花瓣之间填充黏土和碎屑。相对层 L2，层 L3 中的花瓣状形态更为密集，这种显微结构常出现在成岩型结核中。层 L4 尽管在厚度上相对较薄，但其内部既有亮暗矿物层的交替，由内而外又表现出由花瓣状到柱状显微构造的转变。在上述圈层交界位置的矿物带均为暗色的，这或许指示了在结核生长间断期所受到的侵蚀作用。结核内部有许多不规则裂隙，并充满了碎屑物质。其中一条裂隙贯穿结核整体，根据其断裂延伸推测，该裂隙约在 L3 层形成后产生，并在 L4 形成期内重新闭合。裂隙的成因有多种，在结核生长过程中由于胶体陈化、脱水收缩、重结晶、淋滤交代沉淀等成岩作用均会产生裂隙及充填构造。

1.5.3 多金属结核的元素组成

多金属结核不仅富含 Mn、Fe 两种金属元素，还含有多种微量元素。不同的微量元素往往在锰矿物和铁矿物中的富集程度不同：Co、Ni、Cu、Zn、Mg、Ba、Tl、Pb、Pt 等一般赋存在锰矿物中；As、Bi、Cr、Th、Ti、Zr、Hf、Nb、Ta 和 V 等一般赋存在铁矿物中；稀土元素既能赋存在锰矿物中也能赋存在铁矿物中；Mo 和 W 同样既能赋存在锰矿物中也能赋存在铁矿物，但是更倾向于赋存在锰矿物中。结核由环绕的微层同心带状区域组成，微观结构致密，元素分布图（见图 1-17）表明 Mn 和 Fe 的分布呈条纹状，Si 与 Al、Na、K 和 Ca 混合在一起作为杂质矿物，可能是深海泥屑。低含量的有价金属元素（如 Cu、Co、Ni）均分布在结核基质中，Ba 与 S 有关，最有可能是沉淀的重晶石（$BaSO_4$）。

铁锰结核中的 Mn、Fe 含量，Mn/Fe 比以及 Cu、Ni 和 Co 等微量金属的含量差异是由这些元素在海洋中的生物地球化学行为所决定的。Fe、Mn 只有在 +2 价时才呈溶解态。在氧化的弱碱性海水中，Fe 的 +2 价态很难独立地维持，会很快被氧化成 +3 价态，形成难溶的氢氧化铁。或者，另外一种途径是，+2 价的 Fe 与有机质络合，形成有机铁络合物，以胶体态或颗粒态的形式存在于水柱中。虽然有研究表明，自催化反应和微生物作用可加速 Mn^{2+} 氧化的过程，但是总的来说，与 Fe^{2+} 的氧化速率相比，海水中溶解态 Mn^{2+} 氧化为难溶的 Mn^{4+} 的过程要慢得多。反过来，在亚氧化或者还原环境中，与 Fe^{3+} 还原为 Fe^{2+} 相比，不溶的 Mn^{4+} 更容易被还原为溶解态的 Mn^{2+}。所以，海水中的 Mn/Fe 要比还原的沉积物孔隙水中的低得多。

在常用的电化学模型中，获得金属的一级过程是，海水中带正电荷的离子吸附在带负电荷的 MnO_2 表面，带负电或中性的离子吸附在稍微带正电荷的 FeOOH 表面。二级过程包括表面氧化（如 Co、Pt、Te、Ce、Tl）、置换，以及形成可能的离散相。吸附和表面氧化反应会形成共价键，从而比较有效地阻止反方向上金属的解吸作用。Cu、Ni、Co 在氧化、亚氧化和缺氧环境中均稳定在 +2 价。在氧化性的海水中，它们都可被吸附到 Mn 氧化物表面，其中 Co 还可被氧化为更稳定的 +3 价。所以，颗粒态 Mn 和 Fe 是重要的金属

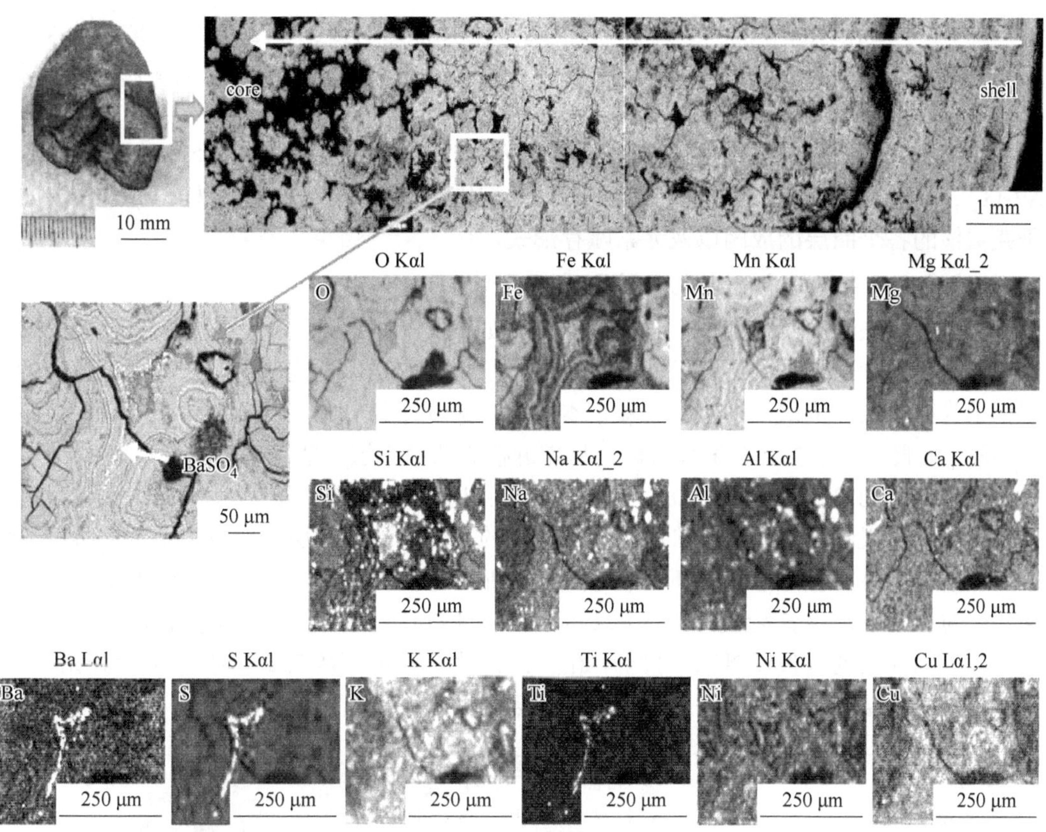

图 1-17 通过 SEM-EDS 测量的微观结构和元素分布图

彩图

元素“清扫者”或者“吸附剂”，这些颗粒态铁锰氧化物和含铁水锰矿可大量吸附（清扫）海水中的 Co、Ni 和 Cu 等二价阳离子。最先进的同步辐射光源的结构分析已经证实，水成型结核中比较富集的 Ce、Te 等微量金属元素，也是源于海水环境中铁锰氢氧化物表面的氧化作用。Ni 和 Cu 主要结合在生物成因颗粒中，可与其他营养盐（N、P、Si 等）组分一样溶解和再循环。深海大洋中，Ni 有两个再生层位，在上层水柱中快速增加，而在 2000 m 水深附近则缓慢增加。与 Ni 不同，Cu 含量随水深连续地增加，这可能是由于部分 Cu 来自海底有机质颗粒的分解释放。Cu 和有机质之间有较强的结合键，从有机颗粒中再生 Cu 被认为是一个比较缓慢的过程。有研究表明在水柱中再生后的 Cu 也可被清扫。

总的来说，孔隙水是 Ni 和 Cu 的主要来源，而海水是 Co 的主要来源。与水成型结核相比，成岩型结核 Cu、Ni 和 Li 的含量相对较高，Co 含量相对较低。但是，形成于不同氧化环境的成岩型结核其金属含量也有明显差异。孔隙水中的金属组分主要来源于上表层沉积层早期成岩过程中的氧化还原反应，该反应释放的金属组分与在该环境中形成的 Mn 氧化物矿物相结合，因此，产于氧化成岩环境中的结核，常具有较高的 Cu、Ni 和 Li 含量；而在具有高有机碳含量的亚氧化环境中，Fe^{2+} 常竞争取代 Cu^{2+}、Ni^{2+} 和 Li^{+} 并占据结核中主要锰矿物中的空位，使得结核中有经济价值的 Cu、Ni 等含量降低。尽管较高 Mn/Fe 比的成岩型结核的 Cu、Ni 含量比较高，但 Mn/Fe 比值到达大约为 5 时，会形成一个 Cu、Ni 含量的拐点。在 Mn/Fe <5 的情况下，结核中 Ni + Cu 含量随氧化成岩输入的增加而增加，随亚氧化成岩输入的增加而减少；当 Mn/Fe >5，Ni + Cu 含量将不再随着氧化成岩输入的增加而增加，并有减少的趋势。

以南海蛟龙海山的 3 个多金属结核样品为例（R2053-N8-2-2、R2053-N8-3 和 R2053-N9-11），对结核中 Mn、Fe、Al、Ti 元素 XRF 扫描结果进行行分圈层取样，通过淋滤实验研究结核的各个圈层的成因以及元素赋存形式。

1.5.3.1 南海海山多金属结核元素赋存形式

通过在结核剖面照片上标记出各个圈层，如图 1-18 所示，再根据做好圈层划分的照片在结核样品剖面上做圈层标记并用雕刻刀进行精细取样。划定圈层时，将靠近核心的圈层标记为第 1 层，依次向外层数增加。本书选用的 3 个结核样品中，R2053-N9-11 结核中 5 个圈层代表了 5 个主要的生长阶段，从靠近核心的第 1 层到边缘的第 5 层（Ⅰ ~ Ⅴ）分别对应了第 1 个到第 5 个生长阶段。与 R2053-N9-11 结核相比较，R2053-N8-2-2 大致只有包括 5 个生长阶段的后 4 个生长阶段，靠近核心的第 1 层和第 2 层对应第 2 个生长阶段。由于这一阶段较厚而且圈层内部 Fe、Mn、Ti 有所变化，所以分为两层取样。R2053-N8-2-2 第 2 层对应第 3 个生长阶段、第 3 层对应第 4 个生长阶段、第 4 层对应最后一个生长阶段。而分为 3 层的 R2053-N8-3 可能开始生长的时间较短，从第 3 个生长阶段开始生长，第 1 层、第 2 层、第 3 层分别对应第 3 个、第 4 个和第 5 个生长阶段。

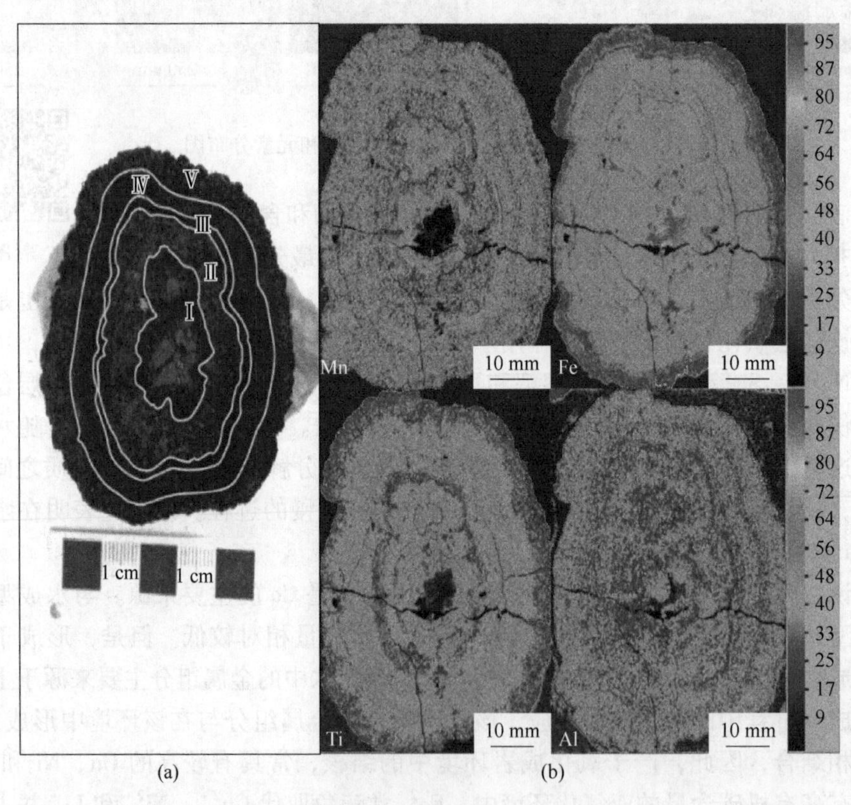

图 1-18 结核 R2053-N9-11 剖面原位微区 XRF 扫描 Mn、Fe、Ti、Al 的分层结果 彩图

（a）分层结果，从结核边缘到内部分别为第 5 层（Ⅴ）、第 4 层（Ⅳ）、第 3 层（Ⅲ）、第 2 层（Ⅱ）、第 1 层（Ⅰ）；（b）结核剖面 Mn、Fe、Ti、Al 的微区 XRF 扫描结果

根据结核成因三角图（见图1-19）可以看出，南海结核为水成型成因，这与前人对于南海海盆结核成因的研究结论一致。从图中还可以看出，虽然结核整体主要为水成型成因，但在结核边缘的最外层较为靠近成岩作用区域，说明结核边缘层位可能在一定程度上受到了成岩作用的影响。目前关于水成型结核较为认可的成因机制是胶体凝聚机制，该机制认为水成型成因铁锰结核结壳成矿物质来自周围海水，海水中的元素因电性不同受到静电引力被吸附到结核表面。因为水成型结核中 δ-MnO_2 表面带负电荷，FeOOH 表面带微弱正电荷，所以海水中带正电的元素离子或络合物被吸附到 δ-MnO_2 表面，带负电或不带电荷的离子被吸附到 FeOOH 表面。成岩作用则是指组成结核的元素来自结核周围沉积物或者沉积物间隙水，一般来说，成岩型结核比水成型结核 Mn/Fe 比值高。

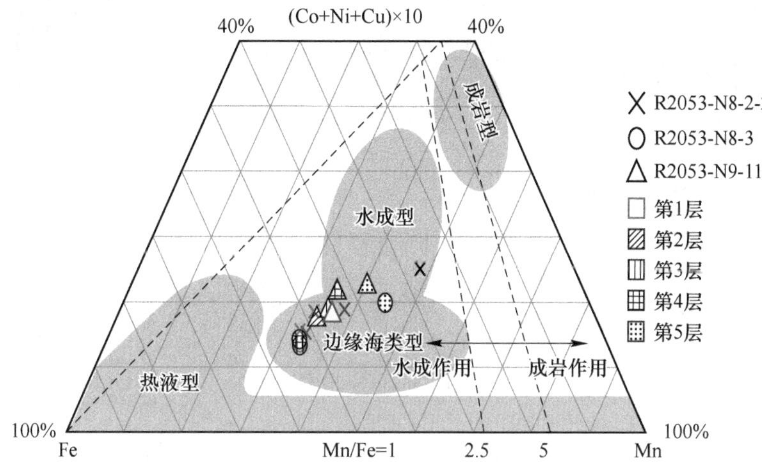

彩图

图1-19 铁锰结核样品不同圈层成因三角图

（二维码里的彩图中，浅蓝色代表分层取样的第1层，紫色代表第2层，绿色代表第3层，红色代表第4层，深蓝色代表第5层，叉号标记代表样品 R2053-N8-2-2，圆形标记代表 R2053-N8-2-2，三角形标记代表样品 R2053-N9-11）

根据淋滤实验结果（见图1-20），Co、Ni、Cu、Zn 主要赋存于锰矿物相中，其中 Co 和 Ni 几乎全部赋存于锰矿物相中（>90%），Cu、Zn 虽然主要赋存于锰矿物相中，但也有部分赋存于铁矿物相中，这与大洋水成型结核结壳的淋滤结果接近。Co 在锰矿物相中赋存比例平均为97%，还有极少量（约3%）赋存于铁矿物相中。一般认为，Co^{2+} 先被 δ-MnO_2 吸附，然后在 δ-MnO_2 表面发生氧化，由 Co^{2+} 转变为 Co^{3+}。Co^{3+} 在水羟锰矿中可以进入锰氧八面体，取代 Mn 的位置，以共六边的方式赋存于锰矿物相中，也可能在锰氧六面体空穴上方，以共三边的方式赋存。

Ni 在海水中的形态主要为 Ni^{2+}（53%）和 $NiCl^{+}$（9%），在我们的数据中，结核中90%以上的 Ni 都赋存于锰矿物相，说明 Ni 有可能更多地以 Ni^{2+} 的形态进入水成型的铁锰矿物中，或者 Ni 进入锰矿物内有一定特殊机制，这值得进行下一步探讨。Ni 与 Co 类似，在不同成因类型的铁锰氧化物中，Ni 都主要赋存于锰矿物相中（>80%）。

Cu 主要赋存于锰矿物相（38%~77%，平均56%）中，有少部分赋存于铁矿物相中（平均33%），另有少量赋存于碳酸盐相（平均5%）和碎屑相（平均6%）中。Cu 元素

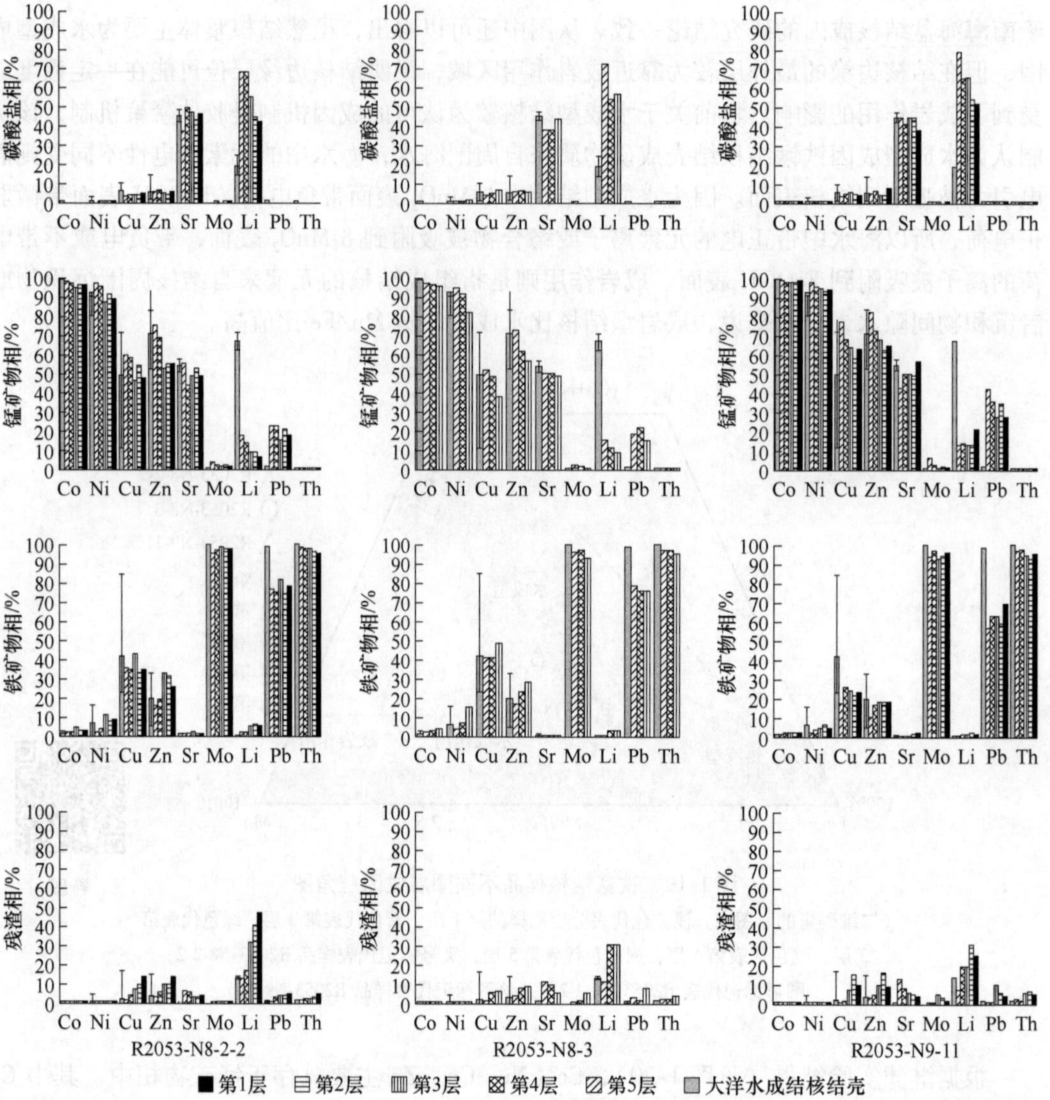

图 1-20　铁锰结核分层样品 4 种相态微量元素含量分布图

（注：纵轴为元素在某一层样品中在该相中被淋滤出的含量占该层此元素总量的比例（%），元素在 4 个相中淋滤比例相加为 100%。二维码里彩图中的橘色柱为大洋水成型结核结壳文献淋滤结果，柱体上下的误差线代表数据区间）

彩图

在海水中的主要赋存形态为 $CuCO_3$（80%）和 Cu^{2+}（20%），按照胶体理论，$CuCO_3$ 应主要被 FeOOH 吸附，并主要赋存于铁矿物相，与淋滤实验结果相悖。但因结核生长的位置一般在 CCD 面（碳酸盐补偿深度）以下，以 $CuCO_3$ 形式存在的 Cu 元素会溶解释放出 Cu^{2+}，所以可能导致结核生长区域的 Cu 元素较多地以 Cu^{2+} 形态存在并被带负电的 δ-MnO_2 吸附，因此，在淋滤实验中 Cu 一部分赋存于锰矿物相中，一部分赋存于铁矿物相中。

Zn 主要赋存于锰矿物相中，部分赋存于铁矿物相，少量赋存于碳酸盐相和碎屑相。Zn 在海水中的存在形态及占比为 Zn^{2+}（64.3%）、$ZnCl^{+}$（14.1%）、$ZnOH^{+}$（5.7%）、$ZnCO_3$（10.2%）、$ZnSO_4$（4.9%）以及占比 <1% 的其他形式。有研究发现，Ni 元素在锰矿物中既可以赋存在锰氧八面体中替代 Mn 离子，也可以赋存在八面体之间的空位中，而 Zn 在水羟锰矿中仅以后一种形式存在，这可能导致了 Ni 相较于 Zn 在锰矿物相赋存比例更大。

主要赋存于铁矿物相的元素有 Fe、P、Ti、Mo、Pb、Th。Fe 在结核中的存在形式多样，它可以无定型形式在水羟锰矿中与锰矿物混层中存在，也可以单独以六方纤铁矿的形式存在，还有小部分 Fe 赋存于如辉石、角闪石、黑云母、磁铁矿、尖晶石等碎屑矿物质中，碳酸盐相中也含有极少量的 Fe。淋滤实验结果也表现出 Fe 赋存形式多样的特点，主要赋存于铁矿物相（44%～65%，平均 58%），部分赋存于锰矿物相（平均 24%）和碎屑矿物相（平均 18%）。P 在海水中的存在形态主要为负电荷形式的 $H_2PO_4^-$、HPO_4^{2-}、PO_4^{3-}，所以更加倾向被略带正电的 FeOOH 吸附。在所研究的样品中平均 92% 的 P 赋存于铁矿物相，另外有小部分 P 赋存于碎屑矿物相中，可能为结核中的磷灰石等自生矿物。Ti 在海水中溶解态主要为 $Ti(OH)_4^0$，表面不带电或略带负电荷，主要被 FeOOH 吸附。Mo 在氧化性的海水中易被氧化为最高价态，形成含氧阴离子，在海水中的形态主要为 $HMoO_4^-$ 和 MoO_4^{2-}，同样主要被吸附在略带正电荷的 FeOOH 中。

1.5.3.2 南海海山结核不同圈层元素特征

为了对比元素在不同圈层中赋存方式是否存在差异，分别对于 3 个样品的主要元素在某一相中不同圈层的赋存比例（%）进行标准差计算（见表 1-7）。标准差越大，说明不同圈层中元素在某一相中赋存差异越大。由于存在实验操作和仪器测试的误差，当元素在某一相中不同层位的赋存比例标准差大于元素回收率的标准差的时候，就认为该元素的赋存方式确实发生变化。南海海山样品的元素根据其在不同圈层赋存比例变化的标准差大小可以分为两类：第一类是圈层间赋存方式几乎不变的元素，包括 Al、K、Mn、Co、Sr、Mo、Pb、Cu、Zn、Ni、Li 和 Th；第二类则是在圈层间赋存比例变化较大的元素，包括 Fe、Mg、Ti。

表 1-7 元素分层淋滤比例标准差

元素	R2053-N8-2-2				R2053-N8-3				R2053-N9-11			
	L1	L2	L3	L4	L1	L2	L3	L4	L1	L2	L3	L4
Al	0.08	0.87	2.72	3.50	0.10	0.48	5.00	5.42	0.11	1.44	2.70	3.74
Ca	6.22	3.59	0.24	4.40	5.38	2.22	0.10	6.57	5.75	1.96	0.43	6.47
Fe	0.02	2.09	4.59	5.49	0.01	1.92	2.36	2.43	0.03	3.59	5.25	7.23
K	3.36	1.72	1.02	4.61	6.06	4.23	1.41	6.27	1.07	3.69	0.64	3.26
Mg	1.34	5.37	1.69	3.79	8.02	9.25	1.45	5.77	3.34	4.75	0.84	3.84
Mn	0.01	0.83	0.79	0.03	0.01	1.41	1.35	0.07	0.04	1.18	1.11	0.11
P	0.34	0.24	2.68	2.53	0.00	0.00	3.32	3.32	1.41	0.00	7.07	6.29
Ti	0.02	0.15	3.36	3.50	0.01	0.10	1.71	1.63	0.05	0.16	7.25	7.15
Co	0.02	1.12	1.12	0.02	0.01	0.86	0.89	0.06	0.03	0.39	0.41	0.05

续表 1-7

元素	R2053-N8-2-2				R2053-N8-3				R2053-N9-11			
	L1	L2	L3	L4	L1	L2	L3	L4	L1	L2	L3	L4
Ni	0.28	3.96	3.57	0.24	0.46	6.59	5.72	0.42	0.17	1.98	1.64	0.23
Cu	0.53	6.14	3.79	4.82	1.26	7.19	4.21	2.25	0.64	7.31	3.05	6.05
Zn	0.78	10.09	7.32	4.08	0.68	8.03	5.86	2.52	1.51	7.95	6.69	4.90
Sr	4.68	4.37	0.35	1.35	3.46	0.90	0.11	2.76	3.03	5.02	0.51	3.56
Mo	0.20	0.98	1.05	0.21	0.15	0.90	2.37	2.97	0.11	1.65	1.55	2.01
Li	12.26	4.41	1.75	14.75	9.78	3.23	1.19	11.47	10.75	3.67	0.47	8.52
Pb	0.04	3.36	2.74	1.52	0.02	3.21	1.16	3.32	0.05	6.12	4.53	3.57
Th	0.08	0.21	1.09	1.18	0.05	0.16	1.11	1.31	0.10	0.17	1.81	1.83

第一类元素在圈层中的赋存方式差异不大，此类元素进入结核的方式比较单一。比如 Al 主要以碎屑矿物的形式进入结核中，在海水中大多是以不溶解的颗粒态存在，少量以 Si-Al 胶体的形式存在。K 主要赋存于碳酸盐相和碎屑相中，基本以吸附态、碳酸盐形式或者是碎屑颗粒的形式进入结核，与结核铁锰组分的沉积过程关联不大，并不会进入自生铁锰矿物晶格中。Mn 则是几乎全部在锰矿物相中被淋滤出来，说明结核中的 Mn 基本都是自生沉积组分，以锰矿物形式存在。Co 在海水中基本以溶解态存在，不论是正负胶体的静电吸附理论还是 Co 在水羟锰矿表面氧化理论都指向同一个结果，即 Co 是随着锰矿物的沉积逐渐从上方水柱中以阳离子形式进入结核，也就是进入结核的方式较为单一。Pb 在未经磷酸盐化的水成型结核结壳中主要通过胶体静电吸附，并主要赋存于铁矿物相中。同样，Th 进入水成型结核结壳的方式主要是以阴离子态受静电力的影响被带正电的 FeOOH 吸引，赋存于铁矿物相。在不同圈层中赋存比例变化较大的元素可能是较易受到环境变化的影响、进入结核的方式比较多样的元素，其在不同相中的赋存比例受到的影响因素可能相对较多。结核的不同圈层对应着不同的生长阶段，而在不同生长阶段中，这种进入结核方式多样的元素的赋存形式自然也会发生变化。

1.5.4　多金属结核的矿物组成

多金属结核的矿物组成复杂，结晶度差，一般呈非晶质或隐晶质，根据化学成分可分为锰矿物、铁矿物和脉石矿物，这三种物相交互分配，形成了同心圆结构。Cu、Co、Ni 等有价金属元素没有单独结晶体，不均匀的分散在锰、铁矿物中，Cu、Ni、Co 绝大多数吸附在锰矿物中，只有少量元素富集在铁矿物中，因此锰、铁矿物是整个锰结核中最有经济价值的矿物。

1.5.4.1　锰矿物

锰矿物是结核主要的组成部分，锰矿物的微观特征更是多金属结核研究的重中之重。锰矿物的微观特征包括锰矿物的晶体结构和元素在锰矿物中的赋存状态。锰矿物微观特征的研究，不仅有助于深入了解锰矿物的催化、电化学和离子吸附交换等物理化学性质，最重要的是它可以帮助研究者加深对多金属结核形成环境和形成过程的认识。

锰矿物可按照主要X射线衍射特征峰的不同，划分为2.4Å、7Å和10Å锰矿物相，多金属结核中几种常见锰矿物相的特性见表1-8。2.4Å锰矿物相和10Å锰矿物相都是结核自生矿相，2.4Å锰矿物相主要是通过微生物氧化直接从溶液中沉淀生成。而10Å锰矿物相则是在没有微生物参加下由溶液中分离出来的。两种矿相之间有着密切的生长关系。而10Å锰矿物相会因干燥失水而相变成7Å锰矿物相，因此7Å锰矿物相很有可能不是原生矿相，而仅仅是10Å锰矿物相的相变产物。

表1-8 大洋多金属结核中几种常见的锰矿相的特性

矿物名	曾用名	化学分子式	晶胞参数	备 注
1 nm锰矿相（10Å锰矿相）	钡镁锰矿、钙锰矿、1 nm水锰矿、布塞尔矿	$(Na,Ca,Mn,K,Mg,Mn^{2+})_2 \cdot Mn_5O_{12}\text{-}3H_2O$	$a=0.975$ nm $b=0.285$ nm $c=0.959$ nm	多金属结核中主要锰矿物。以0.95～0.97 nm、0.48～0.485 nm、0.24 nm和0.14 nm为其特征衍射峰
0.7 nm锰矿相（7Å锰矿相）	钠水锰矿、水锰矿	$(Ca,Na)(Mg,Mn^{2+})Mn_6O_{14}\cdot 3H_2O$	$a=0.287$ nm $c=0.705$ nm	早先的文献都把它当作结核中的主要锰矿物，但是我们认为它不是结核中的主要锰矿物。以0.70～0.72 nm、0.35～0.36 nm、0.24 nm和0.14 nm为其特征衍射峰
水羟锰矿（2.4Å锰矿相）	δ-MnO_2、复水锰矿、偏锰酸矿	$(Ca,Na,Mg)MnO_2\cdot H_2O$	$a=0.287$ nm $c=0.470$ nm	多金属结核中的主要锰矿物。以0.240～0.245 nm和0.140～0.143 nm为其特征衍射峰

由于研究初期，对多金属结核的特征了解不多，再加上用于矿物分析测试的手段不够先进，因此研究者往往用和它们相似的陆地上的锰矿物或者人工合成锰矿物来命名结核中的各种锰矿物，但是多金属结核中的锰矿物与陆地上的锰矿物在晶体结构上还是存在一定差异。国内外学者对2.4Å和7Å锰矿物相的认识较为一致，2.4Å锰矿物相为水羟锰矿（δ-MnO_2），7Å锰矿物相为水钠锰矿（也称为钠水锰矿）。但是对10Å锰矿物相至今没有统一的看法，钡镁锰矿、钙锰矿、10Å水锰矿和布塞尔矿均被称为10Å锰矿物相。不同地区和不同成因的锰结核中各锰矿相组成有所不同，水成型多金属结核中锰矿物组成主要是水羟锰矿；成岩型多金属结核中的锰矿物主要是钡镁锰矿和水钠锰矿。由于结核中的锰矿物结晶度普遍很差，基本上为无序的非结晶相与有序结晶相互相混合的堆积体，化学成分的变化范围也很大。

（1）2.4Å锰矿物相。2.4Å锰矿物相又称水羟锰矿或δ-MnO_2，结晶度差，与细小的铁矿物颗粒密切共生，其化学式为（Mn^{4+}，Fe^{3+}，Ca，Na）(O，OH)$_2nH_2$，是通过微生物的催化、氧化作用将Mn/Fe较低的海水和间隙水中的Mn^{2+}变成Mn^{4+}进而直接从海水和间隙水中沉淀形成的，海水中较多的Fe一方面抑制了成岩成因锰矿物的形成，另一方面通过形成带正电的胶体态铁的氢氧化物吸附在［MnO_6］八面体层上，有利于水羟锰矿的形成，呈典型的胶体生长特征。而且，除了铁的氢氧化物可以与水羟锰矿紧密交生之

注：$1Å=10^{-10}$ m，下同。

外，Co^{3+}、Ni^{2+}和Cu^{2+}等带电荷的胶体态氢氧化物也可以吸附在［MnO_6］层上，导致Co、Ni、Cu与Fe之间的负相关关系。水成型结核中Co-Mn的正相关关系和Co-Fe的负相关关系表明，水羟锰矿是比铁的氢氧化物更强的Co^{3+}的清扫剂，这种Co^{3+}优先富集于水羟锰矿中的原因应该是静电吸附作用。

水羟锰矿的晶体结构为层状结构，图1-21为水羟锰矿基本的［MnO_6］八面体结构层，八面体层在*c*轴方向无序排列。合成的水羟锰矿结构为六方对称结构，八面体层由Mn^{3+}、Mn^{4+}和Mn缺位的空穴组成。水成铁锰结核中的水羟锰矿也是六方对称，八面体层中除了含有Mn^{3+}、Mn^{4+}和Mn缺位的空穴，还包含其他微量元素。

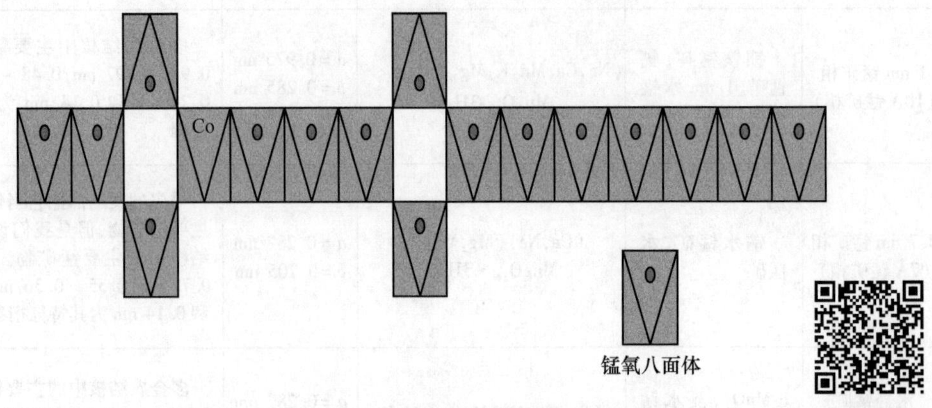

图1-21　水羟锰矿八面体层

彩图

（2）10Å锰矿物相。对10Å锰矿物相的研究可追溯到20世纪50年代。Wadsley（1950a. b）合成了一种分子式接近$(Na,Mn)Mn_3O_7 \cdot xH_2O$的氧化物，该氧化物X射线图为六方相，主要基面反射为10Å及5.06Å，具有强的阳离子交换能力。其后Buser W和Grütter A首次确定结核中主要有10Å水锰矿、7Å水锰矿和δ-MnO_2 3个锰矿物相，其中10Å水锰矿具9.7Å、4.8Å、2.43Å、1.42Å X射线特征衍射d值，并认为多金属结核中10Å水锰矿主要衍射线可与Wadsley（1950年）的合成产物对比。

但Levinson（1960年）将Wadsley（1950年）人工合成的含水锰氧化物与天然产于日本陆相矿床里的todorokite（钡镁锰矿）的X衍射资料进行了对比，却认为该合成物与钡镁锰矿相似。Manheim F T、Cronan D S和Tooms J S也认为海相多金属结核中的锰矿物与陆地钡镁锰矿、钠水锰矿的X射线衍射资料相近，主张用“钡镁锰矿、钠水锰矿”对结核中相应锰矿物进行命名。

Giovanoli等再次合成了Wadsley早在1950年就已合成的锰化合物（并合成了含Co^{2+}、Ni^{2+}、Cu^{2+}的变种，再一次证实了它的阳离子交换性能），并建议将其命名为“Sodium-manganese（Ⅱ、Ⅲ）manganate（Ⅳ）hydrate（钠锰（Ⅱ、Ⅲ）锰酸盐（Ⅳ）水合物）或buserite（布塞尔矿）”。Giovanoli又指出，其新合成的布塞尔矿与Buser W（1959年）所报道的10Å水锰矿是同一种矿物，且以具层状结构为特征；并认为钡镁锰矿不是一种纯矿物，而是布塞尔矿、水钠锰矿和水锰矿（γ-MnOOH）的混合物。Burns R G和Burns V M将多金属结核最常见的3种锰矿物分别命名为钡镁锰矿、水钠锰矿和δ-MnO_2，其分别与Buser W和Grütter A（1956年）的10Å水锰矿、7Å水锰矿和δ-MnO_2对应。

Chukhrov F V 等对大洋结核中 10Å 锰矿物相的电子衍射数据进行指标化时发现存在二套（hkl）反射，（001）反射不为整数系列，说明晶体构造内存在着两种组分的无序交替，即在 10Å 锰矿物相中有混层矿物的存在。Chukhrov F V、Drits V A 和 Gorshkov A I 指出：布塞尔矿Ⅰ型是指结核中的一种含水 10Å 锰矿物。此外发现在结核中还存在另一种新的布塞尔矿变种（布塞尔矿Ⅱ型）；在大洋结核中还发现有钴土矿，其 Co、Ni 含量比大陆者低一个数量级；另在结核中还有钴土矿-布塞尔矿混层矿物，该矿物在大洋多金属结核中非常常见；并“期待在多金属结核中可能会找到布塞尔矿Ⅰ～Ⅱ型混层矿物”。

日本、美国等国学者对 10Å 锰矿物相未像俄罗斯学者 Chukhrov F V 等划分得那样细，只分为两个系列，如日本学者 Usui A 将其划分为热液成因的类钡镁锰矿系列和成岩成因的类布塞尔矿系列。前者形成于热水溶液，具隧道结构；后者包括层状的锰酸盐，形成于正常的低温、深海环境中。

1）钡镁锰矿。钡镁锰矿是成岩型锰矿，其结晶度很差，矿物极其细微。矿物来源为沉积物中的间隙水，在较高 Mn/Fe 比的孔隙水中，由于［MnO_6］八面体层荷负电性，引起［MnO_6］八面体沿 c 轴方向取向生长而成，与水羟锰矿的区别就在于它的 Fe 含量少，Mn 和 Mg 的含量较高如图 1-22 所示。孔隙水比海水通常更富 Ni^{2+} 和 Cu^{2+}，因此，成岩成因的 10Å-锰酸盐层通常比水成的水羟锰矿层有较高的 Ni 与 Cu 含量。另外，Co 主要为 Co^{3+}，在氧与羟基的八面体场中为低自旋态，与 Fe 相中 Fe^{3+} 的晶体化学性质比较相似，故优先置换铁氢氧化物中的 Fe^{3+}。

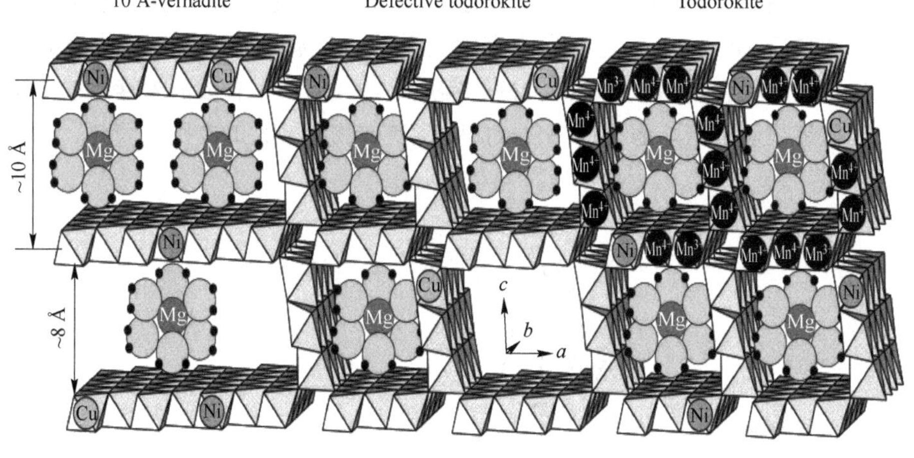

图 1-22　水羟锰矿八面体层

彩图

随着沉积之后中间层 Mn^{2+} 不断氧化成 Mn^{4+}，中间层的位置不断被 Fe^{3+} 占据，10Å-锰酸盐对微量金属的清扫能力逐渐降低，间隙水中氧化还原条件与 Fe^{3+} 离子浓度的较大变化，也导致成岩成因 10Å-锰酸盐层中多种金属元素含量有较大的变化。相比较而言，因为水羟锰矿是由无序堆叠的［MnO_6］层构成的，其表面积的变化程度比较有限，而水羟锰矿对微量金属的清扫能力与其表面积大小直接相关。同时，海水中微量金属浓度的变化也比间隙水的要小很多。这些因素加在一起，可以解释为什么相对于水成的水羟锰矿层，成岩成因的10Å-锰酸盐层中微量金属含量的变化要大得多。总的来说，不论是10Å-锰酸盐为主的成岩型结核或是水羟锰矿为主的水成型结核，以及这两种矿物都存在的混合型结核，结核中微量元素的含量及其与 Mn 或 Fe 的关系主要由其中的矿物相控制。

为了进一步分辨水羟锰矿和钡镁锰矿的特征峰，对两个未经烘干以及抛磨的样品进行加热实验，将测试点做好相应的标记，先收集加热前的拉曼谱图，再放入恒温干燥箱中107 ℃恒温干燥 7 h，待样品恢复至室温后收集加热后的拉曼谱图。加热前后拉曼特征谱图如图 1-23 所示，所获数据的变化规律较为一致，位于 490 cm^{-1}附近的特征谱峰位置基本没有变化。位于 558 ~ 572 cm^{-1}的特征谱峰位置有所变化，加热前峰位位于 570 cm^{-1}附近，加热后峰位向低波数移动，移动至562 cm^{-1}附近。位于626 ~ 643 cm^{-1}的特征峰位置也向低波数移动，加热前特征峰位在 640 cm^{-1}附近，加热后，峰位在 626 cm^{-1}附近。加热前位于 570 cm^{-1}附近和位于 490 cm^{-1}附近特征谱峰的强度比 I_{570}/I_{490}为 1.3 ~ 2.8，加热后比值范围为 1.9 ~ 3.6，加热前位于 640 cm^{-1}附近和位于 570 cm^{-1}附近特征谱峰的强度比 I_{640}/I_{570}为 1.3 ~ 2.0，加热后该比值范围为 0.8 ~ 1.4。综上所述，加热后，570 cm^{-1}附近的特征谱峰向低波数移动，峰形变尖锐，特征谱峰强度增强；640 cm^{-1}附近的特征谱峰也向低波数移动，峰形变化不大，峰强减弱。对比加热前后铁锰质矿物的特征谱峰可知，位于 490 cm^{-1}、570 cm^{-1}和 626 cm^{-1}附近的特征谱峰为水羟锰矿的特征谱峰，与陆地上水羟锰矿的标准拉曼谱峰略有差异，640 cm^{-1}附近的峰为钡镁锰矿的特征拉曼谱峰，由于结构不稳定，加热后发生相变，位于 640 cm^{-1}附近的峰消失，不再与水羟锰矿 626 cm^{-1}附近的特征谱峰重叠。加热后 570 cm^{-1}峰向低波数移动则可能是钡镁锰矿相变为水钠锰矿的结果，水羟锰矿加热后 570 cm^{-1}峰是否有改变则还需进一步通过实验验证。多金属结核中的铁锰质矿物往往用和它们相似的陆地上的铁锰质矿物或者人工合成的铁锰质矿物来命名，但结核中的铁锰质矿物与陆地上的和合成的铁锰质矿物有较大的差别，因此，拉曼谱峰也会存在一定差异。

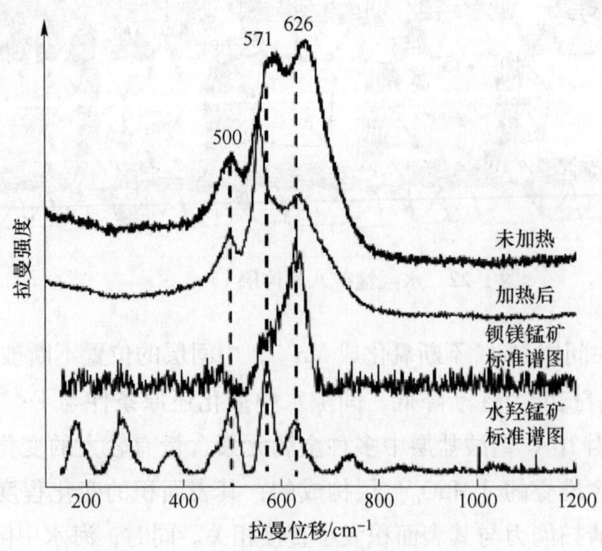

图 1-23　加热前后拉曼谱峰对比图

2）布塞尔矿。多金属结核中布塞尔矿的晶体结构［见图 1-24(a)］是层状结构，晶系为六方晶系。布塞尔矿的八面体层由 Mn^{4+}、Mn^{3+} 和 Mn 缺位的空穴以及其他杂质原子（如 Ni 和 Cu）组成，层间阳离子可能有 Mn^{3+}、Mn^{2+}、Mg^{2+} 和水分子等。多金属结核中的水钠锰矿是由布塞尔矿脱水形成。因此，水钠锰矿晶体结构［见图 1-24(b)］的八面体层和层间阳离子与布塞尔矿一致。

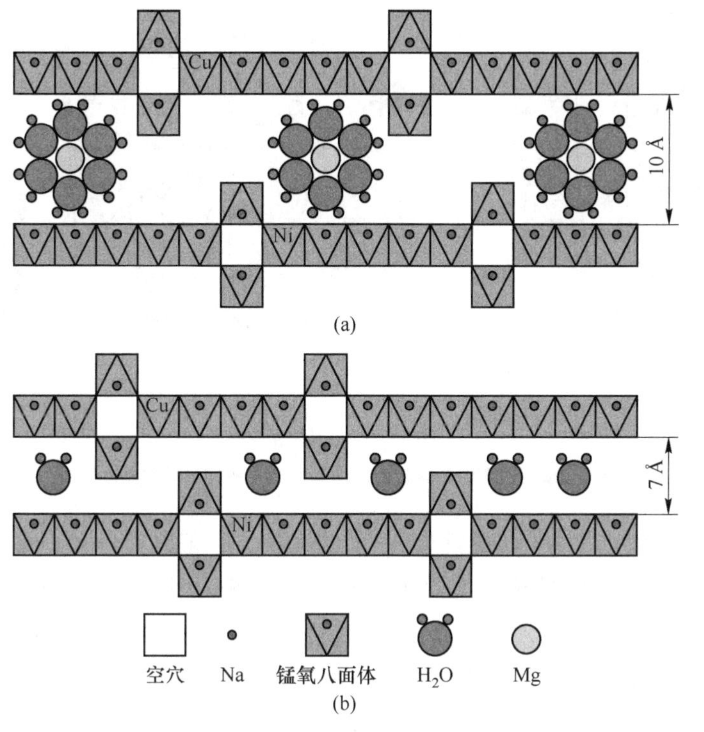

彩图

图 1-24　晶体结构

（a）铁锰结核中布塞尔矿的晶体结构；（b）铁锰结核中水钠锰矿的晶体结构

3）钙锰矿。钙锰矿的隧道结构最早由 Burns 提出，之后 Turner 和 Buseck 根据高分辨率透射电镜成像也认为钙锰矿具有隧道结构。钙锰矿的隧道结构如图 1-25 所示，由沿 a 轴和 c 轴方向 3 个共棱的［MnO_6］八面体组成的隧道墙与 3 个共棱的［MnO_6］八面体构成的隧道顶盖和底板共角而成，隧道孔径为 0.975 nm × 0.959 nm，隧道中含有分子和阳离子，隧道沿 b 轴延伸。合成钙锰矿的隧道结构如图 1-25(a)所示，元素在隧道结构中分布的位置细分为 Mn1、Mn2、Mn3 和 Mn4。Mn1-O、Mn2-O、Mn3-O 和 Mn4-O 的键长分别为 1.89Å、1.94Å、1.91Å 和 1.96Å。Mn1-O 和 Mn3-O 的键长与 Mn^{4+}-O 的键长 1.89Å 相当；Mn2-O 和 Mn4-O 的键长与 Mn^{4+}-O（键长为 1.89Å）和 Mn^{3+}-O（键长为 2.005Å）的平均键长 1.94Å 相当，表明 Mn(1)和 Mn(3)八面体优先被 Mn^{4+} 占据，Mn (2)和 Mn (4)八面体则优先被离子半径大的低化合价阳离子 Mn^{3+} 占据。隧道中的水分子和阳离子的分布位置目前还不是很清楚，唯一可以确定的是隧道中存在被 6 个隧道 H_2O 分子包围的 Mg^{2+}。自然界中钙锰矿的晶体结构与合成钙锰矿的晶体结构一致，也是隧道结构。然而，它们的组成元素有所不同。自然界中的钙锰矿除了含有合成钙锰矿的组成元素，还含有其他的杂元素，如 Cu 和 Ni 等。元素在隧道结构中分布的位置和合成钙锰矿一样，Mn(1)和 Mn(3) 八面体优先被 Mn^{4+} 占据，Mn(2)和 Mn(4)八面体则优先被离子半径大的低化合价阳离子（如 Cu^{2+}、Ni^{2+} 和 Mn^{3+}）占据。

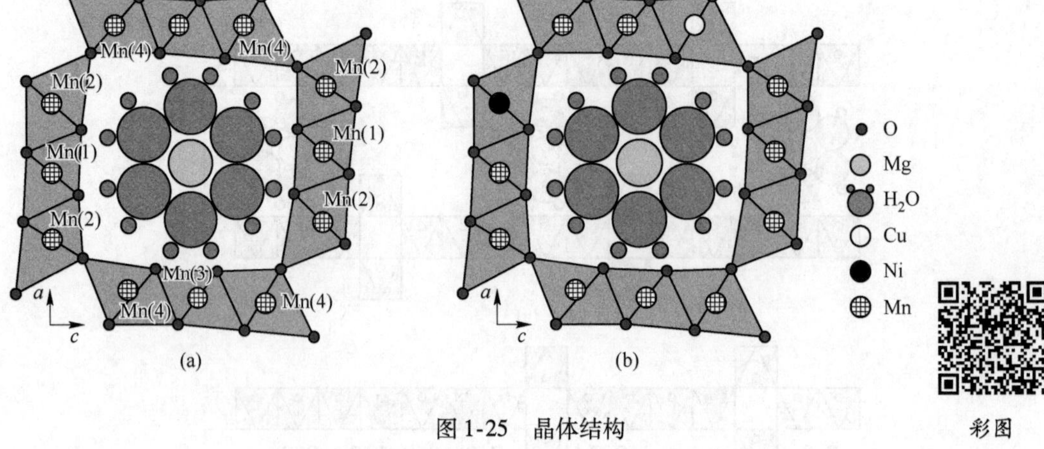

图 1-25　晶体结构

（a）合成钙锰矿的晶体结构；（b）自然界中钙锰矿的晶体结构

（3）7Å 锰矿物相。7Å 锰矿物相又称水钠锰矿，一般结晶度差，多表现为以氧元素与 Mn(2)和 Mn(4)及 Mn 缺位的空穴组成共棱的［MnO_6］八面体层。自然界中的水钠锰矿和布塞尔矿都是颗粒十分微小、结晶度很差的矿物，因此很难用自然矿物来研究它们的晶体结构。学者们一般通过人工合成的方法来研究水钠锰矿和布塞尔矿的晶体结构，这样虽然有效地避免了自然矿物的内在复杂性，但是同时也导致人工合成的水钠锰矿和布塞尔矿与自然界中的水钠锰矿和布塞尔矿存在差异见表 1-9。合成水钠锰矿分为合成三斜水钠锰矿和合成六方水钠锰矿。合成三斜水钠锰矿［见图 1-26(b)］是层状结构，由多个共棱的［MnO_6］八面体形成八面体层，而八面体层由 Mn^{3+} 和 Mn^{4+} 组成，没有 Mn 缺位的空穴，层间分布着钠离子和水分子。合成布塞尔矿［见图 1-26(a)］只比合成三斜水钠锰矿多了一层层间水。合成六方水钠锰矿也是层状结构，由多个共棱的［MnO_6］八面体形成八面体层，八面体层由 Mn^{3+}、Mn^{4+} 和 Mn 缺位的空穴组成，八面体层间除了水分子，还有 Mn^{2+} 或 Mn^{3+} 通过形成与［MnO_6］八面体共三角的配合物位于 Mn 缺位的空穴上。合成六方水钠锰矿可以由合成三斜水钠锰矿转化形成。在转化过程中首先合成富钠布塞尔矿，失去一层水后形成富钠三斜水钠锰矿；接着富钠三斜水钠锰矿在 pH 较低的情况下 Na^+ 与 H^+ 发生交换，其间伴随着富钠三斜水钠锰矿八面体层中的 Mn^{3+} 歧化反应生成 Mn^{2+} 和 Mn^{4+}，生成的 Mn^{4+} 留在八面体层中，Mn^{2+} 释放到溶液中；之后从溶液中获得 Mn^{2+} 和 Mn^{3+}，Mn^{2+} 和 Mn^{3+} 通过形成与［MnO_6］八面体共三角的配合物位于 Mn 缺位的空穴上；最后形成六方水钠锰矿，如图 1-26(c)所示。

表 1-9 人工合成锰矿和铁锰结核锰矿物存在差异表

项目	铁锰结核锰矿物				人工合成锰矿物			
	钙锰矿	布塞尔矿	水钠锰矿	水羟锰矿	钙锰矿	布塞尔矿	水钠锰矿	水羟锰矿
晶体结构	隧道结构	层状结构	层状结构	层状结构（c轴无序）	隧道结构	层状结构	层状结构	层状结构（c轴无序）
金属元素组成	Mn、Cu、Ni、Mg	Mn、Cu、Ni、Mg	Mn、Cu、Ni	Mn、Co	Mn、Na	Mn、Na	Mn、Na	Mn
层内（隧道壁）金属元素	Mn、Cu、Ni	Mn、Cu、Ni	Mn、Cu、Ni	Mn、Co	Mn	Mn	Mn	Mn
层间（隧道孔）金属元素	Mg	Mn*、Cu*、Ni*、Mg	Mn*、Cu*、Ni*	Mn*、Co*	Mg	Na	Mn、Na	Mn

多金属结核中锰矿物的鉴定主要依靠 X 射线衍射仪分析测定。图 1-27 可以看见 X 射线衍射仪分析得到：水羟锰矿的特征衍射峰为 0.239 nm 和 0.140 nm；水钠锰矿的特征衍射峰为 0.72 nm、0.35 nm 和 0.24 nm；钙锰矿和布塞尔矿的特征衍射峰为 0.97 nm、0.48 nm、0.24 nm 和 0.14 nm。X 射线衍射仪无法将钙锰矿和布塞尔矿区分，目前采用的区分手段一般是通过原位加热后进行 X 射线衍射测试分析。布塞尔矿加热后转换为水钠锰矿，钙锰矿则不发生变化。因此，通过对比加热前后铁锰结核的 XRD 图谱可知：若 0.97 nm 的特征衍射峰强度不变，那么铁锰结核中没有布塞尔矿；若 0.97 nm 的特征衍射峰消失，那么铁锰结核中没有钙锰矿；若 0.97 nm 的特征衍射峰强度减弱，那么钙锰矿和布塞尔矿都存在于铁锰结核中。

1.5.4.2 铁矿物

多金属结核中的铁矿物主要为针铁矿、水针铁矿以及纤铁矿，其结晶度很差，以微粒形式嵌布于锰矿物中，与锰矿物紧密结合在一起。此外，还有结核样品中会含有少量结晶度较好的铁矿物，主要为含钛磁铁矿、钛铁矿以及微量的黄铁矿，其中含钛磁铁矿、钛铁矿主要嵌布于长石中，少量的黄铁矿主要以微粒不规则状嵌布于锰矿物或脉石矿物中。

1.5.4.3 脉石杂质

结核中的脉石杂质可分为有机物质和无机物质两类。这杂质当然没有经济上的价值，但仍具有理论上的意义。有机物质一般为生物的骨骼和残骸，半晶质碳和非晶质硅和部分半固结的生物黏液，还有在电子显微镜下才能看到的各种细菌。无机物质又可分为碎屑矿物和黏土矿物两种，前者通常是一些造岩矿物和重矿物，诸如：锐钛矿、金红石、硅铁石、石英、重晶石、辉石和长石等碎屑。而后者则为一些极细的蒙脱石和钙十字沸石。结核内发现的有机物质和细菌是人们非常重视的，不少学者正在专门从事这方面的研究。有的认为：有机反应是锰结核形成的主导因素，有的则认为：生物活动是结核内集中这么丰富金属元素的主导因素。

结核内的碎屑矿物和硫酸盐矿物，绝大多数来自海底喷发的火山物质，但也发现某些陆源矿物进入结核之内。大西洋西南一带盆地中的结核普遍含有大量的石英和长石，其中有一枚结核内掺入直径为 3 mm 的带棱角的长石，根据绝对年龄测定，这颗长石是侏罗纪

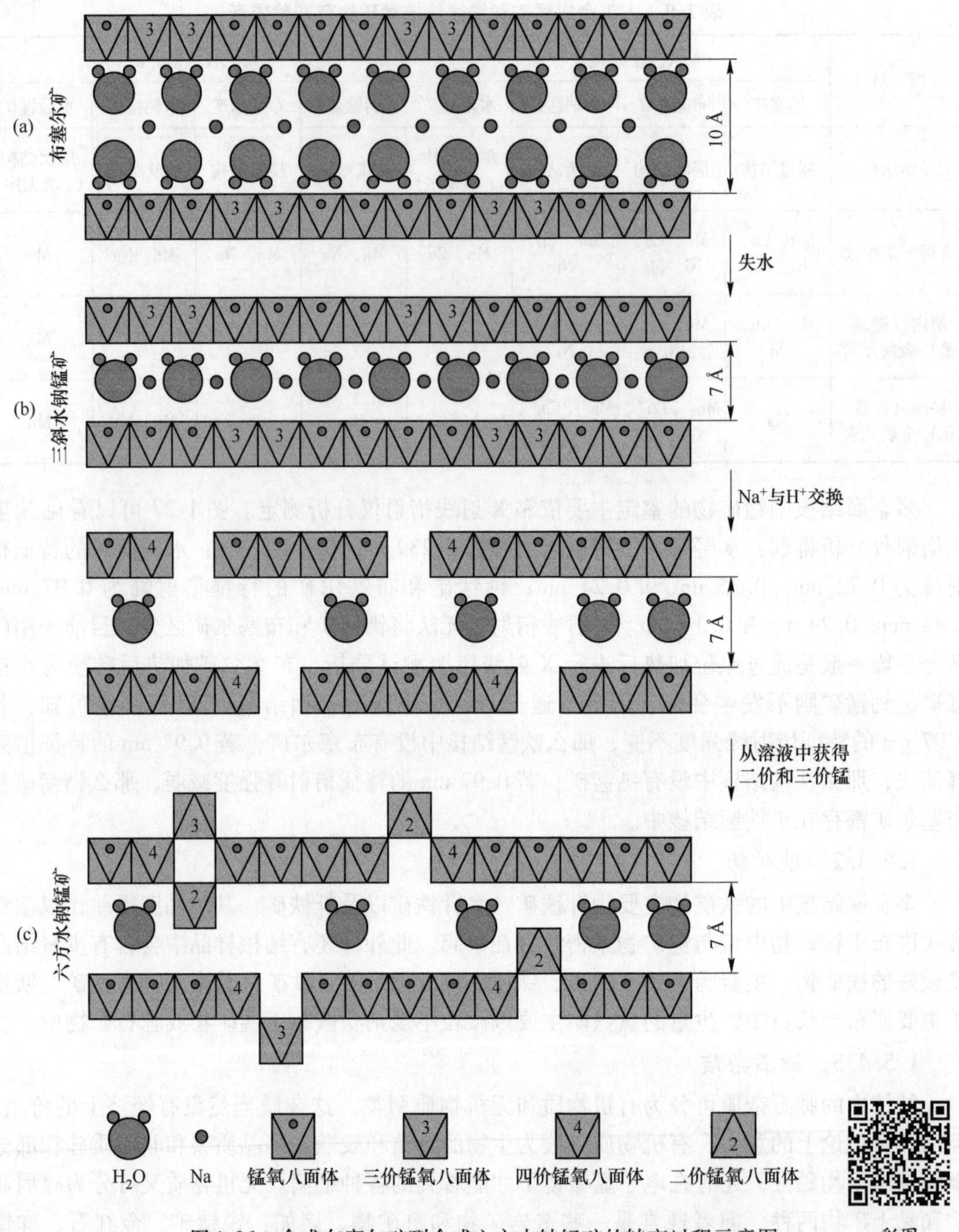

图 1-26　合成布塞尔矿到合成六方水钠锰矿的转变过程示意图

（a）布塞尔矿图；（b）三斜水钠锰矿图；（c）六方水钠锰矿图

（$1Å = 10^{-10}$ m）

的产物，因此推断，这些粗粒碎屑物质是中生代以后，强大的海洋浊流带到深海的，浊流活动不利于锰结核的生长。因此，认为这一地区的锰结核是中生代浊流活动结束之后，沉积作用缓慢而平静期内才开始生长的。结核内普遍发育蒙脱石和钙十字沸石，一般赋存于核的外圈，并经常和黑色的锰铁物质交互成层，形成外观上黑白相间的同心圆。这说明锰

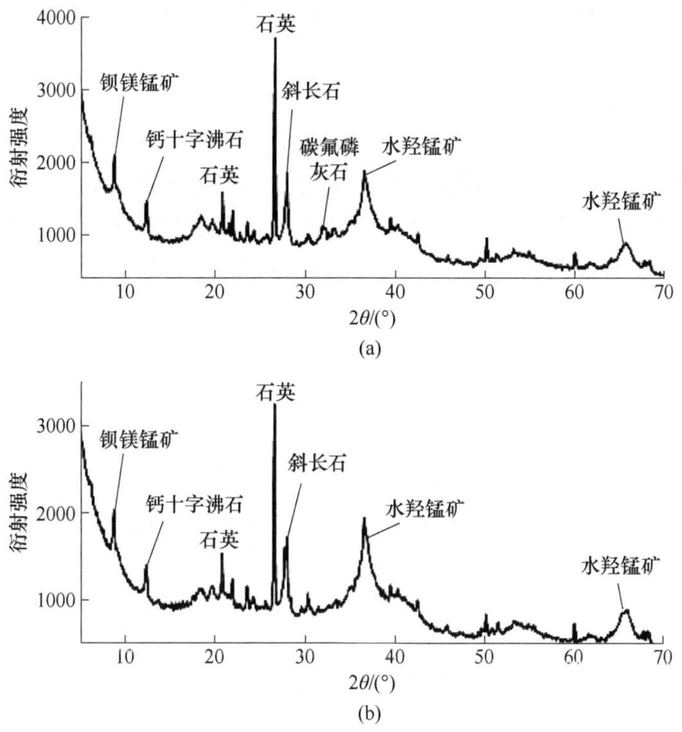

图 1-27　部分结核样品 X 射线衍射图谱

结核生长过程中，锰铁氧化物和氢氧化物的沉淀是间歇性的，也就是说蒙脱石化、沸石化和锰矿物的成矿活动是交替进行的。

多金属结核 TG-DSC 分析结果如图 1-28 所示，在 80 ~ 90 ℃附近，DSC 曲线出现波谷，表明此处有吸热现象出现，TG 曲线显示快速失重，这主要是在此温度下自由水快速脱除引起的。随着温度进一步升高，结核中的自由水及结晶水以一定速率脱除引起缓慢失

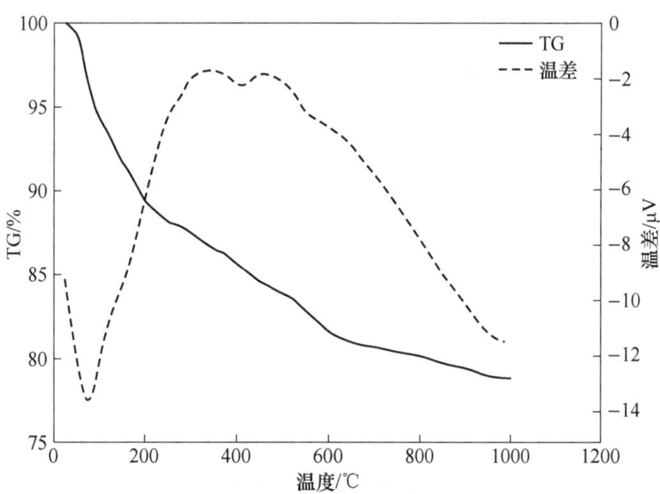

图 1-28　海底多金属结核 TG-DSC 曲线

重现象。600 ℃以下随着温度升高，失重较快，1000 ℃失重基本稳定在20% ~25%，结果进一步验证了多金属结核含水量在20%左右。

1.5.4.4 软熔特性

矿物软熔特性是衡量其在高温下软化变形或形成液相难易程度的指标，也是火法冶金上考察矿物间固相反应的依据。测试主要是在设定的温度区间升温并记录矿粉在不同温度的形貌变化，从而表征其软熔特性。多金属结核是多元素复杂氧化矿，属于混合物，没有固定的熔点，仅有一个软熔温度范围，通常以变形温度（DT）、软化温度（ST）、半球温度（HT）和流动温度（FT）来表示。

多金属结核软熔性能的测试方法：将海底多金属结核矿粉或海底多金属结核矿粉、熔剂的混合料放入制样机制成三角锥形状，在保护（氩气）性气氛介质中，以恒定的升温速度加热，观察并记录灰锥在受热过程中的形态变化，得到上述四个温度点。表1-10为所研究海底多金属结核以及添加4%熔剂（CaF_2）混合料的软熔性能特征温度测定结果。从表1-10可以看出，添加适量的熔剂（CaF_2）对于降低反应体系熔融点温度效果明显，可以使相变向低温方向移动，使包裹在铁锰水合物中的目标金属解离，在一定程度上改善了其还原特性。

表1-10 大洋多金属结核软熔性能特征温度 （℃）

样 品	DT	ST	HT	FT
多金属结核	1425	1446	1517	1537
多金属结核+熔剂	1290	1305	1364	1396

1.6 多金属结核提取冶金

1.6.1 多金属结核冶炼工艺发展进程

第一代技术形成于20世纪60年代，此时主要着眼于结核中镍、钴、铜的提取。由于锰结核类似于陆地含镍红土矿，各国基本沿用处理陆地含镍红土矿的技术来处理锰结核。第一代方法因有工业实践的丰富经验作为借鉴，商业开发前景看好；其特点是：技术成熟，有工业生产厂的实践经验可借鉴，较易于商业化。然而，由于锰结核的孔隙率高，含水量大，金属品位低，采用高温火法处理能耗高，大大增加了冶炼作业成本。第二代技术诞生于20世纪70年代，由于铜、钴、镍等赋存于铁锰矿物（主要是锰矿物）中，很难直接溶解于常规的浸出剂中。为了有效而迅速地使铜、钴、镍等溶解，必须首先解离锰矿物，在解离过程中使镍、钴、铜游离出来。解离锰矿物最有效和简便的途径是改变锰的价态。锰结核中的锰呈四价，是一种氧化剂，通过添加还原剂使四价锰还原成二价锰，同时将铜、钴、镍浸出。目前，普遍认为具有应用价值的有5种方法：

（1）巴尼加罗（Niearo）厂和斯洛伐克谢列德（Sered）厂的还原焙烧-氨浸法；

（2）古巴毛阿湾（Moa Bay）高温高压硫酸浸出法；

（3）国际镍业公司（International Nickel Corporation，INCO）熔炼硫化浸出法；

（4）美国肯尼柯特（Kennecott）公司开发的亚铜离子氨浸法；

（5）美国深海公司（Deep Sea Ventures）的盐酸浸出法。

还原焙烧-氨浸法、高温高压硫酸浸出法、熔炼硫化浸出法属于第一代方法，着眼于提取镍钴铜，处理工艺类似于处理陆地含镍红土矿；后两种属于第二代方法，着眼点转到锰上，基本上属于还原浸出法。

1.6.2 多金属结核火法冶炼工艺

1.6.2.1 还原熔融法

早在 20 世纪 70 年代，国际镍业公司（INCO）就提出了一种工艺，即所谓的“Inco-process”，利用多金属深海结核作为镍、铜和钴的资源。镍、铜和钴等贵重金属在工艺的早期阶段通过还原成金属相进行浓缩，锰主要被丢弃在锰硅酸盐渣中。金属中多余的铁和锰被转化以减轻有价值金属流的重量。通过硫化还原金属产生哑光，与结核的重量相比，哑光的质量仅为 5%，并通过湿法冶金装置操作进一步加工以分离镍，铜和钴。该工艺是一种不添加助熔剂的冶炼还原操作。然而，为了降低液相温度和提高金属的回收率，添加助熔剂可能是有益的。

为了改变冶炼行为并提高贵重金属的还原程度，德国亚琛工业大学研究人员探讨了不同添加剂的使用以及向结核添加的助熔剂量的变化，还提出了利用由此产生的富锰炉渣作为资源在第二次冶炼还原过程中生产高碳铁锰的可能性。添加碱性助熔剂的主要目的是增加锰的产量并降低所生产合金中的硅含量。图 1-29 显示了还原熔融所研究的过程的流程图。对于这两种还原操作，建议使用埋弧炉。这种炉子在冶炼多金属结核方面的优势在之前的研究中已经得到验证。对于锰铁的生产，埋弧炉已经是工业中占主导地位的炉子。

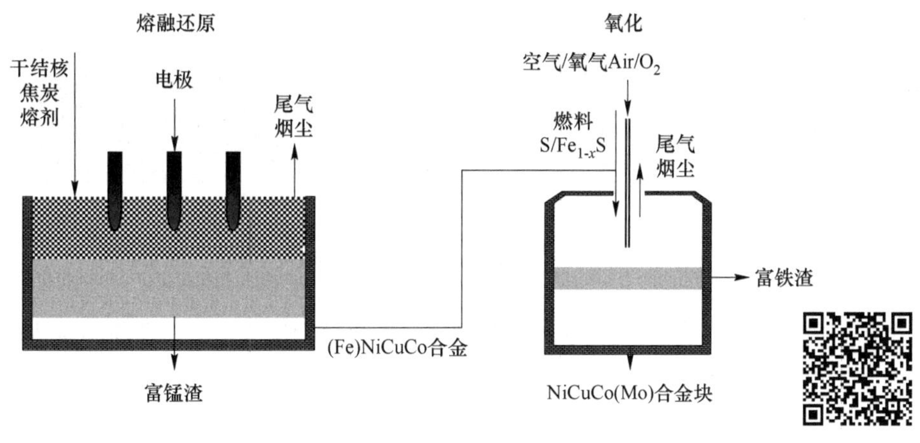

图 1-29 熔融还原过程的流程图

彩图

第一个还原阶段的目的是形成合金（FeNiCoCu）并且将锰富集到渣中，以简化进一步的下游工艺。为了成功进行结渣操作，留在炉渣中的氧化物的活度必须很低，因为具有高活度的组分倾向于离开炉渣进入金属相中。根据式（1-1）的炉渣碱度（B）表示添加剂的用量，并使用 FactSage 对不同碱度炉渣的液相线进行了模拟，见表 1-11。

$$B=\frac{w(MgO)+w(CaO)}{w(SiO_2)} \tag{1-1}$$

表 1-11　对不同碱度炉渣的液相线进行模拟分析

助熔剂	5% 的 CaO	15% 的 MgO	15% 的 CaO-MgO*	15% 的 CaO	30% 的 CaO
液相线温度/℃	1308	1409	1335	1351	1401
碱度 B	0.48	0.91	0.91	0.91	1.55

通过结合两种冶炼还原工艺，可以预期以下优势。

（1）在第一个还原步骤中，有价值的金属集中在合金中，以最大限度地减少下游湿法冶金加工。

（2）通过生产适销对路的锰铁，可以在整个生产过程中增加价值。

（3）经过两次还原过程后，设想产生无重金属炉渣，可用作建筑材料，以避免炉渣填埋，从而减轻对环境的负担。

冶炼实验在直流电弧炉中进行，用于冶炼操作的炉子示意图如图 1-30（a）所示。炉子的供电功率是可变的，顶部电极位置由手动液压调节。实验后，将熔体倒入涂层铸造模具中，如图 1-30(b)所示。

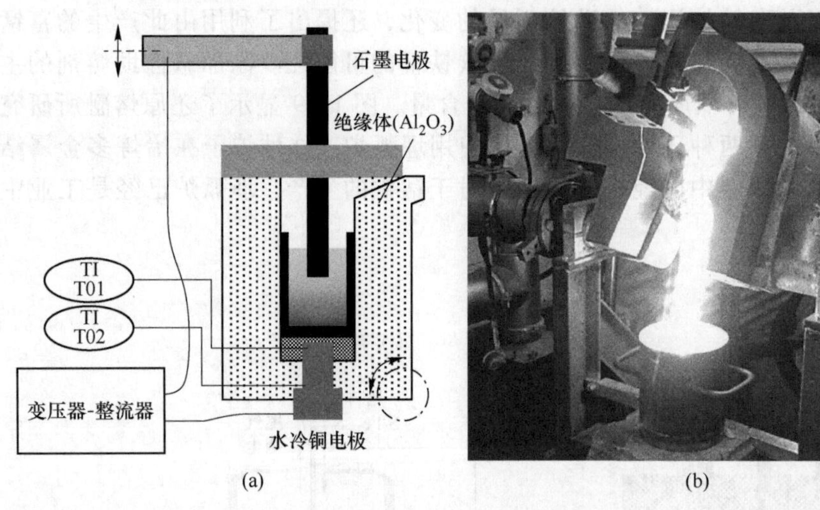

图 1-30　电炉冶炼　　彩图

第一阶段研究了表 1-12 的 5 种助熔剂组合对合金冶炼的影响，还原温度为 1400 ℃，并加入一定量粒径为 1 ~5 mm 的焦炭。为了确定冶炼操作的效率，使用式(1-2)计算了产量：

$$\eta_x=100\% \cdot \frac{m_{x金属}}{m_{x金属}+m_{x炉渣}} \tag{1-2}$$

式中，η_x 是元素 x 的产量；$m_{x金属}$ 是金属中元素 x 的质量；$m_{x炉渣}$ 是炉渣中元素 x 的质量。有价金属和铁的产量如图 1-31 所示。可以看出添加 SiO_2 和 $Na_2B_4O_7$ 对冶炼结果十分有益，炉渣中的锰含量高，合金产量高。但是 $Na_2B_4O_7$ 与 SiO_2 相比，成本相当高，因此只有 SiO_2 被认为是工业规模过程的可行选择。在实验中，添加 15% 的 $w(SiO_2)$ 和添加 25% 的 $w(SiO_2)$ 与其他助熔剂混合物相比，效果更明显。

表 1-12 5 种助熔剂组合对合金冶炼的影响

助熔剂	不添加	15% SiO_2	25% SiO_2	30% SiO_2-CaO	20% SiO_2-TiO_2、10% 的 Al_2O_3	25% TiO_2	20% $Na_2B_4O_7$	20% Fe_2O_3
液相线温度/℃	1514	1263	1285	1365	1190	1204	1302	1403

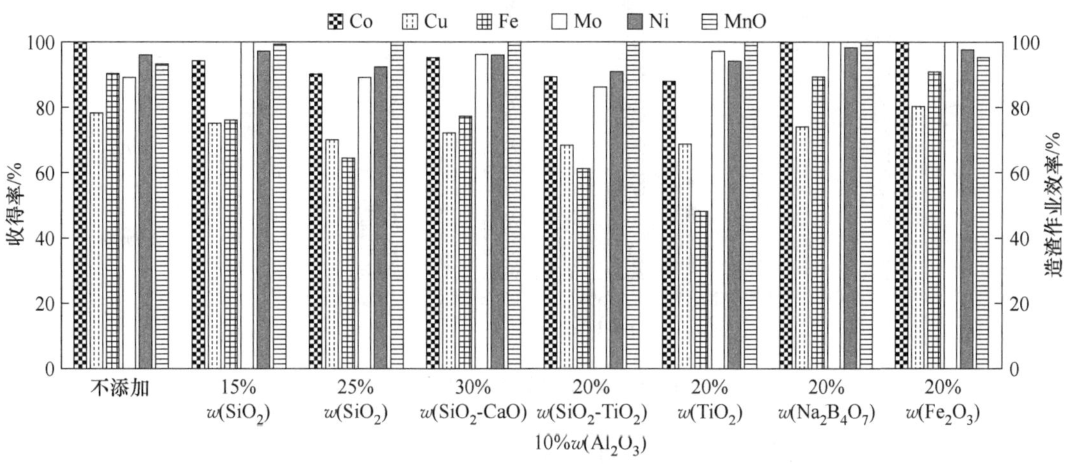

图 1-31 有价金属和铁的产量图

根据图 1-31 中的结果，进行了六次放大实验，与小规模实验相比，$w(SiO_2)$ 的添加量降至 9.4%，炉渣中主要氧化物的平均化学成分见表 1-13。金属元素的平均相位分布如图 1-32 所示。显示的边际误差是六次实验的标准偏差。放大实验显示 Co、Cu、Mo、Ni 的产量相当高，成功避免了 Mn 的还原。

表 1-13 炉渣中主要氧化物的平均化学成分

$w(Al_2O_3)$ /%	$w(CaO)$ /%	$w(CuO)$ /%	$w(FeO)$ /%	$w(MgO)$ /%	$w(MnO)$ /%	$w(Na_2O)$ /%	$w(NiO)$ /%	$w(P_2O_5)$ /%	$w(SiO_2)$ /%
5.64	2.92	0.15	1.57	3.34	56.2	4.46	0.07	0.20	23.4

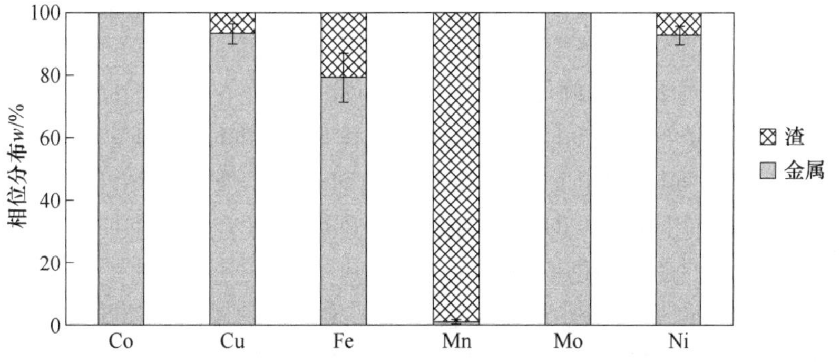

图 1-32 金属元素的平均相位分布图

在第二阶段富锰渣的冶炼过程中，还原温度为1500 ℃，添加一定量粒径为1～5 mm的焦炭。所生产的锰铁中锰和硅的含量是关键参数，基于每个炉渣系统的实验，这些元素的平均值如图1-33所示，并与FactSage预测的值相比较。

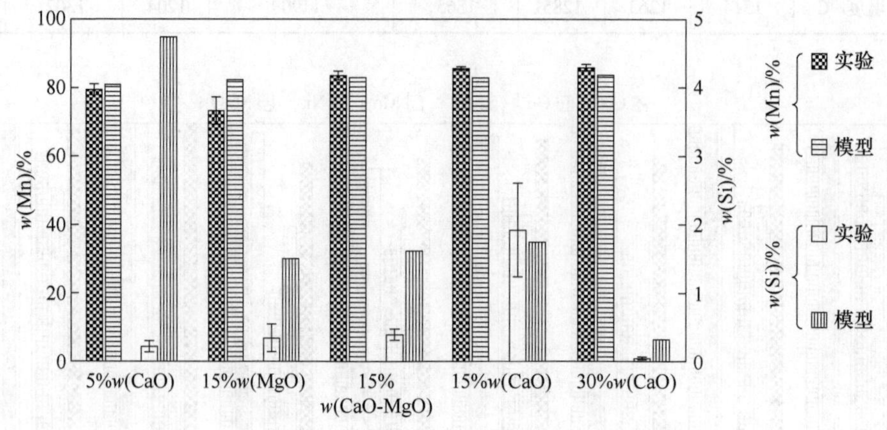

图1-33　金属元素的平均值分布图

以ASTM的A级锰铁标准（锰质量分数必须高于78%，硅质量分数不能超过1.2%）为判别依据，除了添加w(MgO)为15%的实验外，所有合金都超过了78%的最小锰质量分数。这些结果与FactSage的预测值完全匹配。除了添加w(CaO)为15%的实验外，所有合金中的最大硅质量分数均低于1.2%。误差幅度主要取决于工艺条件，因为在整个实验过程中无法保证小型电弧炉的稳定运行。另一个主要影响是所用原料的成分，这可能是不均匀性的基础，即使所提供的碎渣均匀化是在实验前通过混合进行的。通过化学分析，由于金属取样而导致的不准确是可能的。

对最终的炉渣进行分析，并用FactSage对实验后的液相温度进行模拟。表1-14显示了所研究炉渣的碱度和液相温度。

表1-14　炉渣的碱度和液相温度

助熔剂	5% CaO	15% MgO	15% CaO-MgO	15% CaO	30% CaO
液相线温度/℃	1312	1470	1357	1203	1284
碱度	0.44	0.83	0.83	0.83	1.19

在该工艺中，Mg作为助熔剂作用不大，因为液相温度仅比预设的工艺温度低30 ℃，并且所生产合金中的锰含量过低。只有CaO可以作为助熔剂，添加量的质量分数为5%～15%。液相线的温度要足够低，以确保在冶炼过程中产生液渣，并且生产的合金要符合ASTM标准。不建议使用30% CaO作为助熔剂，原因有两个：

（1）使用如此多的助熔剂是不经济的；

（2）使用30% CaO的实验炉渣往往会粉化，这样的炉渣作为建筑材料是被禁止的。

为了开发零废弃物工艺，最终的炉渣必须是可用的产品。最终炉渣中重金属的含量应尽可能低，表1-15为最终炉渣中重金属的痕量。

表 1-15 最终炉渣中重金属的痕量

助熔剂	5%的 CaO	15%的 MgO	15%的 CaO-MgO	15%的 CaO	30%的 CaO
Cr_2O_3	<0.01	<0.01	<0.01	<0.01	<0.01
CuO	0.11	0.04	0.05	0.03	0.03
NiO	0.09	0.01	0.02	0.01	<0.01
V_2O_5	0.05	<0.01	0.01	<0.01	<0.01

1.6.2.2 还原焙烧-磁选

多金属结核金属化还原焙烧-磁选分离工艺是利用各有价金属还原温度的差异进行选择性还原，Ni、Cu、Co 被还原成金属态与铁形成合金，而锰矿物仍以氧化物形式存在，最后通过磁选可初步实现 Ni、Cu、Co 和 Mn 的分离，工艺流程如图 1-34 所示。还原过程中合金颗粒团聚长大的程度和合金颗粒的磁性是影响 Ni、Cu、Co 和 Mn 有效分离及 Ni、Cu、Co 回收率的关键因素，因此选择合适的还原条件是金属化还原焙烧-磁选分离工艺成功的关键。

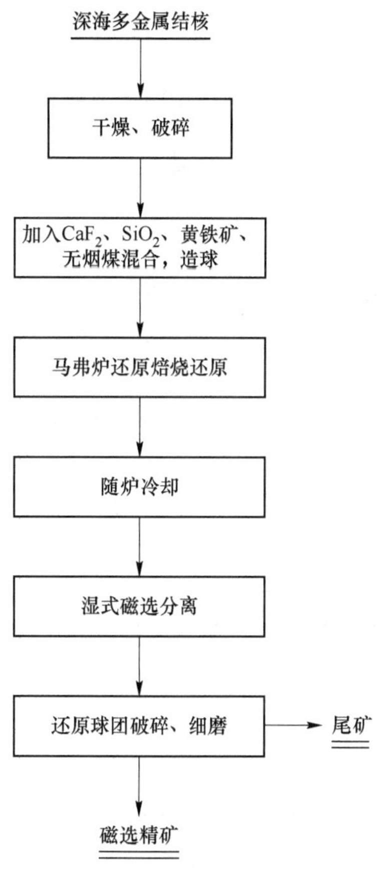

图 1-34 多金属结核还原焙烧-磁选工艺流程图

试验所用大洋多金属结核由中国大洋协会样品馆提供，采自我国大洋多金属结核矿合同区，主要化学成分：$w(Ni)$为 1.17%、$w(Cu)$为 0.85%、$w(Co)$为 0.20%、$w(Mn)$为 26.11%、$w(Fe)$为 6.47%、$w(Si)$为 6.81%、$w(Al)$为 2.91%、$w(Pb)$为 0.073%、$w(Ca)$为 1.81%、$w(Mg)$为 1.87%、$w(S)$为 0.042%、$w(Zn)$为 0.11%、$w(Na)$为 1.53%、$w(K)$为 0.93%、$w(P)$为 0.23%。

将多金属结核经 80 ℃干燥 24 h 去除游离水以后，破碎、磨矿至粒径 0.074 mm（200 目）占 80%以上，然后与氟化钙、二氧化硅、黄铁矿和无烟煤按一定质量比混匀、造球，球团经干燥后装入刚玉坩埚，置于马弗炉内按设定温度进行还原焙烧。达到设定时间后坩埚随炉冷却至室温。将还原球团破碎、细磨后，在 XCGs-50 型磁选管（管直径为 50 mm，磁极为 52 mm）内进行湿式磁选分离，得到磁选精矿和尾矿，分别分析其镍、铜、钴含量，并计算回收率。

还原温度影响金属化还原反应快慢，是决定还原焙烧-磁选工艺回收镍、铜、钴效果的关键因素。固定焙烧恒温时间为 2.5 h，按原矿：煤：氟化钙：二氧化硅：黄铁矿 = 100：9：4：5：6 配料造球，考察还原温度对多金属结核还原焙烧-磁选效果的影响。随着还原温度的升高，精矿镍、铜、钴的回收率快速上升，且在 1175 ℃达到峰值，温度超过 1175 ℃后回收率变化不大。由于在 1175 ℃下球团局部熔化和粘连加剧，因此选择

1150 ℃为适宜的焙烧温度，该温度下磁选精矿 Ni 回收率为 94.07%、Cu 回收率为 82.26%、Co 回收率为 93.20%。接着，固定还原温度为 1150 ℃，焙烧恒温时间为 2.5 h，按原矿：氟化钙：二氧化硅：黄铁矿 = 100：4：2.5：4 配料，考察无烟煤添加量对大洋多金属结核还原焙烧-磁选效果的影响。无烟煤添加量为 3%～7%时，精矿中镍、铜、钴的回收率均随着无烟煤添加量增加而增加，尤其 Cu 回收率显著提高。无烟煤添加量超过 7%后，随无烟煤用量提高，精矿中镍、铜、钴的品位变化不大，但回收率有所下降。可见，适当提高无烟煤的用量，特别有助于铜的回收，选取无烟煤添加量 7%为宜。最佳的焙烧工艺条件：原矿添加 4%的氟化钙、4%的黄铁矿、2.5%的二氧化硅、7%的煤混匀造球，1150 ℃恒温焙烧 2 h。焙烧产物细磨后经过 160 kA/m 磁选分离，得到含 $w(Ni)$为 10.09%、$w(Cu)$为 7.86%、$w(Co)$为 1.59%的精矿，且精矿 Ni、Cu、Co 回收率分别为 96.72%、88.28%、95.81%。

1.6.3 多金属结核湿法冶炼工艺

1.6.3.1 还原氨浸法

1979 年肯尼柯特（Kennecott）铜公司的研究表明，氨性介质中，在铜离子催化作用下，CO 可将锰矿物中的 Mn^{4+} 还原成 Mn^{2+}，从而使 Cu、Co、Ni 的氧化物释放出来并被氨浸出。CO 还原氨浸的优点可在常温条件下使用清洁、经济的还原剂选择浸出有价金属，但与传统氨浸法一样，存在金属浸出率低，特别是 Co 浸出率低的缺点。北京矿冶研究总院研究人员对 CO 还原氨浸多金属结核工艺进行研究，以结核中自含的铜为催化剂、CO 为还原剂，进行还原氨浸扩大试验，对不同区域、不同类型的多金属结核进行了对比浸出试验。

试验采用的矿石为我国勘探合同区执行 DY95-10、DY105-11、DY105-13 等航次勘探任务时采集的多金属结核样品，矿粉成分见表 1-16。

表 1-16 多金属结核样品矿粉成分

样品	Ni 含量(质量分数)/%	Cu 含量(质量分数)/%	Co 含量(质量分数)/%	Zn 含量(质量分数)/%	Mo 含量(质量分数)/%
N1	1.10	0.86	0.25	0.12	0.04
N2	1.39	1.33	0.22	0.16	0.05

还原氨浸法处理多金属结核的工艺流程如图 1-35 所示。主要对 CO 还原氨浸过程进行研究分析。浸出试验在径高比为 1：2 的密闭反应槽中进行，反应槽采用浆叶式双层搅拌，浸出槽的尾气经配料槽、吸氨塔两段吸收后排空。连续浸出试验前，先通过单体设备试验，研究浸出过程溶液电位的变化情况及铜离子浓度、温度等工艺条件对浸出的影响，以确定连续浸出试验的工艺参数。采用原子吸收光谱分析法和容量滴定法分析溶液和浸出渣中的金属含量，采用 X 射线衍射分析原矿和浸出渣中的矿物组成。

还原浸出过程中，体系的电位变化情况基本体现了还原浸出反应速度，电位变化越快，反应速度越快。当起始电位低时，还原浸出反应速度慢，而当起始电位在 260 mV 以上时，反应速度明显加快。还原浸出过程，体系电位逐步升高，300～500 mV 时，电位变

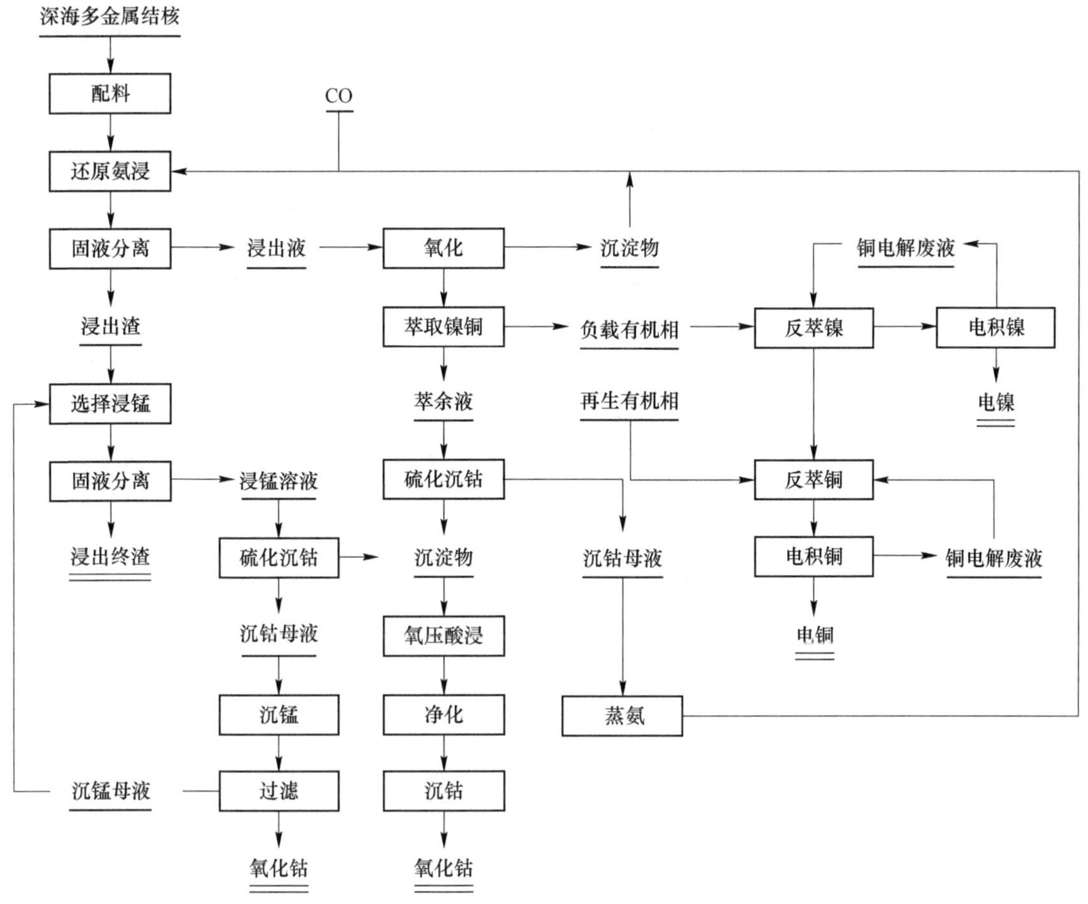

图 1-35　还原氨浸法处理多金属结核的工艺流程图

化较快，表明为 300 ~ 500 mV 时，反应较快。因此，在连续作业时，为了获得较快的浸出速度，应控制体系的电位不低于 260 mV，最佳范围是 300 ~ 500 mV。

多金属结核还原氨浸在一个气—液—固的三相反应体系中完成，包括 CO 从气相向液相的扩散、CO 还原锰结核中的高价锰、镍钴铜的浸出过程。温度升高，可加快 CO 还原锰结核中高价锰的反应速度和促进氨对镍钴铜的浸出。但温度升高，不利于 CO 在水中的溶解和扩散。在温度较低时，反应速度受 CO 还原锰结核反应步骤控制，升高温度对浸出有利。而在温度超过 60 ℃时，反应速度主要受 CO 扩散速度影响，继续升高温度不利于浸出，而且，随温度升高，氨的挥发损失会增大。

在单体试验基础上，进行连续浸出试验。试验采用了有利于工业化生产的工艺技术条件，浸出进料浓度（含固体）为 50%，浸出液总金属离子浓度（Cu + Ni + Co）为 25 ~ 30 g/L，浸出温度为 45 ℃，浸出体系的还原电位为 400 ~ 450 mV，经过两个多月的连续试验，设备运转正常，结果稳定，镍、铜、钴浸出率分别达到 98%、97% 和 90%，浸出液含铜达 10 ~ 12 g/L、镍 13 ~ 15 g/L、钴 2 ~ 3 g/L。该条件下，浸出过程增加的铜浓度足以维持催化反应的需要，不用额外补加铜。浸出液的金属离子浓度高，可减少后处理的溶液量，重要的是在钴浓度高达 3 g/L 时，钴浸出率仍达 90%。试验结果表明（见表 1-17），采用该工艺浸出 N1 和 N2 样品，均取得理想的浸出指标。在还原浸出时，原矿中 84% 的锌和 96% 的钼被浸出。

表 1-17　连续浸出试验结果

样品	浸出渣质量分数/%					浸出率/%				
	Ni	Cu	Co	Zn	Mo	Ni	Cu	Co	Zn	Mo
N1	0.02	0.03	0.03	0.02	0.0015	98.28	96.86	90.28	84.25	96.62
N2	0.02	0.03	0.03	0.03	0.0018	98.58	97.83	88.55	83.69	96.69

还原氨浸渣中主要金属元素的状态分布见表 1-18。研究表明，渣中镍、钴、铜大部分存在于新生的碳酸锰相中，特别是钴，这说明碳酸锰的吸附共沉淀是导致氨浸过程有价金属损失的主要原因。不过，存在于碳酸锰相中的有价金属可在后续的浸出提锰时进一步回收。

表 1-18　氨浸渣中主要有价金属元素分布

元素	碳酸锰相中的含量/%	残余锰矿物中的含量/%	累计含量/%
Mn	87.82	12.18	100
Ni	53.23	46.77	100
Co	82.02	17.98	100
Cu	65.52	34.48	100

1.6.3.2　酸浸法

酸浸分为硫酸浸出和盐酸浸出，可简化原矿预处理过程，MnO_2 为强氧化剂，其还原反应 $MnO_2 + 4H^+ + 2e = Mn^{2+} + 2H_2O$ 的标准电位 $E = 1.23$ V。因此凡是标准电位低于此值的物质即可用作还原剂，进行多金属结核的浸出。SO_2、亚硫酸盐（5M NH_4Cl、$(NH_4)_2SO_3$）、金属硫化物（黄铁矿、铜锍、硫化锌精矿）均可用作还原剂，也有使用无机物（苯二胺）作为还原剂的报道。

A　高温高压硫酸浸出

高温高压硫酸浸出法以从多金属结核或富钴结壳中选择性提取镍、钴、铜为目标，属于“三金属法”。美国、法国、国际海洋金属联合组织（简称海金联，IOM）、印度等国家或组织，从 20 世纪 60—70 年代先后开展了高温高压氧化酸浸试验研究（工艺流程见图 1-36），分别制备出了电镍、电钴和电铜等产品。高温高压硫酸浸出工艺类似于红土矿的高温高压硫酸浸出工艺，即在浸出过程中使镍、钴、铜等有用金属溶解进入溶液，而铁和锰氧化造渣，从而达到分离有价金属和杂质铁与锰的目的。浸出液经萃取—电积等工序分别制备相应的产品。典型工艺参数是温度为 200 ℃、总压为 3.1 MPa、氧分压为 1 MPa、浸出时间为 1 h、pH 值为 1.63。经高温高压氧化浸出后，镍、钴、铜的浸出率分别为 80%、30% 和 90%，而杂质元素铁和锰的浸出率分别为 2% 和 5%。

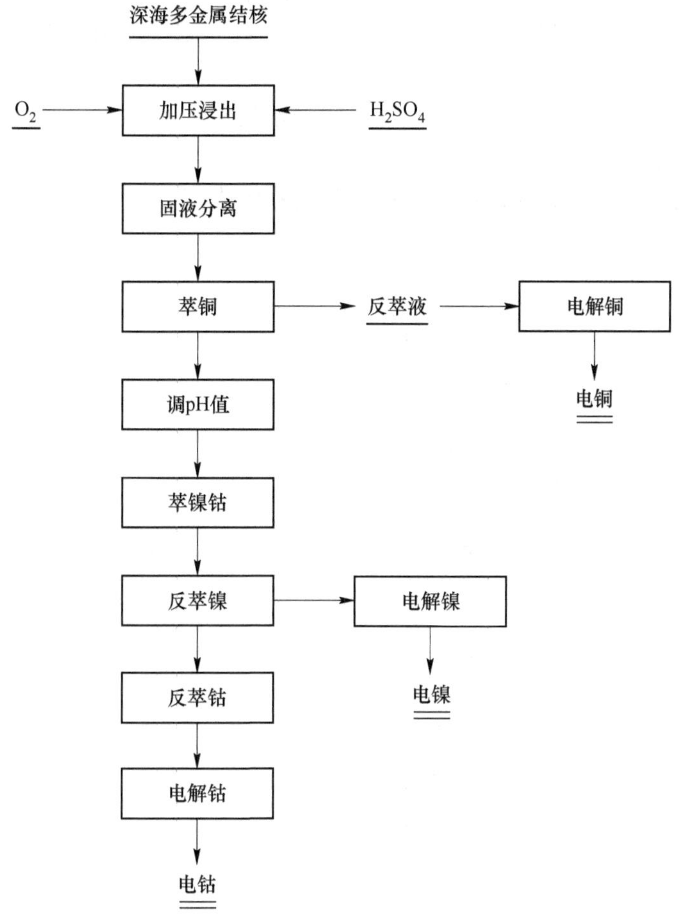

图 1-36 高温高压硫酸浸出法工艺流程图

B 常温常压硫酸浸出

北京矿冶研究总院对常温常压活化硫酸浸出法进行了大量研究，工艺流程如图 1-37 所示。该方法以 SO_2 为还原剂、以硫酸为浸出剂，利用还原剂的作用，将结核中的四价锰还原为二价锰，改变锰矿物的结构形态，使赋存于锰矿物中的有价金属解离出来，使有价金属溶解的动力学条件得到显著改善，综合回收镍、铜、钴、锰四种金属。该工艺主要原理是：在常压条件下，在活化剂的参与下，硫酸从多金属结核中选择性地溶解镍、钴、铜、锰，因此，结核中原有的锰矿物结构被破坏，赋存于其中的有价金属氧化物并未与活化剂发生作用，只是被解离出来，以游离态被硫酸溶解。这些反应均为放热反应，如果不迅速将热量从体系中移出，体系的温度会骤然升高。另外，结核中的铁矿物在该条件也会部分地发生溶解反应，其中一部分被活化剂作用还原为亚铁形成硫酸亚铁转入溶液中，还有少部分直接与硫酸作用，形成硫酸高铁。该工艺的优点：

（1）结核矿无须干燥处理，应用活化剂，在常温常压下直接硫酸快速浸出，能耗低，工艺简单，易工业化；

（2）通过改进活化剂功能，显著降低浸出酸耗，并实现了选择性浸出，有效地改善了浸出矿浆的沉淀过滤性能，减轻了溶液净化的负荷；

（3）采用化学沉淀与溶剂萃取相结合的方法，成功地实现复杂溶液的有效净化与金属分离；

（4）可回收镍、钴、铜、锰及锌，金属回收率高；

（5）对不同结核矿适应性强；

（6）试剂腐蚀性居中，来源广泛，设备材料易解决。

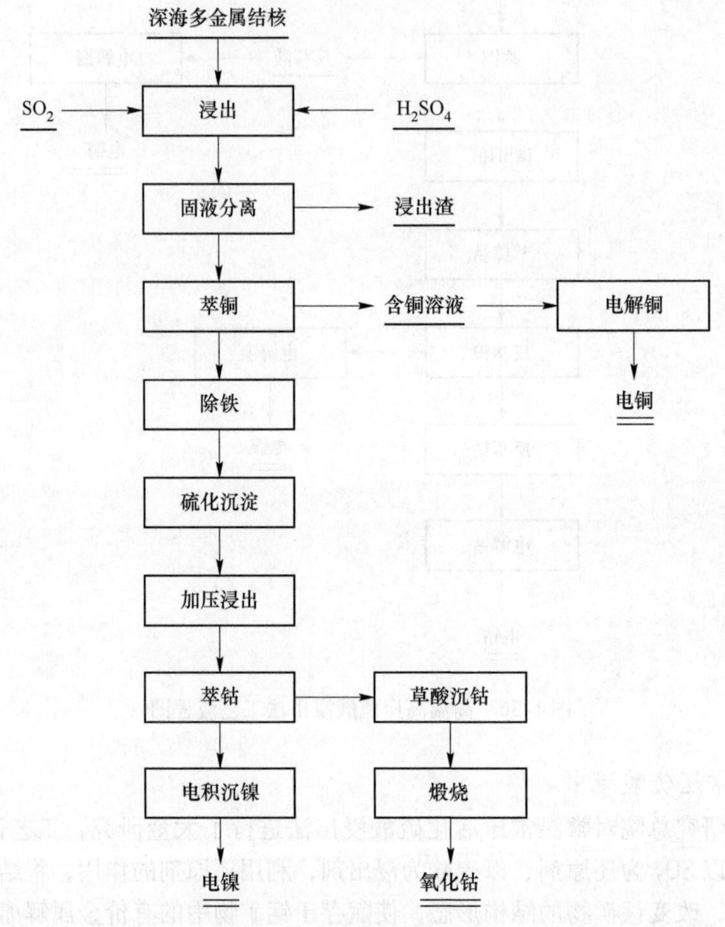

图 1-37 常压硫酸浸出工艺流程图

C 常温常压盐酸浸出

长沙矿冶研究院经过大量试验研究，优选出活化剂作为还原剂、以盐酸为浸出剂，结核矿不作任何处理，在室温下进行快速而完全的浸出。研究人员认为多金属结核在酸性水溶液中具有很强的氧化性，在有还原剂存在时，可破坏这些氧化矿物，释放有价金属。因而，通过大量实验选择出高效价廉的还原活化剂，用盐酸浸出多金属结核，并进行了后续浸出液铜镍钴锰铁分离工艺，铜镍钴锰铁产品制备工艺研究。确定了多金属结核常温常压盐酸浸出工艺流程及工艺条件，并进行了扩大实验。该工艺流程浸出速度快，有价金属浸出率高，处理 1 t 结核矿的盐酸消耗仅为 0.128 t，回收产品为电铜、电镍、氧化钴、二氧化锰和铁红，质量均达国家和行业质量标准。与第一代还原盐酸浸出法相比，结核矿无须焙烧和干燥，直接室温下浸出，能耗和酸耗大大降低。此外，该方法具有浸出快而完全、矿源适应性强、可回收 Mn、Fe、Ni、Co、Cu、Zn、Mo 等多种有价金属的优点。

1.6.3.3 三相氧化法

采用三相氧化法，在流动介质的气-液-固三相体系中从多金属结核中回收锰、铁、铜、钴、镍等有价金属。在一定条件下，多金属结核中的 MnO_2 能与 KOH 及 O_2 发生如式（1-3）和式（1-4）反应：

$$2MnO_2 + 6KOH + 1/2O_2 \xlongequal{} 2K_3MnO_4 + 3H_2O \tag{1-3}$$

$$2K_3MnO_4 + 1/2O_2 + H_2O \xlongequal{} 2K_2MnO_4 + 2KOH \tag{1-4}$$

通过三相氧化反应，多金属结核中四价的二氧化锰被转化为六价的中间产品锰酸钾，亚稳态的锰酸钾在一定碱度下溶解，与结核中的铁、镍、铜和钴等其他元素的氧化物和不溶性渣分离并高度净化，提纯后的锰酸钾可进一步转化成为高锰酸钾、二氧化锰等产品，而残余渣相经重力分级后，其中的三氧化二铁成为产品，镍、铜、钴等金属氧化物则得到富集，再用萃取-电积工艺分别加以回收。

将反应器内一定浓度的氢氧化钾溶液加热至预定反应温度后，在搅拌的情况下加入预定量的多金属结核，通入反应气，温度稳定后开始计时，反应过程中保持气体流量不变。反应结束后，停止加热，停止通气，用低浓度碱液稀释反应物料，将全部浆料排出。用清水冲洗反应器并与浆料混合，待其冷却至一定温度过滤，用低浓度碱液及清水洗涤滤饼，至滤饼呈红棕色为止，记下滤液体积并取样分析，滤液经处理后可重复使用。滤饼烘干、称重并取样分析。

在温度为 280～320 ℃，碱锰比为 40～55，反应时间为 2～4 h，结核粒度为 68～90 μm，空塔气速为 0.071～0.127 m/s 的条件下，多金属结核中锰的浸出率在 95% 以上，铁和镍的富集率高于 98%，铜和钴的富集率在 95% 以上。

1.6.4 多金属结核火湿联合冶炼工艺

1.6.4.1 低温氢还原—酸浸工艺

氢能被视为 21 世纪最具发展潜力的清洁能源，由于具有来源多样、清洁低碳等优点，被多国列入能源战略部署中，在当今我国大力宣传“碳达峰”和“碳中和”的大背景下，随着对氢冶金认识的越来越深入，氢冶金必将受到重视。

2021 年，有学者以多金属结核为原料，开展了低温氢还原—酸浸新工艺研究。试验用的多金属结核为中国大洋协会提供的 DY125-14 航次矿样。多金属结核经干燥、破碎、细磨至 −0.074 mm 的占 70.82%，其化学组成见表 1-19。

表 1-19 多金属结核主要化学组成

元 素	Co	Ni	Cu	Mn	Fe	Mg	Ca	Al	Si
含量(质量分数)/%	0.17	1.19	0.93	24.52	4.87	1.76	1.45	2.36	6.02

试验分两个阶段：第一阶段为多金属结核氢还原；第二阶段为浸出试验。

多金属结核氢还原：取干燥后的多金属结核矿粉 35 g 加入瓷坩埚中，置于管式电阻炉中加热升温，同时通入 N_2 排空炉内空气，至设定温度时通入 H_2 和 N_2 混合气（流量比为 1∶1），到设定时间后关闭氢气并降温至 100 ℃以下，取出并取样分析。还原效果主要通过还原物料中有价金属的浸出率来评价：取 20 g 还原料粉，加入硫酸及矿质量 40% 的双氧水，浸出液固比 L/S = 8，硫酸浓度为 1.3 mol/L，浸出时间为 3 h，浸出温度为 90 ℃，反应过程中通过 pH 计检测体系 pH 变化，通过往体系中加入硫酸或氢氧化钠调整浸出 pH，控制浸出终点 pH = 1.5 ~ 2.0，浸出过程结束后过滤洗涤，滤饼于 100 ℃干燥 12 h 后称重、取样分析并计算各有价金属的浸出率。

浸出实验：称取一定量的还原料与一定浓度的硫酸按照一定的液固比加入烧杯中，加温，在设定温度下加入适量的氧化剂反应一段时间，反应过程中通过 pH 计检测体系 pH 变化，通过往体系中加入硫酸或氢氧化钠调整浸出 pH，控制浸出终点 pH 至目标值，反应完成后，过滤洗涤滤饼，并于 100 ℃干燥 12 h 后称重并分析相关元素的含量，经计算得出各金属的浸出率。

在第一阶段的氢还原中，多金属结核中各氧化物与 H_2 发生的反应为式（1-5）~式(1-12)：

$$NiO(s) + H_2 = H_2O(g) + Ni(s)$$

$$\Delta G^{\ominus} = [-4.18 - 0.00867T]\ \text{kJ/mol} \quad T_{始} = -482\ ℃ \tag{1-5}$$

$$CoO(s) + H_2(g) = H_2O(g) + Co(s)$$

$$\Delta G^{\ominus} = [-3.67 - 0.00448T]\ \text{kJ/mol} \quad T_{始} = -819\ ℃ \tag{1-6}$$

$$CuO(s) + H_2(s) = H_2O(g) + Cu(s)$$

$$\Delta G^{\ominus} = [-24.29 - 0.00818T]\ \text{kJ/mol} \quad T_{始} = -2969\ ℃ \tag{1-7}$$

$$3Fe_2O_3(s) + H_2(g) = H_2O(g) + 2Fe_3O_4(s)$$

$$\Delta G^{\ominus} = [-6.47 - 0.022T]\ \text{kJ/mol} \quad T_{始} = -294\ ℃ \tag{1-8}$$

$$Fe_3O_4(s) + H_2(g) = H_2O(g) + 3FeO(s)$$

$$\Delta G^{\ominus} = [10.62 - 0.0144T]\ \text{kJ/mol} \quad T_{始} = 738\ ℃ \tag{1-9}$$

$$FeO(s) + H_2(g) = H_2O(g) + Fe(s)$$

$$\Delta G^{\ominus} = [3.89 - 0.00325T]\ \text{kJ/mol} \quad T_{始} = 1197\ ℃ \tag{1-10}$$

$$MnO_2(s) + H_2(g) = H_2O + MnO(s)$$

$$\Delta G^{\ominus} = [-29.66 - 0.0131T]\ \text{kJ/mol} \quad T_{始} = -2264\ ℃ \tag{1-11}$$

$$MnO(s) + H_2(g) = H_2O(g) + Mn(s)$$

$$\Delta G^{\ominus} = [32.01 - 0.00502T]\ \text{kJ/mol} \quad T_{始} = 6377\ ℃ \tag{1-12}$$

根据计算各反应的起始温度 $T_{始}$ 可知，多金属结核中各氧化物被 H_2 还原的趋势顺序为：$CuO \rightarrow Cu > MnO_2 \rightarrow MnO > CoO \rightarrow Co > NiO \rightarrow Ni > Fe_2O_3 \rightarrow Fe_3O_4$，因此理论上用 H_2 还原多金属结核来破坏其锰矿物的结构是可行的。值得注意的是，在 500 ~ 1200 ℃温度下，多金属结核中的镍、钴、铜、铁氧化物均可被 H_2 还原为金属单质，而 MnO_2 只能被还原为 MnO，MnO 无法被 H_2 还原。

A　多金属结核的氢还原

氢气和氮气流量均为 200 mL/min，在不同温度下还原多金属结核矿 2 h，考察了还原温度对各还原料中有价金属浸出的影响。随着还原温度的升高，Ni、Co、Cu、Mn 浸出率逐渐升高，当温度为 600 ℃时，Ni、Co、Cu、Mn 浸出率分别达 98.88%、98.61%、98.21%和97.75%，继续升高温度，浸出率变化不大，因此，氢还原最佳温度为600 ℃。

氢气和氮气流量均为200 mL/min，在600 ℃下还原多金属结核矿不同时间，考察了还原时间对各有价金属浸出的影响。当还原时间为60 min时，Ni、Co、Cu、Mn浸出率分别达到97.65%、96.82%、96.99%、97.34%，进一步延长还原时间至180 min，Ni、Co、Cu、Mn浸出率变化不明显，为保证较佳的浸出率，还原时间取90 min。

氢气和氮气流量为1∶1，在600 ℃下还原多金属结核矿2 h，考察了氢气流量对各有价金属浸出的影响。随着氢气流量由10 mL/min上升至50 mL/min时，Ni、Co、Cu、Mn浸出率分别达到99.40%、99.14%、98.34%、98.94%，继续增加氢气流量，浸出率变化不大，因此，氢气流量选择50 mL/min。

综上所述，较优的多金属结核氢还原条件为：多金属结核矿样35 g，氢气和氮气流量均为50 mL/min，还原温度为600 ℃，还原时间为90 min。

B 多金属结核氢还原料的浸出

取一定量还原料，在浸出液固比L/S=8，温度为80 ℃，时间为3 h，双氧水加入量为矿质量的40%条件下，考察浸出终点pH对有价金属浸出率的影响。随着浸出终点pH升高，Ni、Co、Cu、Mn的浸出率逐渐降低，当浸出pH=1.86~2.65时，Ni、Co、Mn、Cu浸出率分别达到98%、98%、97%和98%以上，继续提高浸出终点pH至3.25左右，Ni、Co、Mn浸出率变化不大，但Cu的浸出率下降至94%左右，因此，浸出终点pH控制在1.5~2.5。

取一定量还原料，在80 ℃、双氧水加入量为矿质量的40%，浸出时间为3 h，浸出液终点pH=2.0~2.5的条件下，考察浸出液固比对各金属浸出率的影响，结果列于表1-20。结果显示，在试验条件下液固比L/S对各金属浸出率影响不大，Ni、Co、Mn均保持在98%以上，Cu在97%左右，但是，在实验过程中发现，当L/S=4时，浸出矿浆较黏稠，过滤速度较慢，因此，后续实验过程中，L/S应该大于4，取6~8为宜。

表1-20 浸出液固比对各金属浸出率的影响

液固比	浸出率(质量分数)/%			
	Ni	Co	Cu	Mn
4	99.11	98.63	97.61	99.03
6	98.12	97.94	96.23	98.86
8	98.63	98.09	97.84	98.55

取一定量还原料，在液固比L/S=8，反应时间为3 h，双氧水加入量为矿质量的40%，终点pH=2.0~2.5的条件下，考察浸出温度对各金属浸出率的影响。随着浸出温度由50 ℃升高至60 ℃时，Ni、Co、Cu、Mn浸出率分别达到98.56%、98.24%、97.94%、98.30%，继续升高温度，Ni、Co、Cu、Mn浸出率变化不大，但是，在浸出温度低于70 ℃时，浸出矿浆过滤很慢，为保证较好的矿浆过滤性能，浸出温度取80 ℃为宜。

取一定量还原料，在液固比L/S=6，温度为80 ℃，浸出时间为6 h，终点pH=1.5~2.0的条件下，考察了氧气流量对各金属浸出率的影响，结果列于表1-21。结果显示，随着氧气流量由150 mL/min增加至250 mL/min时，Ni、Co、Cu、Mn浸出率分别达到99.09%、98.35%、94.97%、98.58%，继续增加氧气流量，各金属浸出率变化不大，氧气流量取250 mL/min。

表1-21　氧气流量对各金属浸出率的影响

氧流量/mL·min^{-1}	浸出率(质量分数)/%			
	Ni	Co	Cu	Mn
150	96.31	95.98	90.45	98.98
250	99.09	98.35	94.97	98.58
350	98.63	98.09	95.03	98.55

取一定量还原料，在液固比L/S＝6，温度为80 ℃，氧气流量为250 mL/min，终点pH＝1.5～2.0的条件下，考察了浸出时间对各金属浸出率的影响。随着浸出时间延长由2 h增加至6 h，Ni、Co、Cu、Mn的浸出率逐渐升高至99.09%、98.35%、94.97%、98.58%，继续延长浸出时间各金属浸出率变化不大，浸出时间取6 h为宜。

综上所述，多金属结核还原料的优化浸出条件为：液固比L/S＝6，浸出温度为80 ℃，浸出时间为6 h，浸出终点pH＝1.5～2.0，氧气流量为250 mL/min。

进行了该优化条件下的浸出验证试验，结果列于表1-22。结果显示，在优化的浸出条件下，Ni、Co、Cu、Mn浸出率平均分别为99.17%、98.59%、94.43%、99.20%，说明多金属结核氢还原料的浸出工艺可靠。

表1-22　Ni、Co、Cu、Mn浸出率

序号	浸出率(质量分数)/%			
	Ni	Co	Cu	Mn
1	99.56	98.57	94.67	99.17
2	99.59	98.71	93.60	99.11
3	98.35	98.50	95.03	99.32
平均值	99.17	98.59	94.43	99.20

1.6.4.2　还原焙烧-氨浸法

还原焙烧-氨浸法原为处理低品位镍氧化矿的尼卡罗法，是一项比较成熟的技术。此法原用煤气作还原剂，而存在结核矿粒不宜大面积地充分与还原气体接触和热效率低、粉尘率高等问题。故改用木炭作还原剂，将其与矿粒混合制粒后进行焙烧。

锰结核干燥后，加木炭搅拌混合制粒，然后还原焙烧，获得的焙砂用氨-碳酸铵混合水溶液浸出。镍、铜及钴以氨络合离子形式溶入溶液中，而铁则以氢氧化物、锰以碳酸锰形式呈固态同时进入渣中。浸出液用螯合萃取剂Lix64N同时萃取镍及铜，再先后采用Ni、Cu电解废液反萃Ni、Cu分别得到镍溶液和铜溶液，再经电解获得电解镍和电解铜。螯合萃取的萃余液用NH_4HS沉淀钴。所得硫化钴沉淀加压酸浸，溶液通过氢还原分离镍。除去大部分镍的硫酸钴溶液则进行蒸发结晶，得到钴、镍复盐。此复盐用强氨溶液再溶解，溶液中的钴用空气氧化成三价状态溶解，与镍的氨盐分离。所得含钴溶液在高压釜中通过氢还原回收钴，但是钴的浸出率仍然很低。典型工艺参数是还原温度为400～650 ℃、氨-碳铵浸出体系中 NH_3 浓度为 50 ~ 100 g/L、CO_2 浓度为 30 ~ 60 g/L。铜、镍和钴浸出率分别为 85%、75% 和 50% 左右，而铁浸出率小于 1%。

针对如何提高还原焙烧-氨浸工艺中的钴回收率问题，印度研究人员对焙砂浸出流程和浸出液处理方法进行了改进，焙砂采用两段逆流氨浸，其中第一段以浸出镍和钴为主要目的，通过控制较低的氧化还原电位和较短的浸出时间实现，第二段则以浸出大部分铜及其余镍、钴为目的，浸出液经萃取-电积回收铜、镍、钴，回收率可分别达到 92%、90% 和 56%。在一段预浸时，采用湿式磨矿浸出并加入阴离子表面活性剂，可以减轻浸出渣对钴的吸附，铜、镍、钴的回收率分别为 92.5%、91.5% 和 71.3%。

1.6.4.3 氯化焙烧-浸出

大多数金属氯化物具有熔点、沸点较低，挥发性强等特点，工业上常利用金属氯化物不同的熔点、挥发性能、热解难易程度，选择性地使有价金属转变为相应氯化物，从而达到与其他化合物及脉石分离的目的。深海多金属氧化矿氯化焙烧，是通过其与氯反应使有用金属铜、钴、镍、锰等形成低熔点和高挥发性、高水溶性的氯化物，再通过不同温度挥发或浸出分离提取有用金属。HCl 氯化典型工艺是：首先在 500 ~ 600 ℃ 条件下通入 HCl，使钴锰氧化物中金属转变为相应的氯化物，待氯化物温度降为 300 ~ 400 ℃ 时，采用喷水方式使氯化铁水解转化成氧化铁，再采用水浸或低酸选择性浸出，使铜、镍、钴、锰形成可溶盐进入溶液中，而铁抑制在渣中。铜、钴、镍、锰的浸出率分别可达到 99.7%、97.1%、96.7% 和 99.9%。浸出液经分步萃取-电积制备电铜、电镍、电钴产品；而萃镍钴后的含锰萃余液，通过浓缩，结晶-熔盐电解等工序产出电解锰（工艺流程见图 1-38）。

1.6.4.4 熔炼-硫化-浸出法

熔炼硫化硫酸浸出法的主要过程为：经过干燥的多金属结核在约 1420 ℃ 的温度下，用碳质还原剂进行选择还原熔炼，产出富锰渣和含 Cu、Ni、Co、Fe 等合金。后者氧化除去大部分 Fe 和 Mn，然后添加黄铁矿、石膏等转化成镍冰铜，在约 1350 ℃ 的温度下将冰铜再氧化吹炼以除去其中的铁。将所得冰铜磨细、浆化后进行加压硫酸氧浸出，最后通过溶剂萃取、电积和沉淀法回收 Cu、Ni、Co 等有价金属产品。富锰渣在 1600 ℃ 温度下加石灰可还原熔炼产出合格的锰质合金。但针对此方法需要耐压耐腐蚀浸出设备以及作硫化剂的硫磺不能循环等方面的问题，经改进提出了熔炼硫化氯气浸出工艺如图 1-39 所示。熔炼硫化氯气浸出工艺是使干燥的多金属结核与熔剂 CaO 和 SiO_2 混合，加入木炭在 900 ℃ 下进行还原，并在 1400 ℃ 继续熔炼，使熔渣与熔融合金分离。后者在加入 SiO_2 的条件下吹氧化，使铁氧化造渣。初步除铁的合金与加入的硫磺反应，形成锍并进一步吹氧除铁。多金属锍破碎后通氯浸出，含 Cu、Ni、Co 氯化物的浸出液通氯使铁氧化为三价；然后用 TBP 萃取铁，再进一步获取 Cu、Ni、Co 等有价金属。该工艺较之熔炼硫化加压硫酸氧浸出有更好的经济指标，但使用 Cl_2 进行浸出，仍存在腐蚀严重的问题。熔炼硫化浸出法可以很方便地回收大部分 Mn，在提取 Cu、Ni、Co 等有价金属时，处理物料量相对较少，且金属回收率高，有效地减少工艺流程，节省运转费用。

1.6.4.5 熔炼-锈蚀-萃取法

熔炼-锈蚀-萃取法是长沙矿冶研究院经过对熔炼-硫化-浸出法多年研究提出的一种改进工艺。该工艺将熔炼合金经空气或水雾化制粉，再用稀盐酸进行锈蚀浸出，使合金中的

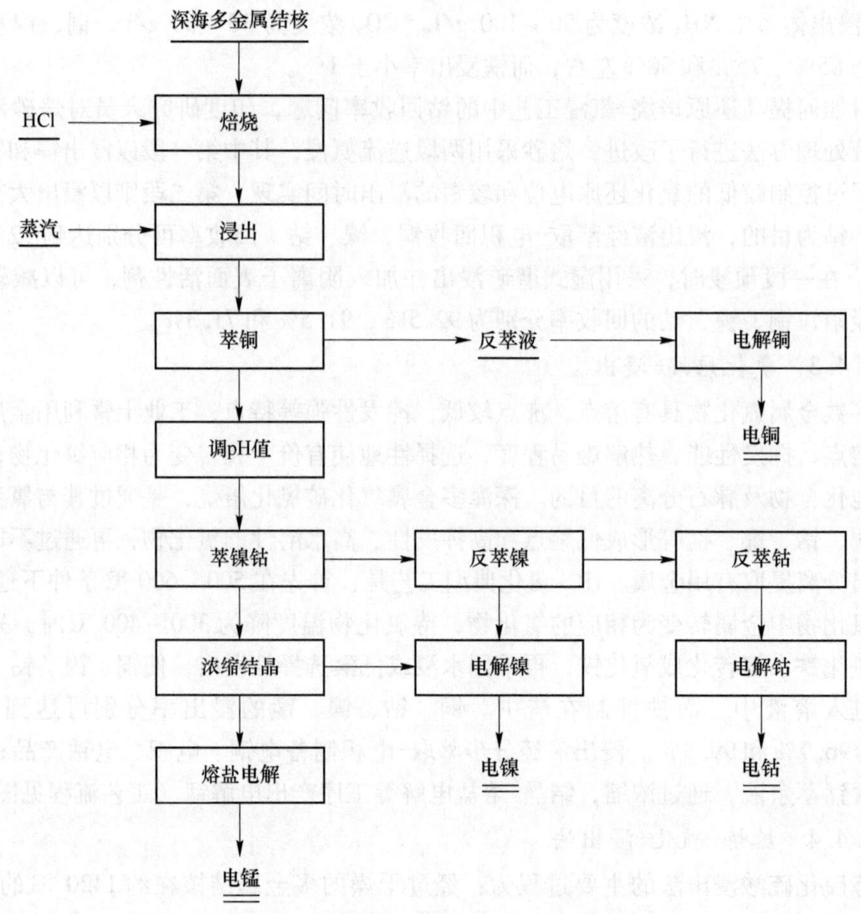

图 1-38　氯化焙烧-浸出工艺流程图

Fe 以铁锈形式沉淀出来，而镍、铜、钴进入溶液后再分离回收。

该工艺主要有以下特点。

（1）熔炼合金采用锈蚀法浸出处理工艺，优于硫化吹炼-硫酸氧压浸出法，不需要加压设备，在 45 g/L 左右的稀盐酸溶液中鼓入空气可顺利进行。

（2）锈蚀过程中温度、复合添加剂及酸加入量均对反应速度有显著的影响，最佳工艺条件为：反应温度为 85 ℃，复合添加剂为 10 g/L。铁在锈蚀过程中不耗酸，所加酸量为铜、镍、钴、锰理论耗酸的 110%。采用空气锈蚀合金粉末 7 h，浸出完全，可满足工业生产要求。

（3）锈蚀浸出有价金属回收率高，铜、钴、镍浸出率分别达 98.33%、97.86%、99.46%，并且可达到深度除铁，省去了后续萃取分离段的除铁工序。

使用该工艺可以从多金属结核中高效低耗低污染地回收锰、铁、镍、钴和铜 5 种金属，既保留原工艺优点，又解决了原工艺存在的缺点。采用雾化制粉技术解决了熔炼合金坚韧难破碎问题；用常温常压下稀盐酸中鼓空气锈蚀浸出合金中铜、镍、钴和彻底除铁，取代传统硫化吹炼和镍钴冰铜的氧压酸浸，解决了熔炼-硫化-浸出中能耗高，合金浸出需耐压耐腐设备的问题。

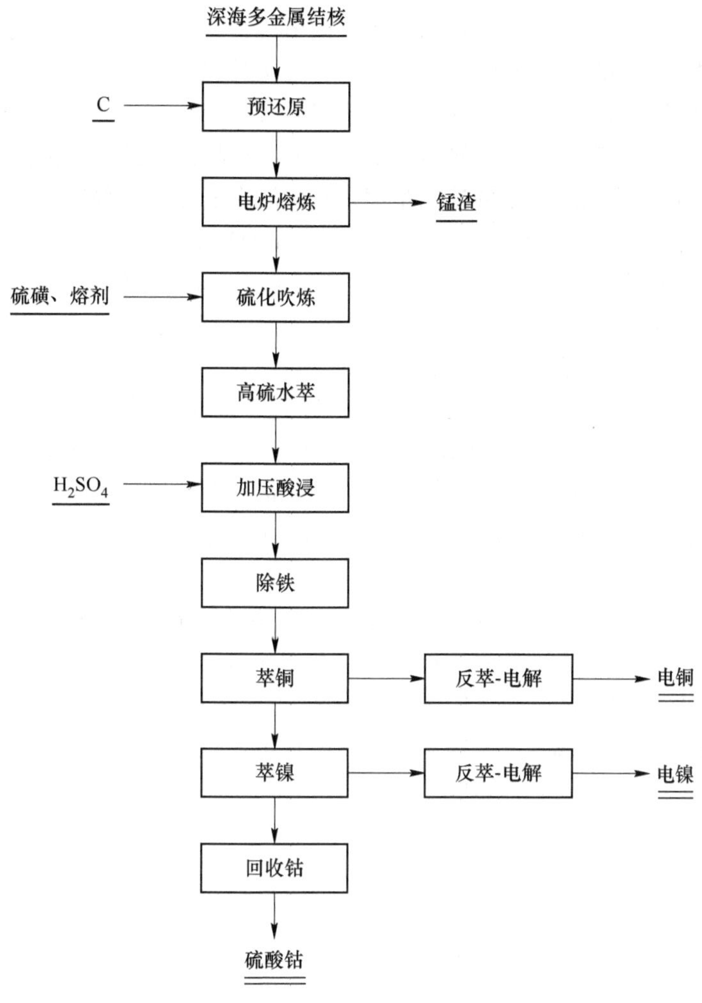

图 1-39 造锍熔炼-浸出图

1.7 多金属结核非冶金利用

（1）多金属结核改性吸附锂离子。多金属结核和锂盐通过固相合成反应制备锂离子筛前驱体，通过酸洗转型得到离子筛。该离子筛的成功合成在以天然矿物制备锂离子筛方面取得突破，对多金属结核的非冶炼利用，开发功能材料具有重要意义。锂离子筛的静态饱和吸附容量为 19.5 mg，Li 的离子分配系数 *Kd* 值远大于其他碱金属及碱土金属离子的 *Kd* 值，锂钾、锂镁、锂钙等的分离因数非常大，具有很高的选择性。

锂离子筛前驱体酸洗转型后才能成为对锂具有离子筛分效应的锂吸附剂（即锂离子筛）。用合适浓度的酸性物质浸洗前驱体，将导入的目的离子锂洗下。前驱体和离子筛在微观结构上没有明显区别，各处的尖晶石构造衍射峰基本相同，这表明在锂离子抽出过程中，锂锰氧化物的锰氧骨架基本没有被破坏，离子筛具有较好的结构稳定性。离子筛特征峰相对前驱体向右发生一定的偏移，这表明当锂离子抽出后，d 值降低，d 值的降低又与晶胞参数 a 的降低相一致。这可能是当锂离子抽出后，在其位置形成空位，由于应力作用导致晶胞参数减小。同时离子筛峰形相对尖锐，说明酸洗时部分杂质也被洗出。

（2）多金属结核制备三元正极材料前驱体 $Ni_{0.5}Co_{0.2}Mn_{0.3}(OH)_2$。有学者提出以硫酸为浸出剂，根据三元锂离子电池正极材料镍钴锰的组成特点，选择性浸出镍、钴以及少部分锰，从动力学分析了浸出速率的控制步骤。硫酸浸出液经净化除杂后，将镍、钴及锰采用 P204 萃取、硫酸反萃，得到 $NiSO_4$、$CoSO_4$ 和 $MnSO_4$ 的混合溶液，经调整比例后，以氨水为配合剂，NaOH 为沉淀剂进行共沉淀合成三元正极材料前驱体。此工艺采用全湿法流程由海底多金属结核直接制取三元正极材料前驱体，镍钴锰无须彻底分离，解决了镍、钴、锰分离过程中操作复杂，金属回收率低的问题。

以多金属结核资源为原料，采用硫酸浸出-净化除杂-配合沉淀的工艺制备三元正极材料前驱体 $Ni_{0.5}Co_{0.2}Mn_{0.3}(OH)_2$。在硫酸浸出过程中，考察温度、液固比、硫酸浓度、浸出时间对镍、钴、锰浸出率的影响，探究镍、钴、锰元素浸出动力学。结果表明：在温度为 200 ℃、液固比为 6、硫酸浓度为 350 g/L、浸出时间为 90 min 条件下，镍、钴浸出率达到 95% 以上，锰浸出率仅为 6.43%，实现镍、钴与少部分锰的浸出。当温度为 120 ~ 200 ℃时，锰浸出过程受扩散控制，表观活化能为 10.64 kJ/mol；镍、钴浸出过程受混合控制，表观活化能分别为 27.60 kJ/mol 和 38.16 kJ/mol。浸出液经黄钠铁矾法除铁、硫化锰除铜、碳酸氢铵水解沉淀除铝、P204 萃取除钙后，采用 P204 萃取镍、钴、锰，得到硫酸镍、硫酸钴和硫酸锰的混合液，经调节镍钴锰比例后，用氨水-氢氧化钠配合共沉淀法制备得到球形的 $Ni_{0.5}Co_{0.2}Mn_{0.3}(OH)_2$，可用于制备三元正极材料。

思 考 题

1-1 简述水成型和成岩型多金属结核形成过程。

1-2 多金属结核采矿系统由哪些子系统组成？

1-3 多金属结核显微构造有哪些类型及特点？

1-4 多金属结核矿物组成有哪些，其中锰矿物有何特点？

1-5 简述多金属结核“双电炉”火法冶炼工艺流程及其特点。

1-6 简述多金属结核加压浸出工艺流程及其特点。

1-7 简述多金属结核火法-湿法联合冶炼工艺流程及其特点。

参 考 文 献

[1] Paulikas D, Katona S, Ilves E, et al. Life cycle climate change impacts of producing battery metals from land ores versus deep-sea polymetallic nodules [J]. Journal of Cleaner Production, 2020 (275): 123822.

[2] 王淑玲，白凤龙，黄文星，等. 世界大洋金属矿产资源勘查开发现状及问题 [J]. 海洋地质与第四纪地质，2020 (40)：160-170.

[3] Valsangkar A B, Rebello J M S. Significance of size in occurrence, distribution, morphological characteristics, abundance, and resource evaluation of polymetallic nodules [J]. Marine Georesources & Geotechnology, 2015, 33 (2): 135-149.

[4] Dutkiewicz A, Judge A, Müller R D. Environmental predictors of deep-sea polymetallic nodule occurrence in the global ocean [J]. Geology, 2020, 48 (3): 293-297.

[5] 姜明玉，胡艺豪，于心科，等．大洋铁锰结核的微生物成矿过程及其研究进展 [J]．海洋科学，2020 (44): 156-164.

[6] 王海峰，刘永刚，朱克超．中太平洋海盆多金属结核分布及其与 CC 区中国多金属结核开辟区多金属结核特征对比 [J]．海洋地质与第四纪地质，2015 (35): 73-79.

[7] Qiangtai H, Bo H, Zhourong C, et al. The significance of nanomineral particles during the growth process of polymetallic nodules in the western pacific ocean [J]. International Journal of Environmental Research and Public Health, 2022, 19 (21): 13972.

[8] 任江波，邓义楠，赖佩欣，等．太平洋调查区多金属结核的地球化学特征和成因 [J]．地学前缘，2021 (28): 412-425.

[9] 王华昆，高婧，蔡毅华，等．深海多金属结核生长模拟及宏观形貌研究 [J]．海洋工程，2022 (40): 121-131.

[10] 周怀阳．基于 CC 区的多金属结核矿床成因地质模型 [J]．地球化学，2008 (4): 373-381.

[11] Philomène A V, David S C. Origin and variability of resource-grade marine ferromanganese nodules and crusts in the pacific ocean: a review of biogeochemical and physical controls [J]. Geochemistry, 2021, 83 (1): 125741.

[12] 周娇，蔡鹏捷，杨楚鹏，等．南海东部次海盆海山链多金属结核（壳）地球化学特征及成因 [J]．地球科学，2022 (47): 2586-2601.

[13] Manceau A, Lanson M, Takahashi Y. Mineralogy and crystal chemistry of Mn, Fe, Co, Ni, and Cu in a deep-sea pacific polymetallic nodule [J]. American Mineralogist, 2014, 99 (10): 2068-2083.

[14] Toro N, Jeldres R I, Órdenes J A, et al. Manganese nodules in chile, an alternative for the production of Co and Mn in the future—a review [J]. Minerals, 2020, 10 (8): 674.

[15] 周磊，居殿春，周夏芝，等．深海多金属结核分布与有价元素提取工艺进展 [J]．矿物学报，2019 (39): 649-656.

[16] Feng X H, Zhu M, Ginder-Vogel M, et al. Formation of nano-crystalline todorokite from biogenic Mn oxides [J]. Geochimica et Cosmochimica Acta, 2010, 74 (11): 3232-3245.

[17] Liu J, Aruguete D M, Jinschek J R, et al. The non-oxidative dissolution of galena nanocrystals: Insights into mineral dissolution rates as a function of grain size, shape, and aggregation state [J]. Geochimica et Cosmochimica Acta, 2008, 72 (24): 5984-5996.

[18] 张聪，李小虎，李洁，等．东太平洋 CCFZ 区多金属结核元素富集机制：来自结核剖面原位微区分析 [J]．地球科学，2022 (47): 742-756.

[19] 王瑜，张振国．南海北部陆缘多金属结核的内部显微构造特征及其地质意义 [J]．河北理工大学学报（自然科学版），2011 (33): 5-8.

[20] 吴重宽．Co、Ni 对层状氧化锰向隧道结构转化的影响及其地球化学行为 [D]．武汉：华中农业大学，2019.

[21] 乔志国，屠霄霞，周怀阳．深海铁锰结核中锰矿物的微观特征 [J]．自然杂志，2016 (38): 263-270.

[22] 张蕊．水钠锰矿物相转化的实验研究 [D]．南京：南京大学，2017.

[23] 赖佩欣，任江波，邓剑锋．大洋多金属结核中铁锰质矿物拉曼光谱特征初探 [J]．矿床地质，2020 (39): 126-134.

[24] 方明山，贾木欣，何高文．多金属结核工艺矿物学研究 [J]．有色金属（选矿部分），2012 (5): 1-5, 43.

[25] 蒋训雄，蒋伟．深海矿产资源选冶加工研究现状及展望［J］．中国有色金属学报，2021（31）：2861-2880.

[26] Katarzyna O，et al. Recent advancements in metallurgical processing of marine minerals［J］．Minerals，2021，11（12）：1437.

[27] 胡晓星，赵峰，朱阳戈，等．大洋多金属结核金属化还原焙烧——磁选回收镍铜钴工艺研究［J］．有色金属（冶炼部分），2020（10）：1-4，32.

[28] Sommerfeld M，Friedmann D，Kuhn T，et al.“Zero waste” a sustainable approach on pyrometallurgical processing of manganese nodule slags［J］．Minerals，2018，8（12）：544.

[29] Su K，Ma X，Parianos J，et al. Thermodynamic and experimental study on efficient extraction of valuable metals from polymetallic nodules［J］．Minerals，2020，10（4）：360.

[30] Xiangyi D，Dongsheng H，Ruan C，et al. The reduction behavior of ocean manganese nodules by pyrolysis technology using sawdust as the reductant［J］．Minerals，2020，10（10）：850.

[31] 周小舟，黄宗朋，沈裕军，等．大洋多金属结核低温氢还原-湿法冶金联用回收有价金属［J］．矿冶工程，2022（42）：100-103，107.

[32] 毛拥军，屈曙光，沈裕军，等．还原熔炼大洋多金属结核［J］．矿冶工程，1998（2）：44-47.

[33] Friedmann D，Pophanken A K，Friedrich B. Pyrometallurgical treatment of high manganese containing deep sea nodules［J］．Journal of Sustainable Metallurgy，2017，3（2）：219-229.

[34] Kowalczuk P B，Bouzahzah H，Kleiv R A，et al. Simultaneous leaching of seafloor massive sulfides and polymetallic nodules［J］．Minerals，2019，9（8）：482.

[35] Torres D，Ayala L，Saldaña M，et al. Leaching manganese nodules in an acid medium and room temperature comparing the use of different Fe reducing Agents［J］．Metals，2019，9（12）：1316.

[36] Norman T，Freddy R，Anyelo R，et al. Leaching manganese nodules with iron-reducing agents—a critical review［J］．Minerals Engineering，2021（163）：106748.

[37] 蒋开喜，蒋训雄，汪胜东，等．大洋多金属结核还原氨浸工艺研究［J］．有色金属，2005（4）：54-58.

[38] Hanprasad D，Mohapatra M，Anand S. Reductive leaching of manganese nodule using saw dust in sulphuric acid medium［J］．Transactions of the Indian Institute of Metals，2018，71（12）：2971-2983.

[39] Keber S，Brückner L，Elwert T，et al. Concept for a hydrometallurgical processing of a copper-cobalt-nickel alloy made from manganese nodules［J］．Chemie Ingenieur Technik，2020，92（4）：379-386.

2 富钴结壳

富钴结壳（Cobalt-rich Ferromanganese Crusts、Cobalt crusts）是继多金属结核资源之后被发现的又一深海沉积固体矿产资源，在太平洋、大西洋和印度洋的海底均有分布。据估算，全球三大洋海山富钴结壳干结壳资源量为（1.1 ~ 2.2）$\times 10^{11}$ t。世界各国对富钴结壳的调查始于20世纪80年代初，截至目前，已有日本、中国、俄罗斯、巴西和韩国5个国家与国际海底管理局签订了富钴结壳勘探合同。

2.1 富钴结壳形成

结壳是自然形成的，由于结壳作用或集合作用使铁和锰在水中被氧化固结而形成的。结壳中的矿物很可能是通过细菌活动，从周围冰冷的海水中析出沉淀到岩石表面的。结壳一般以每1 ~ 3个月一个分子层（即每100万年1 ~ 6 mm）的速度增长，是地球上最缓慢的自然过程之一。因此，形成一个厚厚的结壳层需要长达6000万年时间。研究资料表明，结壳在过去2000万年经历两个形成期，铁、锰增生过程被一层生成于800万 ~ 900万年前的中新世的磷钙土所中断，这种在新、老物质之间的中断层可以为寻找更老、更丰富的矿床提供线索。

富钴结壳无法在岩石表面为沉积物覆盖之处形成，因此，富钴结壳通常赋存于玄武岩的表面，很少覆盖在固结的沉积物上或赋存于大规模硫化矿区域。它赋存在水下海底平顶山侧面或者是平底上，深度范围由750 ~ 1000 m到2000 ~ 3000 m。多金属结核则分布在4000 ~ 5000 m水深的海底。最厚的结壳钴含量最为丰富，形成于800 ~ 2500 m水深的海山外缘阶地及顶部的宽阔鞍状地带上，富钴结壳厚度可达25 cm，面积宽达许多平方千米的铺砌层，据估计，大约635万平方千米的海底（占海底面积1.7%）被富钴结壳所覆盖。据此推算，海底钴总量约为10亿吨。

2.1.1 成矿来源

通过对各个大洋区域富钴结壳地球化学特征的研究，国内外学者对富钴结壳的成矿物质来源获得了诸多成果。目前普遍认为，海水是富钴结壳中Fe、Mn及相关其他金属的直接来源，富钴结壳的成分取决于周围的海水成分，随着地理位置的不同而变化，尤其是在海岸风成物质输入、热液活动、大气环流、表面生产力变化以及不同水体混合的位置附近。成矿物质的初始来源可分为外源和内源两种，外源是指来源于河流携带的大陆风化产物、大气物质输入和宇宙来源陨石等，内源是指来源于海底基岩蚀变、海底热液活动和海底火山作用等洋壳和地幔来源。

虽然在过去几十年，人们对富钴结壳的成矿物质来源进行了大量工作，目前尚未得到统一的认识，但是近些年逐渐认识到海底热液系统是海水中多种元素的重要来源，越来越多证据表明洋中脊热液有可能直接向富钴结壳提供成矿物质。热液流体的 Fe 和 Mn 浓度比周围海水高出 106 倍，Pb、Ag、Zn、Cu 和 Co 等元素的含量也比周围海水高出许多倍，暗示距离洋中脊几千米远的太平洋海山结壳中具有部分热液来源物质。另外，传统观点认为洋底热液与周围冰冷海水混合后，热液流体中大部分溶解性铁（Fe^{2+}）会在喷口附近的海水中快速氧化并沉淀，但是一些研究提出热液羽状流中的溶解性铁可能以溶解性有机络合物、有机胶体和无机胶体的稳定形式在海洋中远距离运输数千千米。

2.1.2　成矿机制

铁锰氧化物从海水中沉淀形成富钴结壳的机制主要是无机胶体化学反应和矿物表面反应。Koschinsky 和 Halbach 最早提出海山水成富钴结壳的两阶段胶体化学成矿模型（见图 2-1）：在第一阶段，来自 OMZ 的富 Mn^{2+} 海水与深部富氧海水混合，Mn^{2+} 被氧化为 Mn^{4+}，和 Fe、Ti 和 Al 等形成混合胶体，吸附周围海水中的微量金属；在第二阶段，混合胶体以铁锰氧化物薄层的形式沉淀到海山基岩上，将吸附的金属结合到矿物晶格中。此后，许多学者在该成因模式的基础上进行了修改和完善。根据胶体表面化学规律，水成富钴结壳的形成受海水中金属供应控制，微量元素的富集程度与生长速率密切相关。另外，一些学者提出富钴结壳的形成可能是生物矿化过程，但是目前还没有足够的证据证明微生物可以促进富钴结壳形成，微生物对铁锰矿化的贡献还需要进一步深入研究的支持。

彩图

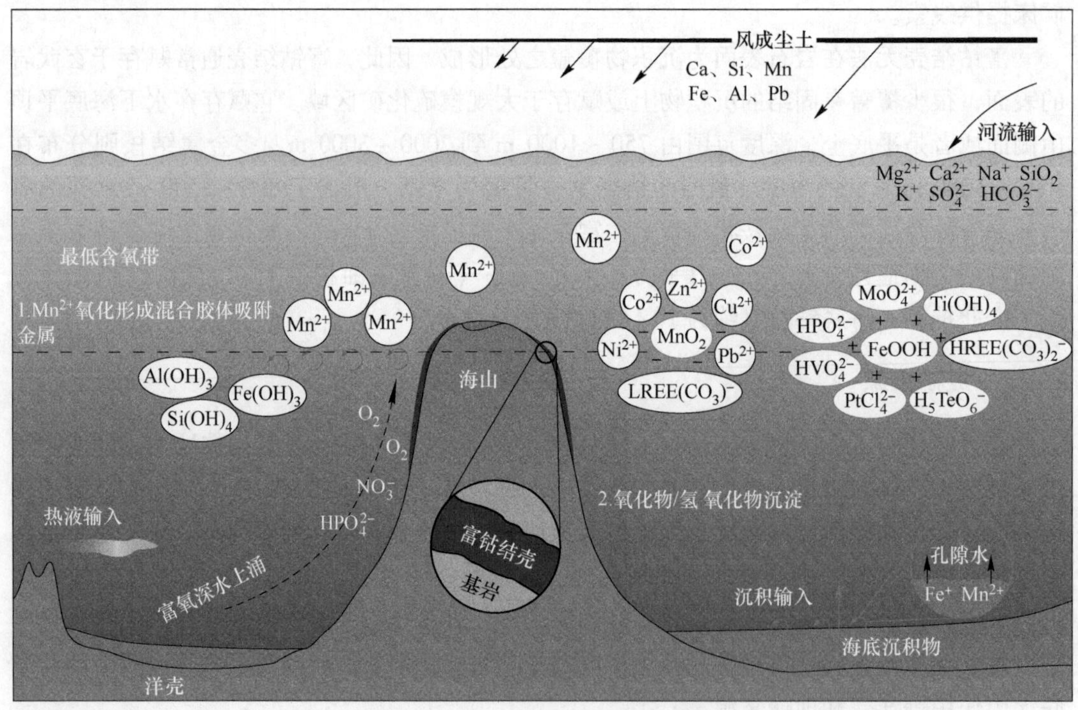

图 2-1　海山富钴结壳成矿模型图

2.1.3 元素的赋存状态

连续渐取法广泛应用于研究深海沉积物、悬浮颗粒物、多金属结核的元素地球化学行为。这种方法是每一步使用不同的萃取剂，将赋存在不同沉积相中的元素转化为可溶解态，每一步均得到一种渐取液，渐取液中只含有该沉积相中的元素，然后运用 ICP-AES 或 ICP-MS 测定渐取液中各元素的含量，流程图如图 2-2 所示。尽管这种方法的运用上存在一些差异，但原理基本一致：首先用 H^+ 或金属离子（Na^+、Mg^{2+}）交换沉积物表面吸附的金属离子；然后，用还原剂（盐酸羟氨溶液）萃取沉积物中的 Fe、Mn，再利用强氧化剂溶解有机组分，最后溶解铅硅酸盐成分。运用连续渐取法对富钴结壳元素赋存状态的研究很少，现将已有研究成果汇总见表 2-1。

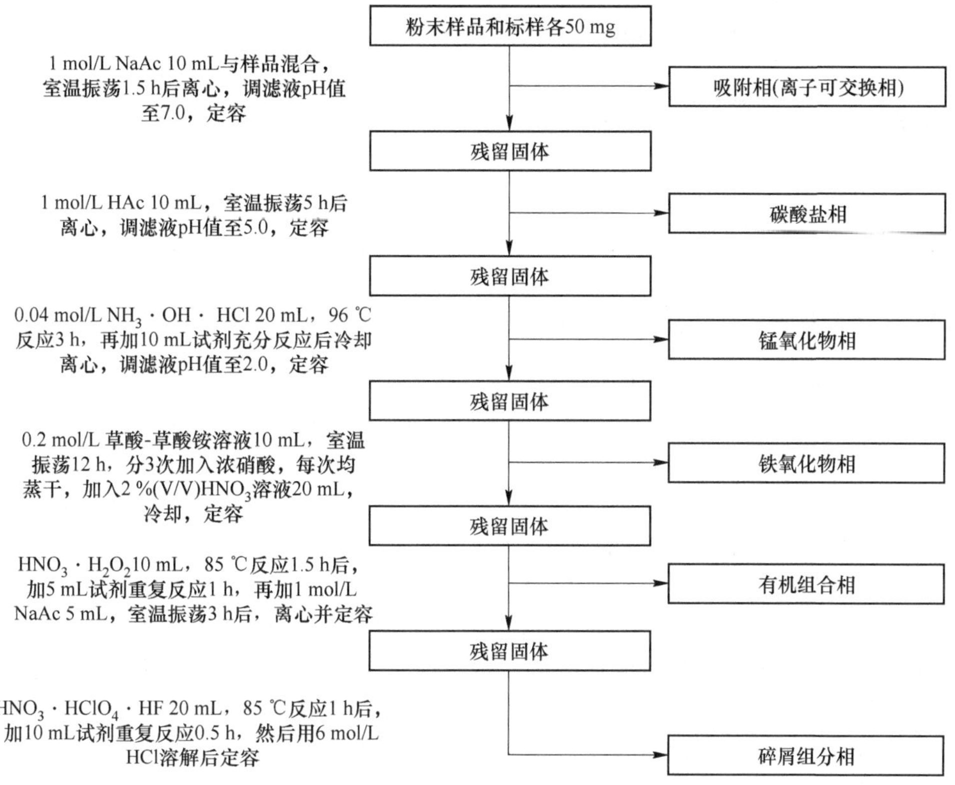

图 2-2 元素赋存状态分析实验流程图

表 2-1 元素赋存相态统计表

结壳类型	元素赋存相态	元 素 种 类	资料来源
未磷酸盐化壳层	碳酸盐及可交换态	Mg、K、Ca，部分 Cu、Sr、Tl、U	蔡毅华等，2011
	锰氧化物相	Co、Ni、Ga、Ba，部分 Zn、Sr、Tl	
	铁氧化物相	P、Ti、V、Pb、Th，部分 Al、Co、Ni、Cu、Zn、Tl、U	
	碎屑相	Al、K、Ti、Th	

续表 2-1

<table>
<tr><th>结壳类型</th><th>元素赋存相态</th><th>元 素 种 类</th><th>资料来源</th></tr>
<tr><td rowspan="4">磷酸盐化壳层</td><td>碳酸盐及可交换态</td><td>K、Mg、Tl，部分 Ca、P、Zn、Cu、Sr、U</td><td rowspan="4">蔡毅华等，2011</td></tr>
<tr><td>锰氧化物相</td><td>Ba、Co、Ga、Ni，部分 Cu、Zn、Sr</td></tr>
<tr><td>铁氧化物相</td><td>V，包括少量 Ti、Cu、U</td></tr>
<tr><td>碎屑相</td><td>Al、P、Ca、Pb、Th、Y、部分 Ti、V、Sr、U</td></tr>
<tr><td rowspan="5">东菲律宾海富钴结壳</td><td>吸附相</td><td>少量 REE</td><td rowspan="5">徐兆凯等，2008</td></tr>
<tr><td>碳酸盐相</td><td>少量 REE</td></tr>
<tr><td>锰氧化物相</td><td>Co、Ni、Cu、HREE</td></tr>
<tr><td>有机结合相</td><td>少量 Cu</td></tr>
<tr><td>残渣相（碎屑相）</td><td>Mn、Cu、LREE，少量 Co、Ni</td></tr>
<tr><td rowspan="4">西南印度洋中脊富钴结壳</td><td>离子交换相和碳酸盐相</td><td>Mg、Ca、Sr、U 和 Rb</td><td rowspan="4">余芝华，2013</td></tr>
<tr><td>锰氧化物相</td><td>Mn、Co、Ba、Ni、V、Ga、Be、Cd、Zn、B、Tl、LHREE，少量 Fe</td></tr>
<tr><td>铁氧化物相</td><td>Fe、Al、Ti、As、Zr、Mo、Hf、W、Pb、Bi、Th、HREE</td></tr>
<tr><td>残渣相</td><td>Fe、Al、Ti、Ca、Mg</td></tr>
</table>

2.1.4 钴结壳年龄和钴结壳生长速率

富钴结壳测年的方法包括如下内容。

（1）放射性测年化包括 U 系测年：假定 U、Th、Pa 等放射性核素以恒定速率结合进富钴结壳，并且不发生沉积后的再迁移，根据放射性衰变规律，由 U、Th、Pa 等放射性核素的比活度或同位素比值的深度分布可得到富钴结壳的平均生长速率，由平均生长速率推算富钴结壳任一层段的形成年代。

（2）稳定同位素法：包括 Sr 同位素、Hf 同位素法等；将获得的富钴结壳 Sr 同位素组成（$^{87}Sr/^{86}Sr$）比值与古海水 Sr 同位素演化标准曲线对照，可得到富钴结壳各层的生成年代，进而得到富钴结壳的平均生长速率。但一些学者对该方法持有异议，认为结壳中的 Sr 与海水发生了交换，因而从 $^{87}Sr/^{86}Sr$ 无法得到结壳的正确年代。

（3）经验公式法：包括 Mn/Fe 比值法、Co 含量法等。

（4）微体古生物化石法：该法是通过检测结核中某些古生物化石年代来推知结核的形成年代。

（5）地磁学方法：利用结核或结壳中的剩余磁性记录，与标准地磁年表的对比来确定结壳小统具器的形成时代，从而获得富钴结壳各层段的年龄及平均生长速率。

2.2 富钴结壳分布

富钴结壳广泛分布在世界大洋的水下海山上，其分布和特征受多种因素影响，地形、水深、基岩类型、海水水文化学特征、经纬度等是影响结壳空间分布及其特征变化的最主要因素。

2.2.1 钴结壳资源分布与水深关系

富钴结壳分布于最浅 400 m、最深 4000 m 水深范围的海山海台、岛屿和洋脊等其顶部与斜坡区，钴结壳富集地带多位于 800 ~ 2500 m 或 3000 m 水深段，主要分布在水深 2500 m 以上，水深大于 2500 m 后结壳的厚度随水深增加通常变薄，其 Co、Ni 等金属的含量也随之下降，Co 含量富集的结壳通常可能形成在水深为 800 ~ 1500 m。

2.2.2 钴结壳资源分布与坡度关系

钴结壳生长与海山的稳定性有关，由于后期火山活动可以诱发滑坡的发生，影响海山的稳定性，破坏在火山活动间歇期内形成的结壳生长层，海山山坡的不稳定是导致结壳与海山之间年代巨大差异的原因，因此有必要对海山坡度与钴结壳资源分布关系进行分形研究。

2.2.3 钴结壳资源分布与海山类型的关系

根据海山剖面中海山高度与底半径之间相关性，以平坦度 0.25 为界将海山分为平顶和尖顶海山两类，如图 2-3 所示。平顶海山顶部结壳生长受到大量发育的沉积物抑制，仅零星分布结壳和结核，尖顶海山顶部沉积物无法长期存留而结壳发育，其山顶向边缘的过渡带成片的厚层板状结壳发育。尤其是海山斜坡上段板状结壳连续分布，成矿潜力巨大，山脊突出部位最好，但陡崖地形几乎没有结壳，陡坡坡度大于 45°时结壳变薄甚至仅为结膜。斜坡中段结壳覆盖率降低，砾状结壳和结核分布比例上升。斜坡下段地形逐渐趋缓，以砾状结壳和结核为主，至平原区形成与松散沉积物共生的结核区。

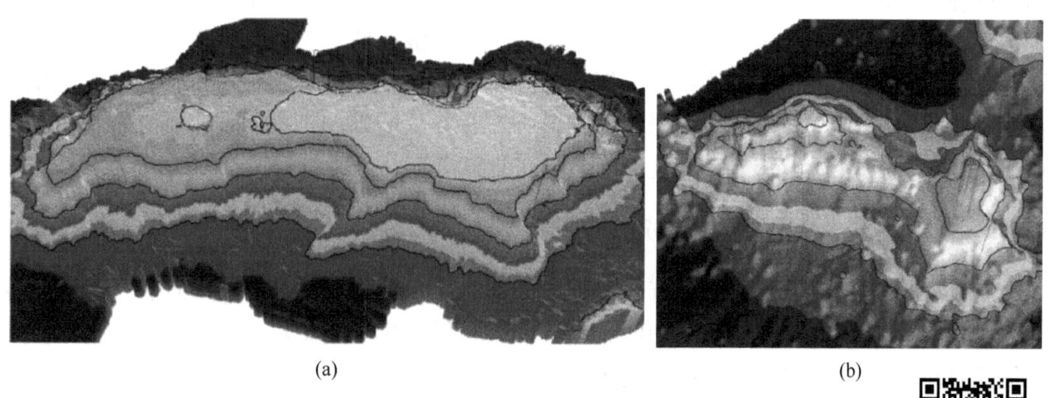

(a) (b)

图 2-3 典型的平顶海山和尖顶海山
（a）平顶；（b）尖顶

彩图

尖顶与平顶海山地形特征的变化通过影响沉积堆积与底层海流活动从而控制了结壳分布。面积可观的结壳矿体赋存于尖顶海山山顶区域，海山边缘经上部斜坡区直至中段斜坡区结壳均较连续地分布；平顶海山结壳矿体主要生长赋存区域是其山顶边缘和上斜坡区段，结壳在上斜坡段中的陡崖地带难以发育。比如麦哲伦海山区伊塔-迈塔伊平顶海山的北坡、东坡和南坡 1500 ~ 2000 m 水深均不间断地覆盖着 10 cm 或更厚的铁锰氧化物壳层，陡坡坡度大于45°时结壳变薄甚至仅为结膜，位于2000～2500 m 水深部分隆起部位结壳零星生长，水深变深伴随着松散沉积物的不断堆积阻碍了铁锰结壳生长，因而水深2500 m 以下结壳很少。

尖顶海山结壳厚度大而覆盖率较高，平顶海山为海山顶部和陡崖不利于结壳发育而富集于海山斜坡，远景矿区相对狭窄；但尖顶海山规模较小，而平顶海山山体巨大，结壳资源量总体远大于尖顶海山，即便结壳厚度总体小于尖顶海山，仍具资源规模潜力。

2.3 富钴结壳勘探

占地球表面49%的国际海底，蕴藏着丰富的矿产资源，其中富钴结壳是继多金属结核后又一重要海底固体矿产，由于其富含钴、铂等稀有金属元素，备受世人关注，20 世纪 80 年代以来，各海洋发达国家纷纷投入巨资开展勘查研究。

2.3.1 发达国家对富钴结壳的勘探情况

美国斯普里普斯海洋研究所在太平洋进行海底山脉地质调查时，在水深不到 1000 m 的海底上发现了大量的结核和铁锰氧化物壳，这个发现使富钴结壳首次进入人们的视野。但把富钴结壳作为一种资源投入系统调查研究则是始于 20 世纪 80 年代。

发达国家对钴等战略金属的需求量大，又由于本身科技发达、资金充足，因此对大洋展开勘探的时间较早。各国调查区域主要位于太平洋的各国专属经济区内，少部分为国际海域，并对富钴结壳的分布、类型、成矿特征、成矿环境、形成模式等问题，在宏观和微观上进行了深入研究，对其进行商业化开采的关键技术也进行了研究。美国、德国、英国和法国在 20 世纪 80 年代即已经基本完成了海上调查，俄罗斯、日本、韩国等是目前仍在开展富钴结壳调查的国家。截至目前，中国、日本、俄罗斯、巴西和韩国 5 个国家已成功和国际海底管理局签订了富钴结壳勘探合同。总体上，美国等发达国家利用已经形成的技术优势，积极探索和研究富钴结壳资源的勘查、开发及冶炼加工技术，目前在深海勘探领域保持领先地位。

2.3.2 国内对富钴结壳的勘探情况

我国钴金属资源量约为 140 万吨，绝大多数为伴生资源，单独的钴矿床极少。而且钴矿品位较低，均作为矿山副产品回收，金属回收率低、生产成本高。因此，也正在积极地开展富钴结壳调查研究工作，调查结果见表 2-2。我国于 20 世纪 80 年代开始国际海底区域勘查活动，1991 年在联合国登记成为国际海底开发先驱投资者，并从 20 世纪 90 年代开始进行深海开采高新技术和冶炼加工流程的系统研究。在 20 世纪 90 年代中期以前，我国在国际海底资源调查方面主要限于多金属结核。在西方国家纷纷把注意力转向富钴结壳资源时，我国已逐渐感到形势的严峻，针对国际海底资源开发的新形势，有关部门积极考虑面向国际海底钴结壳资源的勘查活动及开发研究。

中国从 1997 年开始进行富钴结壳资源调查，至 2013 年，已经在中太平洋海山区、西太平洋海山区广大海域进行了 19 个航次（40 个航段）的调查工作，其中“海洋四号”船执行 4 个航次、“大洋一号”船执行 11 个航次，“海洋六号”船执行 3 航次。2014 年

4 月，中国大洋协会与国际海底管理局在正式签订了国际海底富钴结壳矿区勘探合同。富钴结壳勘探合同的签订标志着中国富钴结壳资源调查工作重点将从探矿阶段转向一般勘探阶段，工作区域从大范围的海山区转向局部区域的矿块。在 2014—2016 年，中国大洋协会利用“海洋六号”船和“向阳红 09”船继续在合同区开展资源与环境调查及采矿试验工作，履行勘探合同义务。

表 2-2 中国大洋钴结壳调查航次统计表

船名及航次	日期	专属经济区地区
大洋一号/DY95-8	1998 年 5 月—12 月	中太平洋海山区
海洋四号/DY95-9	1998 年 5 月—10 月	中太平洋海山区
大洋一号/DY95-10	1999 年 6 月—10 月	中太平洋海山区
大洋一号/DY105-11	2001 年 6 月—11 月	麦哲伦海山区和中太平洋海山区
大洋一号/DY105-12、14	2003 年 4 月—12 月	西太平洋矿区
海洋四号/DY105-13	2002 年 5 月—10 月	麦哲伦海山区和中太平洋海山区
海洋四号/DY105-15	2003 年 5 月—11 月	麦哲伦海山区和中太平洋海山区
大洋一号/DY105-16	2004 年 8 月	麦哲伦海山区和中太平洋海山区

我国研制了富钴结壳取样设备深海潜钻，它能够在较精确的位置准确判断结壳的厚度。同时开展了富钴结壳的冶炼加工技术研究。长沙矿冶研究院和北京矿冶研究总院分别开展了火法-湿法冶炼探索试验及亚铜离子氨浸法处理富钴结壳试验，并取得了较好的结果，这为 21 世纪富钴结壳资源的开发和利用奠定了良好的技术基础。

近几年我国钴的年消费量稳定在 1200 t 左右，国内钴产量每年总计为 600 ~ 700 t，很大程度上依赖进口，因此有计划地开展深海资源勘探和开采研究具有重要的现实意义，同时还能带动遥感、机械、材料、运输、自动控制、海洋生物等相关高科技领域的发展，具有较高的战略意义。

2.4 富钴结壳开采

2.4.1 富钴结壳开采情况

富钴结壳除了钴含量高于多金属结核之外，其开采之所以被认为有利，是因为高质量的结壳储存在岛屿国家专属经济区内水深较浅、离海岸设施较近的水域。富钴结壳所含金属（主要是 Co、Mn 和 Ni）用于钢材可增加硬度、强度和抗蚀性等特殊性能。在工业化国家，1/4 ~ 1/2 的钴消耗量用于航天工业，生产超合金。这些金属也在化工和高新技术产业中用于生产光电电池和太阳能电池、超导体、高级激光系统、催化剂、燃料电池和强力磁以及切削工具等产品。

从资源角度看，钴是一种重要战略资源，广泛应用于航空航天、交通运输等重要领域。据自然资源部信息，钴是我国在 21 世纪的短缺资源之一，在世界金属市场上钴也属短缺品种。这是由于陆地钴资源量有限，且主要以铜、镍矿的伴生矿的形式出现。独立的钴矿很少，所以即使依靠进口也很难满足需求。反观海洋富钴结壳，其资源丰富，初步估计约是陆地钴资源量的几百倍。

钴和许多贱金属一样，价格波动较大。20 世纪 70 年代后期，特别是在 1978 年，当时世界上的第一产钴国扎伊尔（现在的刚果民主共和国）境内矿区爆发内战，钴价飙升，人们对结壳的经济潜力有了深刻的认识。由于刚果民主共和国的生产持续下降，2000 年，赞比亚、加拿大和俄罗斯三国总产量占了全球总产量（9500 t）的一半以上。

现在，钴生产在地域上远没有以前集中。但从中、短期来看，需求仍趋于缺乏价格弹性。只要认为可能出现供应问题，价格仍可能迅速倍增。钴是铜矿业的副产品，因此，钴的供应量取决于对铜的需求，碲的供应量也是如此。这种不确定性已促使企业寻找其他代用品，因此市场仅略有增长。如果可以为这些金属开发出其他重要来源，这将提供较有力的诱因，在产品中重新使用这些金属，从而增加消耗量。对钴以外的一种或多种结壳富含金属的需求，最终可能成为开采结壳的驱动力。

富钴结壳是现代海洋中最具潜在经济价值的矿产类型之一，对它的调查和研究早已为各发达国家所关注。对富钴结壳的勘查，早期集中在中太平洋（夏威夷附近）和南太平洋相关海域。后来逐渐扩展至西北太平洋、大西洋和印度洋。美国和德国于 20 世纪 80 年代初已开始联合开展该类矿床的调查研究，苏联从 1985 年开始进行调查，在十多年的调查研究中就勘查了三大洋各海域的 90 多座海山，获得大量调查数据，通过对比研究，最终选定并申报了在麦哲伦海区附近的矿区，俄罗斯于 1998 年向国际海底管理局提交了矿区申请。日本、韩国等也不甘落后，开展了对该类矿床的调查研究工作，韩国通过合作方式在南太平洋发现了优质勘探靶区，钴平均质量分数在 1% 以上。总之，对富钴结壳等海洋矿产权益的争夺已日益激烈，被誉为“蓝色圈地运动”。这不仅是对资源的争夺，也是高科技的竞争和综合国力的体现。通过对富钴结壳的广泛调查，不仅在更广的区域，而且在更深的范围发现了结壳。近年来对富钴结壳的勘探范围进一步扩大，日本在进行中太平洋富钴结壳调查时发现结壳不仅生长在平缓的海山裸露基岩上，还存在于钙质沉积物之下，中国在中太平洋和西北太平洋平顶海山发现了埋藏型结壳。据估计，如果考虑到埋藏型结壳，则富钴结壳的储量可能会增长 3 ~ 5 倍。这进一步证实了埋藏型结壳大量存在于海山顶部或部分斜坡区远洋钙质黏土层之下。

开采结壳的技术难度大大高于开采多金属结核。采集结核比较容易，因为结核形成于松散沉积物基底之上，而结壳却或松或紧地附着在基岩上。要成功开采结壳，就必须在回收结壳时避免采集过多的基岩，否则会大大降低矿石质量。一个可能的结壳回收办法是采用海底爬行采矿机，以水力提升管系统和连接电缆上接水面船只。采矿机上的铰接刀具将结壳绞碎，同时又尽量减少采集基岩数量。目前提出的一些创新系统包括：以水力喷射将结壳与基岩分离；对海山上的结壳进行原地化学沥滤，以声波分离结壳。除日本外，其他国家对结壳开采技术的研究和开发有限。尽管提出了各种想法，但这一技术的研究和开发尚在初期阶段。

与西方发达国家相比，我国在富钴结壳资源的勘查及冶炼加工等方面的投入有限，虽然商业开采还有待时日，但考虑到结壳中富含钴等战略金属资源，且广泛分布于 200 海里专属经济区内，其开发又不会对环境造成明显的损害等因素。对此，我国应积极进行富钴结壳资源的勘查、采矿和冶炼加工研究，以期缩小与西方国家的差距，确保我国在新一轮的国际海底资源竞争与角逐中占据主动地位。

大洋富钴结壳矿产资源经过30多年的勘探历史，目前对其在各大洋的分布情况有了详细了解，对其类型划分、成矿特征、成矿环境、成矿机制及分布规律等问题的研究都取得了重大研究成果。目前在富钴结壳勘探方面，俄罗斯、日本、韩国和中国等仍在开展富钴结壳调查。在资源调查的同时，各国都注重调查设备的改进与研发及新调查技术的应用，同时开展采矿及冶炼加工技术的试验与研究工作。在理论研究方面，虽然目前在多个方面取得显著成果，但受当前技术影响，有些方面仍有待深入研究。例如，目前虽然有多种手段可获取富钴结壳的年龄值，但由于富钴结壳自身复杂地质成因及测试分析技术原因，或是由于定年方法的局限性，目前积累的准确可靠的富钴结壳年代学资料并不多，影响了富钴结壳成矿作用过程的研究。未来富钴结壳理论研究的发展，很大程度上有赖于高精度的分析测试技术、高分辨的研究方法以及新技术新方法的应用。

2.4.2 采矿系统

自20世纪80年代中期以来，西方发达国家在取得多金属结核采矿技术领先地位后，通过大量的海上试验，建立了较为完善的深海矿产资源开发技术方案，掌握了关键技术研发和核心装备研制能力，包括海底矿石开采装备安全行走和高效采集、长距离泵管输送流动保障、水下动力输送、全系统协同控制、水下综合导航定位、重载装备海上布放回收等技术，见表2-3。

表2-3 国外深海矿产资源开发装备发展现状

年份	国家/单位名称	水深/m	试验内容
1978	海洋管理公司（OMI）	5500	多金属结核海试
1978	海洋矿业协会（OMA）	4570	多金属结核海试
1979	海洋矿物公司（OMCO）	5000	多金属结核海试
1979	德国/普罗伊萨格公司（Preussag）	2200	多金属软泥试采
1990	俄罗斯/莫斯科地质勘探学院（MTPH）	79	水力提升系统海试
1996	印度/海洋技术研究院（NIOT）、 德国/锡根大学（University of Siegen）	500	采矿车行走和采集试验
1997	日本/多金属结核采矿系统研发项目	2200	钢丝绳和采矿机联合拖航试验
2002	日本/石油天然气金属矿物资源机构（JOGMEC）	1600	采矿车行走试验
2006	印度/海洋技术研究院（NIOT）	450	采矿车海试
2009	韩国/地质资源研究院（KIGAM）	100	输送系统海试
2012	日本/石油天然气金属矿物资源机构（JOGMEC）	1600	采矿车采样试验
2013	韩国/海洋科学技术院（KIOST）	1370	采矿车海试
2015	韩国/海洋科学技术院（KIOST）、 韩国/海洋工程研究所（KRISO）	1200	水力号升系统海试
2017	日本/石油天然气金属矿物资源机构（JOGMEC）	1600	采矿车采集和水力提升试验
2017	比利时/德米集团（DEME）	4571	采矿车行走海试，环境评估

续表 2-3

年份	国家/单位名称	水深/m	试验内容
2017	加拿大/鹦鹉螺矿业公司（Nautilus Minerals）	—	采矿车带水试验
2017	欧盟/可行性替代采矿作业系统项目（iVAMOS!）	—	采矿车定位导航及感知试验
2018	荷兰/皇家 IHC 公司（Royal IHC）	300	采矿车行走试验
2019	荷兰/皇家 IHC 公司（Royal IHC）	300	采矿车行走试验

我国深海矿产资源开发选择了管道提升式开采方案，主要针对深海多金属结核开展研究，同时兼顾富钴结壳、多金属硫化物；主要开发装备包括深海采矿重载作业装备、矿石输送装备、水面支持装备。

美俄等发达国家在海底钴结壳的勘探、开采工艺制定、开采设备研制与试验、输送工艺试验等方面，均取得了具有工程实用价值的成果，但是由于经济评估的原因，如钴目前的市场价格等，不能支持进行大规模商业开采的效益要求，因而研究工作出现了暂时的停顿。但随着全球经济发展对金属资源日益增长的巨大需求的推动，可以预期，新一轮的富钴结壳开采热潮将不期而至。因此，积极开展钴结壳开采技术等方面的研究工作具有重要的意义。

2.5 富钴结壳矿物学特性

2.5.1 富钴结壳的结构构造

分析两个地方西太平洋麦哲伦海山区 MD 海山和马尔库斯-威克海山群 CM2N 海山，见表 2-4。图 2-4 为富钴结壳样品照片。

表 2-4 富钴结壳采样站位信息

样品编号	深度/m	样品编号	深度/m
MKD30	3090	CM2D08	1727

2.5.1.1 富钴结壳宏观构造

宏观上，富钴结壳的壳层具有单层、双层和三层构造。单层构造：由致密纹层组成，多呈结皮状。双层构造：由致密层和疏松层组成，结壳上层为致密层，下部为疏松层。三层构造富钴结壳，其壳层构造主要包括致密层、疏松层、较致密层。致密层又叫亮煤层，特征是亮黑色、致密块状、呈金属光泽、纹层极薄、易剥离、易抛光、脆性大、构造单一以及脉石矿物很少，磷酸盐化多发生在该层。疏松层，特征是呈黄褐色、结构疏松、构造杂乱，具斑块构造、树枝状构造、柱状构造、指纹构造等，常夹杂大量脉石矿物；较致密层，具有树枝状构造、叠层、柱状构造等，并夹杂一定量的脉石矿物，但数量较疏松层少。

2.5.1.2 富钴结壳微观构造

一般来说，富钴结壳的显微构造从成因角度可将其分为生长构造、间断构造及次生构

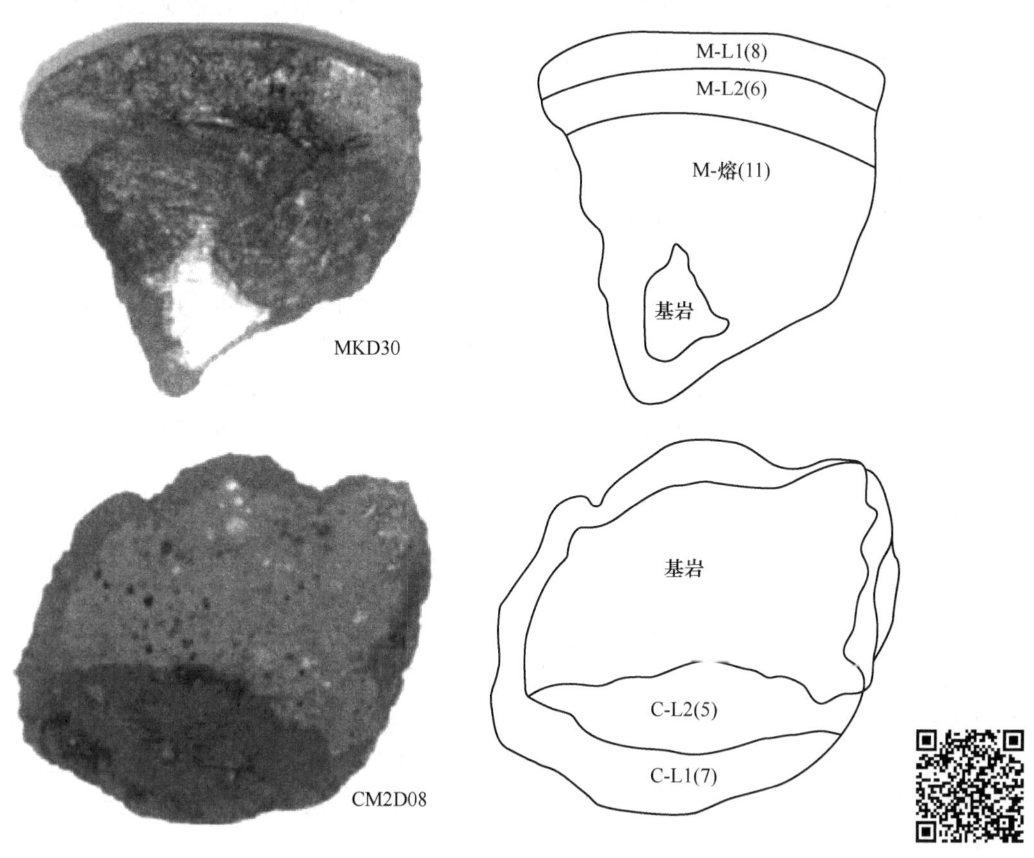

图 2-4 海山富钴结壳样品照片

造；而从其内部矿物的空间排布上又可将其分为平行纹层构造、柱状构造、树枝状构造、斑杂状构造等。表 2-5 为富钴结壳样品在反光显微镜下的显微构造特征。研究区富钴结壳大致包括以下几种显微构造。

表 2-5 富钴结壳显微构造特征

样品编号	壳 层	显 微 构 造
MKD30	M-L1(8)层	深度为 0～1.1 cm，褐黑色，致密状，镜下呈柱状构造，为纯铁锰氧化物，其间未见生长间断，与中层 M-L2(6)呈渐变接触，界限不明显
	M-L2(6)层	深度为 1.1～2.1 cm，褐黑色，较致密，镜下呈树枝状构造，含部分土黄色黏土类杂质，其间未见生长间断，从 1.9 cm 处开始出现局部斑杂状构造，与最下层 M-熔(11)为渐变接触，但界限明显
	M-熔(11)层	深度为 2.1～4.1 cm，黑褐色，疏松多孔，镜下呈斑杂状构造，空隙处充填大量脉石矿物和土黄色碎屑物质，在颜色和构造上与上两层有明显差别，与基岩突变接触
CM2D08	C-L1(7)层	厚度为 0.2～1.1 cm 不等，结壳与基岩突变接触，紧密覆于其上；柱状构造，其间含部分土黄色黏土类杂质
	C-L2(5)层	判定为非结壳壳层，可能为铁锰质侵入体，镜下致密块状构造呈高度平整

结壳内部结构主要是胶状结构，并且含有少量细晶、微晶结构，而微观构造却复杂多样，包括原生构造和后生构造。主要原生构造有柱状构造、掌状构造、葡萄状构造、斑杂状构造、波纹状构造、平缓纹层状和致密块状等构造类型，次生或后生构造有裂隙、交代和充填脉状构造等。

富钴结壳 M38D-14（2002 年“海洋四号”调查船 DY105-13 航次调查船在西太平洋麦哲伦海山区 MD 海山采集）广泛发育斑杂状构造、柱状构造、波状纹层构造，未见生长间断构造。

在富钴结壳生长的初期广泛发育斑杂状构造。这种构造由许多近圆形的斑块构成，有的形如菜花状，斑块与斑块之间空隙发育。斑块的微纹层主要由波浪形纹层组、同心圆环状纹层组和其他不规则环带状纹层组构成。斑块之间一般由石英、长石、蒙脱石等碎屑矿物或者岩石碎屑充填，因此，富钴结壳 M38D-14 的老壳层含有大量的碎屑矿物，且结构疏松。

在富钴结壳 M38D-14 的中部发育有柱状构造，它由呈直立状、放射状排列的柱体组成，柱状体之间由孔隙、石英、黏土等杂质隔开。单个柱状体是由铁锰矿物组成的微层呈弓形向外生长形成的，几个短小的柱体首尾相连接，有的有分枝、交叉现象，形似树枝或手掌。弧顶指向结壳生长方向，在水动力相对较强的环境下生成。

富钴结壳 M38D-14 的新壳层主要发育波状纹层状构造，局部可见平行纹层状构造。纹层状构造有平行纹层构造和波状纹层构造之分。平行纹层状构造由近平行的带状纹层构成，纹层之间充填的碎屑矿物较少，是在水动力较弱的环境中形成的。波状纹层构造是铁锰矿物颗粒围绕岩屑生长而波状起伏的状态。因此，富钴结壳 M38D-14 的新壳层除了锰铁矿物外，还含有一定量的碎屑矿物。

生长间断构造是由于沉积环境发生改变，造成相邻纹层组构造形态、生长方向发生改变，多发育于磷酸盐化壳层中。富钴结壳 M38D-14 中并未发育发现生长间断构造。

充填构造是铁锰氧化物纹层、柱体和各种球体颗粒之间的孔隙、裂隙被隐晶质的碳氟磷灰石和黏土碎屑充填。富钴结壳 M38D-14 中局部发育充填构造。

富钴结壳的微观构造类型能够反映其形成时的底流活动强度、海水的氧化程度等古海洋环境信息。海底底流活动强弱是影响富钴结壳生长速率的主要环境因素之一，因而能够反映结壳相应壳层的生长特征。其中由极致密微层构成的纹层状多形成于环境稳定、生长缓慢的条件下；而斑杂状构造形成于底层流活动较强，氧化条件较好，沉积环境剧烈动荡的环境中。在这种环境下，铁锰氧化物生长缓慢，矿物碎屑充填在锰铁矿物之间，形成斑杂状构造。柱状构造形成于较强的水动力环境条件中，在较强的水动力条件下，铁锰氧化物胶体上方难以堆积碎屑矿物，可以持续向上生长，生长速率较快，形成长柱状构造。由此可知，从斑杂状、柱状构造到平行纹层状构造指示着沉积环境中底流活动强度逐渐减弱，沉积碎屑由少变多，氧化环境由强变弱的成矿环境。

结壳 M38D-14 宏观上具有 3 个构造层。下部为疏松层，显微镜下为斑杂状构造，空隙较发育，是在水动力条件较强的环境中形成的，核心有大量的石英、长石、方解石矿物。中部为较致密层，显微构造为柱状构造。中下部呈树枝状或掌状，是斑杂状构造向柱状构造的过渡形态，中上部为长柱状构造，柱体长度为 200～1000 μm，柱体之间有碎屑物质充填。局部可见充填构造。中部是在水动力条件较强，氧化性较好的环境中形成的。

上部为致密层，显微构造为波状纹层构造，纹层之间充填有方解石、蒙脱石等矿物，是在水动力条件较弱，氧化条件较差的环境中形成的。

2.5.2 富钴结壳的化学成分

2.5.2.1 富钴结壳的元素组成

与地球元素丰度相比，富钴结壳元素可划分亏损型、轻度富集型和高度富集型。表2-6为太平洋各地区富钴结壳的化学成分特征。其中亏损型元素主要包括Si、Al、Mg、Ni和Sc等；轻度富集型元素（富集系数为1~10）主要包括Ca、Na、P、Co、Li和V等；高度富集型元素（富集系数在10以上）主要包括Ti、K、Mn、Cu、Sr、Ba、Zn、Ph和REE等。

表2-6 太平洋各地区富钴结壳的化学成分特征

区域	约翰斯顿岛	中太平洋
成因	水成	水成
深度/m	1900~2500	4830
w(Mn)/%	19.2	24.6
w(Fe)/%	13.7	20.6
Mn/Fe	1.40	1.149
w(Cu)/%	0.08	0.20
w(Ni)/%	0.35	0.37
w(Co)/%	0.58	0.29
w(Zn)/%	0.055	0.064
w(Pb)/%	0.170	—

与海水元素丰度相比，结壳中呈超富集的元素有Si、Al、P、Sc、Ti、V、Mn、Fe、Co、Ni、Cu、Zn、Mo、Ba、REE和Yb，它们的富集系数超过1000，如Mn的富集系数可达2×10^9；其他元素（如Sr、Li、Na、Mg、K和Ca等）的富集系数为1~200。

有些元素对成矿环境具有一定的指示作用：未发生磷酸盐化的壳层具有明显的Ce正异常，而磷酸盐化的壳层则具有明显的Y正异常，Y正异常作为富钴结壳磷酸盐化作用的标志。根据P的质量分数可以判断富钴结壳是否遭受了磷酸盐化作用的改造，把$w(P)=1\%$作为判断是否发生磷酸盐化的界限；当$w(P)<1\%$时，认为未发生磷酸盐化；当$w(P)>1\%$时，认为发生了磷酸盐化事件；另外，$w(P)<1\%$时，Co与P不具有相关性；当$w(P)>1\%$时，Co与P呈明显负相关，磷酸盐化的过程抑制了富钴结壳对Co吸附。

富钴结壳是富集了30多种元素，化学元素的总量为20%~50%，平均为35%。它的成分可分为以下4类。

主要有用成分为Co、Ni、Mn、Fe。

伴生有用成分为Cu、Mo、Pt族元素、REE。

有害杂质成分为As、Hg、F、P。

火山渣成分为SiO_2、Fe_2O_3、FeO、Al_2O_3、MgO、K_2O、CaO、Na_2O。

个别元素是否列入主要或伴生有用成分，取决于其品位和结壳总回收价值，并考虑加工工艺而定。有害杂质取决于获得的中间产物加工成最终成品的工艺。

太平洋不同地区富钴结壳化学成分及厚度见表2-7。

表2-7 太平洋不同地区富钴结壳化学成分及厚度对比

地 区	w(Cu)/%	w(Co)/%	w(Ni)/%	w(Mn)/%	w(Fe)/%	w(Pt)/%	ZRRE/%	平均厚度/cm
麦哲伦	0.23	0.48	0.48	18.0	14.35	0.35×10^{-4}	0.16	4~5
中太平洋山	0.12	0.63	0.44	18.0	14.2	0.5×10^{-4}	0.19	2.5
威克隆起	0.26	0.52	0.40	18.0	15.8	—	0.17	6
莱恩	0.35	0.40	0.52	20.2	13.6	1.3×10^{-4}	0.15	2.5
夏威夷	0.07	0.72	0.38	19.15	14.5	2×10^{-4}	0.15	2~5
约翰斯顿	0.08	0.90	0.56	26.76	14.62	0.25×10^{-4}	0.2	4.5
金门礁	0.06	1.05	0.60	26.92	13.37	0.30×10^{-4}	0.16	4
菲律宾海	0.12	0.24	0.24	14.48	19.42	—	0.15	—

2.5.2.2 富钴结壳中Co含量

在大西洋，来源于水成作用的富钴结壳是在葡萄牙马德里沿岸里昂山北部水深1500 m处被发现的。这里既赋存有7 cm厚的结壳也有结核存在。此处的富钴结壳中Ni的平均含量（质量分数）为0.34%，甚至可达到1.11%，而Co的平均含量（质量分数）为0.55%，最大为0.85%。第二个结壳赋存区在特洛皮克山，距克普勃兰斯海约260海里，Co的含量（质量分数）为0.9%，Ni的含量（质量分数）为0.6%。富钴结壳的金属含量（质量分数）见表2-8，大西洋中的富钴结壳的Co、Ni、Zn、Cu、Pb及Ti的平均含量（质量分数）要低很多。众所周知，大西洋的铁、锰沉积物与太平洋的相比较，Fe/Mn比值高，Al与Si的成分也高。中太平洋的结壳赋存在1100~2800 m的水深范围内，厚度8 cm，特勒柯山的结壳年龄为22~24 Ma，增长速度为1~5 mm/Ma；而在特洛皮克山（大西洋）的结壳赋存于1000~2500 m水深范围内，Mn的含量（质量分数）达24%，而Co的含量（质量分数）达0.85%。这些富钴结壳的矿物成分中，以水羟锰矿及非晶质针铁矿占优势。几厘米厚的结壳所富集的Mn、Co含量最高，所在深度为1200~1600 m，它以下300~1200 m的沉积物中含氧量为最小。特勒柯山地区与特洛皮克山地区的锰结壳表现了很强的正相关关系，Co与Pb相关系数高于0.7。Ni与Ti的相关系数要低一些(0.3~0.5)。像结核一样，钴结壳中La、Ce、Nd及Sm的含量较高，U的含量也较高，而结核中的Ti含量也较高。

在印度洋，结壳赋存于西澳大利亚西部水下的侧面。钴的含量（质量分数）甚至达到1%。在太平洋，结壳赋存于北部的莱恩海脊、马库斯纳克以及托格拉夫山，水深为1800~2000 m。它的Co含量（质量分数）为0.4%~0.6%，Mn的含量（质量分数）为19.4%~32.2%，Fe的含量（质量分数）约为29%，Ni的含量（质量分数）约为1%，而Cu的含量（质量分数）低到0.014%～0.04%。低含铜量与水下山体赋存的覆盖体自身的性质有关，通常与这种结壳一同赋存有多金属结核，它们的化学成分相互接近，颜色呈暗褐色，这些结核通常为椭球状、球状。含钴的结壳也赋存于杜莫特隆起带。水成形的钴结壳中Mn与Co具有正相关关系，其中的Co含量（质量分数）为1.3%～1.5%，Mn含量（质量分数）为50%～64%。Mn与Co是正相关关系（0.5），而Co与Ni（-0.15）及Co与Cu（-0.38）是负相关关系，这表明：在纯的水成过程中，Co是与Mn紧密相关的。而这些金属间的弱相关则是和早期生成过程中深水结核的类型有关。

表2-8 富钴结壳中的金属含量

项目	程度	w(Mn)/%	w(Fe)/%	w(Co)/%	w(Ni)/%	w(Zn)/%	w(Cu)/%	w(Pb)/%	w(Ti)/%	w(Al)/%	w(Si)/%
大西洋东北部 $n=20$	最小	12.9	12.7	0.35	0.20	0.05	0.02	0.12	0.2	1.11	1.87
	最大	24.6	28.2	0.85	1.11	0.12	0.10	0.25	1.7	2.801	7.23
	平均	17.7	21.3	0.55	0.34	0.07	0.07	0.20	0.9	1.65	3.38
中太平洋 $n=272$	最小	20.4	10.4	0.50	0.36	0.07	0.04	0.13	0.7	0.31	1.21
	最大	28.8	18.8	1.38	0.74	0.10	0.19	0.23	1.4	1.86	8.08
	平均	23.0	13.4	0.87	0.51	0.09	0.08	0.15	1.2	0.74	2.12

根据品位、储量和海洋学等条件，最具开采潜力的结壳矿址位于赤道附近的中太平洋地区，尤其是约翰斯顿岛和美国夏威夷群岛、马绍尔群岛、密克罗尼西亚联邦周围的专属经济区，以及中太平洋国际海底区域。此外，水深较浅地区的结壳的矿物含量比例最高，这是对其进行开采的一个重要因素。

2.5.3 富钴结壳矿物学研究

富钴结壳的矿物组成可分为锰矿物相、碎屑组分相、生物成因相和无定型铁的氢氧化物相四个相。富钴结壳（M38D-14，见图2-5）含有锰矿物相和碎屑组分相，其中锰矿物相主要是钡镁锰矿和水钠锰矿；无定型铁的氢氧化物相有针铁矿；碎屑组分相有方解石、石英、沸石、镁角闪石、利蛇纹石、蒙脱石。

其中，各样品矿物含量情况汇总见表2-9。

表2-9 各样品矿物含量情况汇总表

样品编号	一定存在的矿物	可能存在的矿物
M-01	钡镁锰矿、方解石	水钠锰矿、石英
M-03	钡镁锰矿、软锰矿、沸石	—
M-05	钡镁锰矿	蔷薇辉石
M-07	钡镁锰矿、水钠锰矿、方解石、镁角闪石	沸石、菱沸石
M-09	钡镁锰矿、石英	羟锰矿、针铁矿
M-011	水钠锰矿、石英	方解石
M-013	水钠锰矿、方解石、石英	—
M-015	水钠锰矿、方解石、利蛇纹石、蒙脱石	—

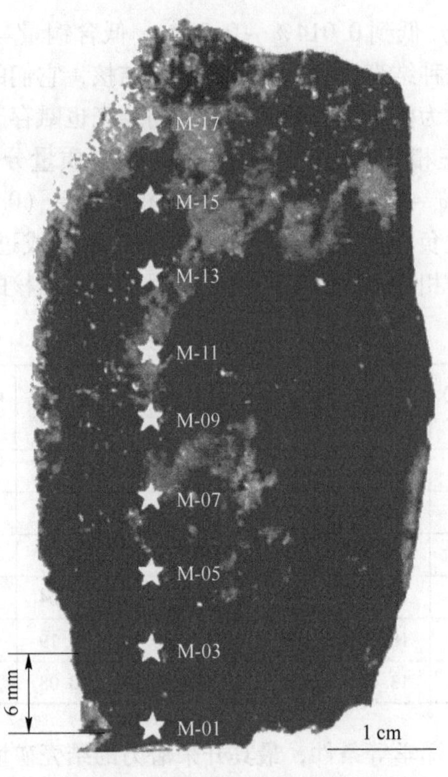

图 2-5 X 射线单晶衍射取样位置图 彩图

2.5.4 富钴结壳的特征

2.5.4.1 富钴结壳的含水率、覆盖率及金属品位

结壳的含水率指结壳的含水量的质量百分比。由于结壳采集上来很长时间后再测量，它的许多物理特性或许并不代表结壳原地生长时的物理特性。如当样品采集上来一个月之后测量，其表面积会下降20%，两个月后测量会下降40%。因此，为了更加客观地反映结壳的含水率，计算时采用的结壳含水率均为现场测试数据。若测站缺含水率数据，则采用该海山平均含水率值。

结壳的覆盖率是指结壳在海山上一定范围内所覆盖面积的百分比。一般根据海底摄像、照相或地质取样资料进行总体估计。由于结壳黏附于基岩上，一般的取样法（如现在通用的拖网和电视抓斗方法）都不能保证将取样面积上的结壳全部取上来，所以结壳覆盖率一般以海底摄像、照相为主，辅以地质取样与水下照片资料等间接方法来综合估测。见矿率是指有效测站中，结壳厚度参数大于4 cm的测站占总有效测站的百分率。据现有资料表明，在计算勘查区富钴结壳资源量时，所用的覆盖率数据一般是40%～60%，而实际调查结果却表明，该数据可能比实际值偏高。

结壳金属品位是指结壳中Co、Ni、Mn、Cu的金属百分含量，金属品位也是结壳资源评价及矿区圈定的重要参数。Co、Fe含量通常随水深深度增大而降低，而Ni、Cu、Mn则有随水深深度增大而升高的趋势；在横向上由于地形、E_h值等因素的差异也可以造成结壳中成矿元素分布不均匀等现象。所以富钴结壳的品位不能简单地将各有用金属的质量百分比相加，因各种金属的价值相差很大，简单相加会造成品位虽同但价值不同。为此，参考多金属结核中镍等量品位的做法，可利用钴当量来表示富钴结壳的品位，以便结壳品位数据的相互对比。目前通常采用钴当量品位［CEG（%）］，即按 Mn、Cu、Co、Ni 这 4 种金属品位与各自的钴价格比乘积来计算，式（2-1）如下：

$$CEG = 0.23w(Mn) + w(Co) + 0.3w(Ni) + 0.1w(Cu) \tag{2-1}$$

2.5.4.2 富钴结壳关键元素特征

富钴结壳含有大量吸附水，极大地影响了其他元素的丰度，因此需要将水扣除之后重新计算元素百分含量。太平洋富钴结壳主量元素平均含量为：$w(Fe) = 15\% \sim 20\%$，$w(Mn) = 17\% \sim 23\%$，$w(Si) = 3\% \sim 5\%$，$w(Ca) = 2.5\% \sim 4\%$，$w(Na) = 1.7\% \sim 2\%$，$w(Al) = 1.7\% \sim 2\%$，$w(Ti) = 0.7\% \sim 1.2\%$，结构水含量（6% ~ 10.4%），烧失量（16% ~41%）。此外，富钴结壳具有较高的 Co(平均0.55%)、Ni(高达1%)、Pt(1×10^{-6})、REEs(1000×10^{-6})、Te(50×10^{-6})含量（质量分数）。

富钴结壳的 Fe/Mn 值影响了富钴结壳中亲锰元素（Co、Ni、Zn、Mo、LREE）和亲铁元素（HREE、Te、Pb、Cu）的相对含量，是富钴结壳极其重要的化学参数。太平洋富钴结壳 Fe/Mn 值为 0.4 ~ 1.2：中太平洋海域马绍尔群岛、约翰斯顿岛富钴结壳 Fe/Mn 值分布于 0.67 ~ 0.76，西北太平洋富钴结壳 Fe/Mn 平均值为 0.68，而夏威夷群岛富钴结壳的 Fe/Mn 平均值略有升高（0.85），高纬度北太平洋、南太平洋、环太平洋边缘海富钴结壳的 Fe/Mn 平均值进一步升高（0.95、0.98、1.14）。印度洋和大西洋的富钴结壳具有较高的 Fe/Mn 值（1.52 和 1.54）。相关的亲锰元素（Co、Ni、Zn、Mo）通常随着富钴结壳 Fe/Mn 值的升高而降低：中太平洋和西北太平洋富钴结壳的 Co、Ni、Pt 最高，而夏威夷群岛的 Co、Ni、Pt 略有降低，东南太平洋扩张中心、边缘海（加利福尼亚、秘鲁外海、菲律宾海）、西太平洋火山弧的 Co、Ni、Pt 更低，而大西洋和印度洋富钴结壳的 Co、Ni 含量最低。边缘海（加利福尼亚、秘鲁外海、菲律宾海）及西太平洋火山弧富钴结壳的碎屑元素（Si、Al）最高，与大西洋和印度洋富钴结壳相当。太平洋富钴结壳的 Pt 含量（质量分数）由西向东降低，依次为西太平洋（平均值 600×10^{-9}）、中太平洋（平均值 200×10^{-9}）、东太平洋（平均值 72×10^{-9}）。大西洋和印度洋结壳 Cu 的含量遵循 Co、Ni 和 Pt 的趋势，但印度洋结壳具有最高的 Cu（1518×10^{-6}）含量（质量分数）。西北、中太平洋富钴结壳磷酸盐组分的 Ca、P 元素最高，而东北太平洋富钴结壳的 Ba 含量远高于其他海域。

富钴结壳具有较高的 REEs（1000×10^{-6}）和 Y（100×10^{-6}）含量（质量分数），富集程度最高可达海水溶解稀土元素含量的 $10^6 \sim 10^{10}$ 倍，尤其是西太平洋富钴结壳的稀土元素含量（质量分数）达到 2000×10^{-6} 以上，其中 Ce 含量（质量分数）占 50%。不同海域富钴结壳的稀土元素配分模式非常相似，呈右倾型，往往具有正 Ce 异常，而某些海域结壳受海底热液影响而不呈现正 Ce 异常。

铂族元素在富钴结壳中高度富集，主要分布于厚层结壳内部，结壳铂族元素含量通常与水深成反比。目前报道的全球富钴结壳的 Pt 含量（质量分数）最高值为 3207×10^{-9}，平均值为 448×10^{-9}，是海水丰度（0.024×10^{-9}）的 10^5 倍以上，上地壳丰度的 100 倍以上。马绍尔群岛专属经济区和北部、西北部地区结壳的 Pt 含量最高；法属波利尼西亚的结壳也含有较高的 Pt 含量。与中太平洋和东太平洋相比，西太平洋结壳中的 Pt 含量显著增加，东太平洋为 82×10^{-9}、中太平洋为 $170\times10^{-9}\sim250\times10^{-9}$、西太平洋为 $500\times10^{-9}\sim600\times10^{-9}$，靠近西太平洋弧的 Pt 含量再次下降。

此外，富钴结壳具有较高的 Te 含量，太平洋和大西洋富钴结壳 Te 平均含量（质量分数）为 50×10^{-6}，是海水丰度（0.0166×10^{-9}）的 10^6 倍，地壳平均成分（1×10^{-9}）的 50000 倍。Te 元素是一种新型的光电、热电、光学材料，近年来其经济属性得到工业界关注。

2.6 富钴结壳提取冶金

富钴结壳中 Co、Mn、Cu、Ni 等主要有价金属含量是衡量矿产经济效益的重要因素之一。处理富钴结壳的方法发展至今已形成活化硫酸浸出法、还原-氨浸法、火法冶炼、矿浆电解浸出法及微生物浸出法等较为成熟的提炼方法，但各个方法皆不太完善，存在着各自的缺点，有待进一步完善。

2.6.1 湿法冶炼

2.6.1.1 活化硫酸浸出—萃取法

富钴结壳在酸性水溶液中具有较强的氧化性，由于主体物质锰氧化物的存在，使得富钴结壳中有价金属在酸性溶液中很难浸出。湿法冶金处理常常需要用还原剂使 Mn^{4+} 迅速还原成酸性可溶的 Mn^{2+}，从而使结壳中的锰矿物结构破坏，让束缚于原锰矿物基体中的钴、镍、铜等的氧化物裸露或游离出来，降低钴、镍、铜的浸出反应活化能，实现在常温常压条件下硫酸快速浸出富钴结壳中的钴、镍、铜、锰。

常用的还原活化剂主要有金属硫化物（如黄铁矿 FeS_2、NiS、Ni_3S_2、冰铜等），亚硫酸及其盐（如 H_2SO_3、Na_2SO_3 及 $(NH_4)_2SO_3$ 等），H_2S、H_2O_2、Fe^{2+} 盐及有机药剂等。而采用 SO_2 或 H_2SO_3，从经济和工艺角度考虑更有利，其优点是浸出反应速度快，有价金属浸出率高；该活化剂纯净，不会给浸出液增加新的阳离子杂质。

活化过程的主要化学反应如下：

$$MnO_2 + SO_2 \longrightarrow MnSO_4 \tag{2-2}$$

浸出有价金属过程的主要化学反应如下：

$$Co_2O_3 + SO_2 + H_2O \longrightarrow 2CoSO_5 + H_2O \tag{2-3}$$

$$NiO + H_2SO_4 \longrightarrow NiSO_4 + H_2O \tag{2-4}$$

$$CuO + H_2SO_4 \longrightarrow CuSO_4 + H_2O \tag{2-5}$$

随着还原浸出反应的进行，结壳中的铁矿物也被还原浸出进入浸出液中。其中部分被还原成亚铁，还有少部分被硫酸溶液溶解生成硫酸铁，其反应如下：

$$2FeOOH + SO_2 + H_2SO_4 \longrightarrow 2FeSO_4 + 2H_2O \tag{2-6}$$

$$2FeOOH + 3H_2SO_4 \longrightarrow Fe_2(SO_4)_3 + 4H_2O \tag{2-7}$$

然而，由于混合体系中二氧化锰及富钴结壳中钠离子的存在，部分被溶出的铁化合物重新与二者结合沉淀在浸出渣中，其反应方程式如下：

$$3Fe_2(SO_4)_3 + Na_2SO_4 + 12H_2O \longrightarrow Na_2Fe_6(SO_4)_4(OH)_{12}\downarrow + 6H_2SO_4 \tag{2-8}$$

$$2FeSO_4 + 2H_2O + MnO_2 \longrightarrow MnSO_4 + Fe_2O_3H_3O\downarrow + H_2SO_4 \tag{2-9}$$

在 SO_2 用量为 0.177 g/g(结壳)，温度为 30 ℃，−0.074 mm 粒级占 77.76%，液固

比(L/S)为 3 mL/g，浸出时间为 30 min，终点 pH = 2.12，搅拌速度为 400 r/min 的条件下，采用硫酸浸出法处理富钴结壳，有价金属 Co、Ni、Cu 及 Mn 的浸出率分别达到 99.41%、98.10%、92.54% 和 97.89%。浸出渣的矿物研究表明，活化硫酸浸出后，结壳原矿物中仅剩下化学性质比较稳定的硅酸盐类矿物，而原有的富锰矿物在浸出渣中几乎全部消失。

浸出液中除铁有两种方案：一是浸出液先除铁，然后分离 Co、Ni、Cu、Mn 等有价金属；二是先选择萃取回收铜，然后除铁，最后分离 Co、Ni、Mn 等有价金属。由于富钴结壳矿的铜品位很低（≤0.1%），采用方案一除铁更合理。采用黄钾铁矾法除铁，在 85 ℃ 条件下往浸出液中通入空气，加入晶种，用碳酸铵溶液作中和剂，控制过程的 pH 为 2.2 ~ 2.5，在接近终点时将 pH 调高至 4.5。

除铁后液主要含 Co、Ni、Cu、Zn、Mn 等有价金属，其中锰离子浓度达 60 g/L 以上，从复杂的高浓度锰溶液中分离回收 Co、Ni、Cu、Zn 的难度大。北京矿冶研究总院在大洋多金属结核的冶炼研究中采用化学沉淀和溶剂萃取相结合的联合法分离，获得成功。联合法的原理是：首先采用 Lix84 选择萃取铜，然后用硫化剂从萃取铜余液中选择沉淀 Co、Ni、Zn，使 Co、Ni、Zn 富集并与溶液中的主要金属锰分离，Co、Ni、Zn 的沉淀回收率可达 99.5% 以上，而锰沉淀率≤0.5%。产出的混合硫化物经氧压硫酸溶解后，萃取分离，酸浸—萃取工艺流程图如图 2-6 所示。

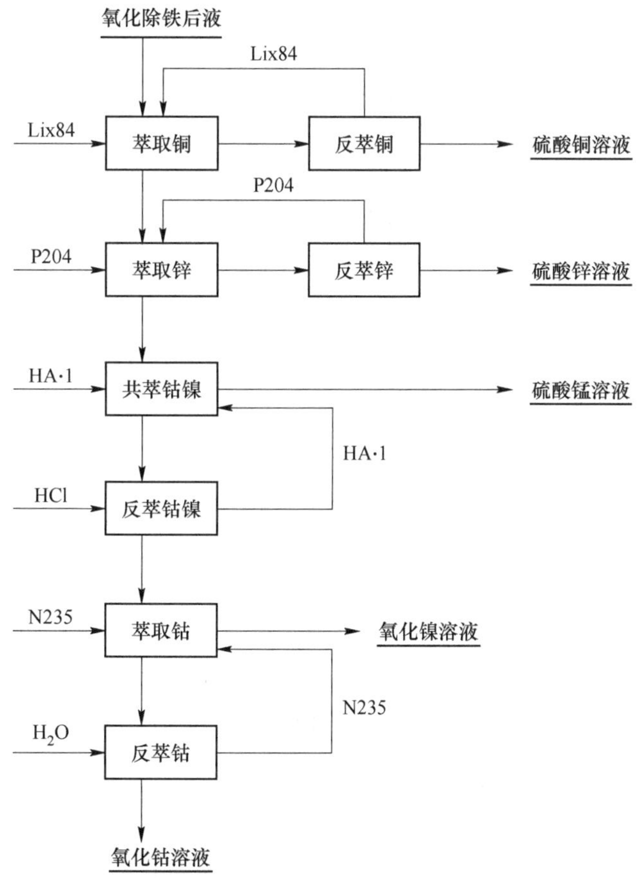

图 2-6 酸浸—萃取工艺流程图

采用常温常压活化硫酸浸出法，可直接处理湿的富钴结壳，原矿无须任何形式的干燥和还原焙烧预处理，工艺简单，能耗低。由于二氧化硫或亚硫酸具有还原活化剂和浸出剂的双重功能，试剂消耗低，且浸出反应速度快，有价金属浸出率高，但选择性相对较差，这给后续除杂提纯造成困难。

2.6.1.2 氨浸法

A 熔炼—合金浸出法

长沙矿冶研究院研究了用喷吹雾化法将熔炼合金制成粉末，然后将合金粉置于盐酸或者硫酸溶液中并鼓入空气进行氧化浸出，镍、钴、铜、锰进入溶液，铁以氧化铁沉淀留在浸出渣中。其熔炼—合金浸出工艺流程如图 2-7 所示。

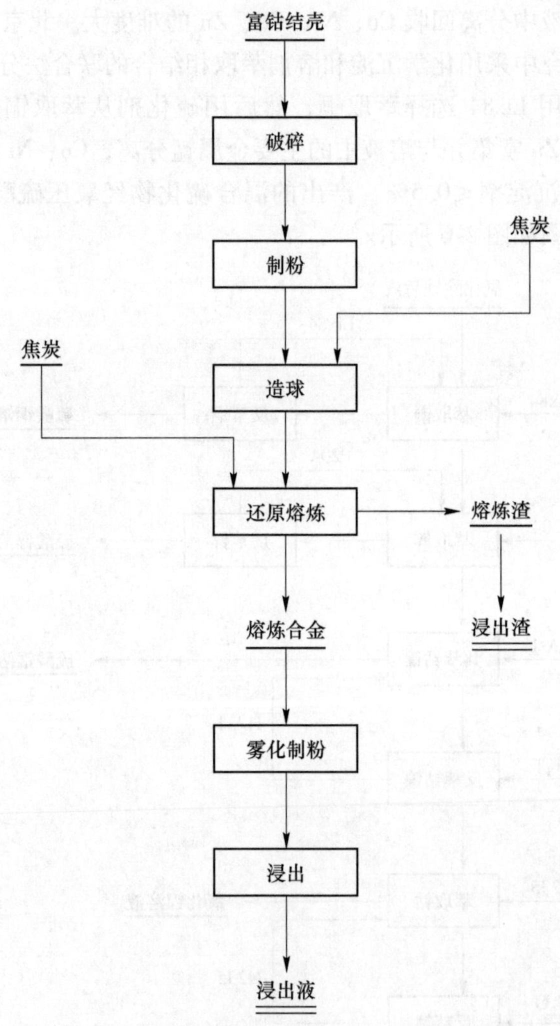

图 2-7 富钴结壳熔炼浸出工艺流程

北京矿冶研究总院是我国最早从事大洋富钴结壳冶炼工艺研究的单位之一。对亚铜离子氨浸工艺进行了较长时间的研究，以提高有价金属回收率和综合回收锰为目的，提出两段浸出工艺以提高钴的回收率，并综合回收锰。第一段为亚铜离子还原氨浸提取镍、钴和铜，第二段为用硫酸铵浸出锰和深度提钴。第一段浸出液经萃取回收铜和镍后，硫化沉淀钴；第二段的浸出液硫化沉淀钴并除杂后，采用碳酸盐沉锰并再生硫酸铵返回再用，而硫化钴沉淀与第一段的硫酸钴混合后用常规方法回收。金属浸出率分别是 Co 为 91.09%、Ni 为 97.29%、Cu 为 92.09%。其亚铜离子氨浸工艺流程如图 2-8 所示。

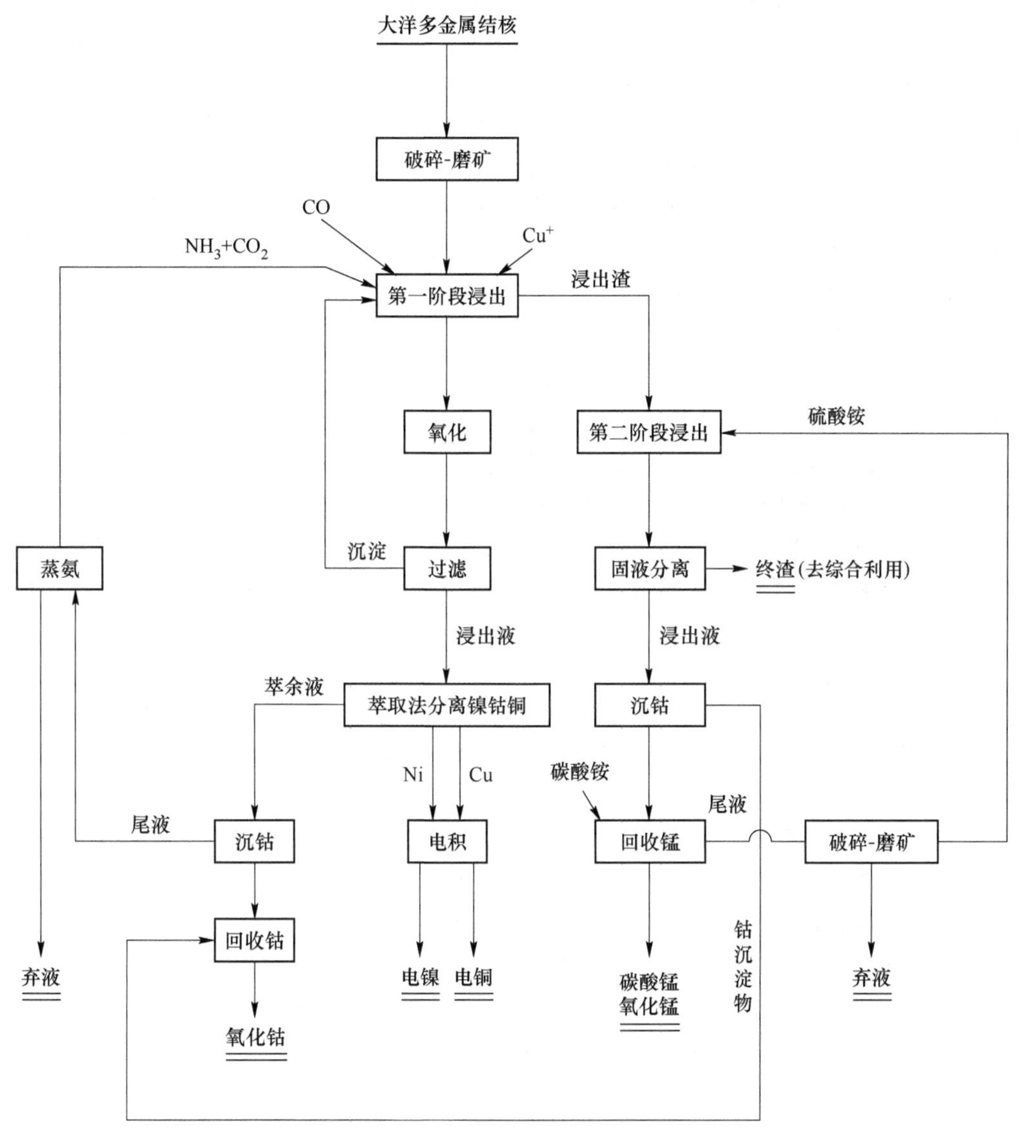

图 2-8 亚铜离子氨浸工艺流程图

B 还原焙烧—氨浸法

酸浸的浸出率高，但选择性差，溶液提纯过程复杂。氨浸工艺尽管存在浸出率低的不足，但因浸出选择性好，浸出试剂可循环使用、锰留在氨浸渣中可根据市场需求灵活制定锰的回收方案，而备受青睐。传统的氨浸工艺主要有还原焙烧—氨浸及以亚硫酸盐、亚铁离子和一氧化碳等为还原剂的直接还原氨浸。

还原焙烧—氨浸法是将多金属氧化矿与还原剂混合均匀后，在 500 ~ 900 ℃焙烧，使其中的高价铁锰氧化物被还原为低价铁锰氧化物，矿物中被铁锰氧化物晶格包裹的铜钴镍氧化物也随之被释放出来，然后用含氨的溶液将其浸出。常用的还原剂有碳、一氧化碳、氢气、石墨及有机质等。

蒋开喜等人的研究结果表明，在以结壳中自含的铜为催化剂、一氧化碳为还原剂，在进料浓度（含固体）为 50%，浸出温度为 45 ℃，过程电位控制在 400 ~ 450 mV 的条件下，镍、铜、钴浸出率分别达到 98%、97% 和 90%，浸出液中金属离子（Cu + Ni + Co）总浓度达 25 ~ 30 g/L，其中铜为 10 ~ 12 g/L、镍为 13 ~ 15 g/L、钴为 2 ~ 3 g/L。在还原氨浸过程中，原矿中 84% 的锌及 96% 的钼也被浸出，可综合回收。

一氧化碳还原氨浸出法的优点是可在常温条件下使用清洁、低廉的还原药剂选择浸出有价金属，但同传统氨浸法一样，由于氨根离子与金属离子亲和力较差，因此存在金属浸出率低，特别是钴浸出率低的缺点。

2.6.1.3 *矿浆电解浸出法*

直接电解法是 20 世纪 90 年代之后提出的方法，以氯化钠或氯化铵作为电解质，在阳极利用 Na_2S 与 HCl 反应生成 H_2S，H_2S 水解生成 H_2S 再与多金属结核的氧化物反应生成中间物质，到阴极还原成金属，但此法要消耗大量的 Na_2S，且有价金属回收率比较低。因此，需研究一种成本低、回收率高的还原浸出方法。

矿浆电解是 21 世纪以来新兴的一种湿法冶金技术。矿浆电解就是将矿石浸出、部分浸出溶液净化和电解沉积等过程结合在一个装置中进行，充分利用电解沉积过程中阳极氧化反应来浸出矿石中的有用元素，向电解槽中加入矿石，直接从电解槽中产出金属，如图 2-9 所示。电解过程的阳极氧化或阴极还原浸出矿石，其实质是用矿石的浸出反应来取代电解的阳极反应（或阴极反应）；同时，使通常电极过程阳极（阴极）反应的空耗能转变为金属的有效浸出，使流程大大缩短、金属回收率高，而且能源得到充分利用。

磨细的矿物经浆化后，加入电解槽的阳极区，根据不同的矿物选择合适的电解液，矿浆电解槽用渗透性隔膜将阳极区和阴极区隔开，在阳极区金属矿物被氧化浸出，金属离子透过隔膜进入阴极区，并在阴极上析出，电解过的矿浆经液固分离后，电解液返回矿浆电解槽，渣则进一步回收处理。其原理图如图 2-10 所示。

矿浆电解处理多金属结核时，矿物（氧化物）在阴极区被还原浸出，在阳极则发生离子氧化析出。具体而言，多金属结核矿物进行磨矿调浆后，进入矿浆电解槽的阴极区，进行矿物的电化学还原浸出，在电场的作用下，锰、钴和少量铁被还原浸出进入电解液，同时铜、镍、钴等随之进入溶液。溶液中的锰离子由扩散作用渗透过隔膜进入阳极区，在阳极上发生电化学氧化反应，使 Mn^{2+} 变为 Mn^{4+}，在阳极生成 MnO_2。通过控制一定的工艺参数，使铜、镍、钴不在阴极析出沉积，留在电解液中，其浓度积累到一定程度后开路进行选择性沉淀铜、镍、钴，过滤后溶液返回矿浆电解，循环使用，沉淀的铜、镍、钴料经溶解后回收有价金属。

在 NaCl 为 120 g/L 和 Mn 为 40 ~ 70 g/L、温度为 70 ℃、体系的 pH = 0.5 ~ 1.5、阴极电流密度为 200 A/m^2、液固比为 6 ~ 10 mL/g、通电量为锰的理论浸出电量的 0.8 倍的条

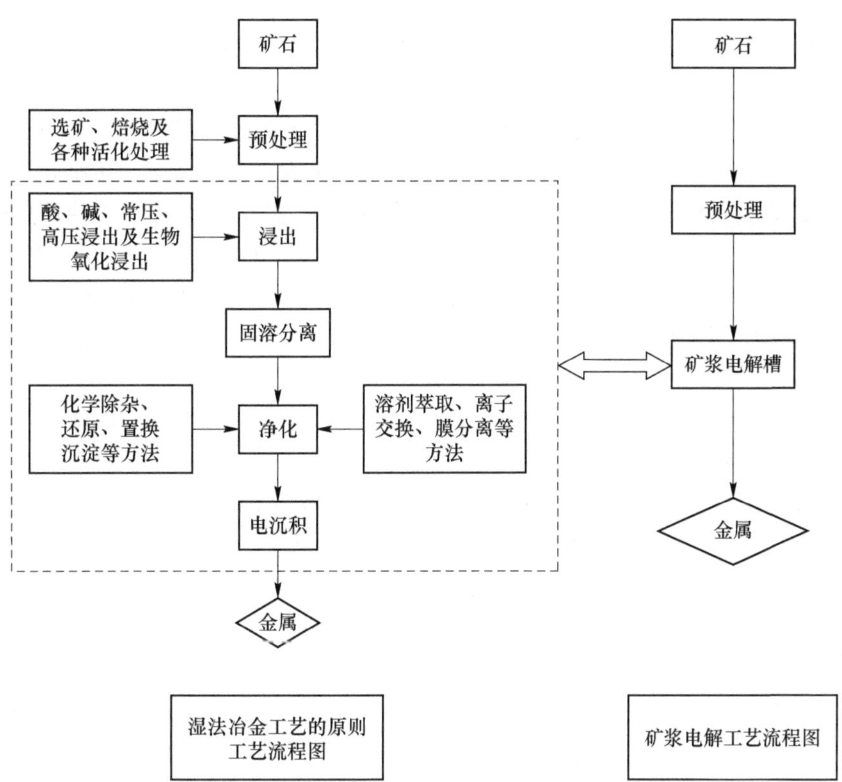

图 2-9　矿浆电解浸出流程图

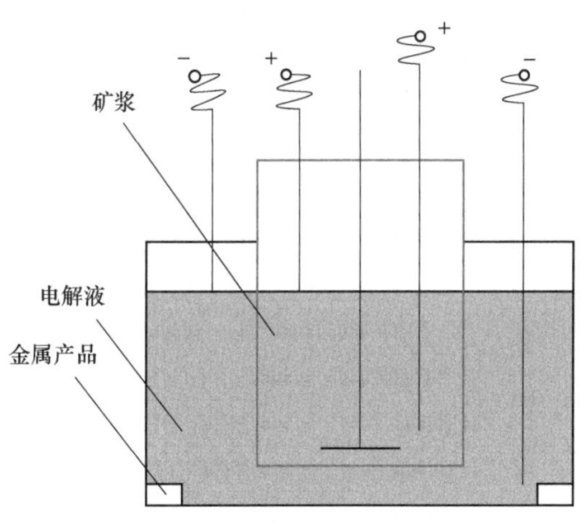

图 2-10　矿浆电解原理示意图

彩图

件下，Mn、Co、Cu 和 Ni 的浸出率均为 97%。

矿浆电解实验研究表明，采用矿浆电解法在 HCl-NaCl 体系中处理多金属结核矿是可行的，该法使工艺流程大大缩短、金属回收率增高，而且能源得到充分利用。

2.6.1.4 微生物浸出法

自20世纪60年代以来，对大洋多金属结核及锰结核、富钴结壳的加工处理方法，大多局限在湿法与火法这两种传统冶炼方法上。然而，也有部分学者尝试使用生物冶金的方法处理多金属结核。有研究发现，用 Leathen 和染料污水制成的培养基，加入作为菌种的营养基质和浸出过程中的还原剂黄铁矿，在 pH = 2、矿浆浓度为5%、接种量为15%、黄铁矿与多金属结核（结核无须干燥）的质量比为1∶5、温度为30 ℃及磨细的条件下，用 T. f. 菌可直接浸出结壳中的铜、钴、镍、锰和铁，经过9天的浸出，钴、镍、锰、铜、锌、钼及铁的浸出率分别为95.92%、93.95%、93.97%、53.35%、66.13%、15.13%和24.73%，上述浸出率均以浸液中的离子浓度计。浸出金属后的结核残渣作污水处理的微生物固定化载体，使多金属结核得到综合利用。

目前，微生物浸出法是生物冶金的重要板块之一，其最大的优势是环保，但现如今技术尚未成熟，大规模地采用微生物浸出法尚有困难。

若大规模采用生物浸出，则使用堆浸法。借助于喷洒于矿堆上含有细菌和化学的溶剂的水溶液流经矿堆时，缓慢流动的处于非饱和流状态的溶液，经过矿石孔隙与矿石表面接触，易溶解的金属即溶解在溶液中，这样永远保证固液相表面溶剂有比较大的浓差。

2.6.2 火法冶炼

目前，有关大洋富钴结壳的火法提取工艺主要是基于大洋多金属结核冶炼工艺。熔炼法工艺是先将多金属氧化矿中的镍钴铜熔炼为合金，然后进行分离回收。它基于大洋多金属氧化物中镍钴铜有价金属主要以氧化物形态存在，在高温下能被碳还原，由于Co、Cu、Ni、Fe 的氧化物在高温下稳定性较差，在712 ℃下即可用碳将其还原至金属态形成合金，而氧化锰相对较稳定，被碳还原的理论温度高达1420 ℃。因此，通过控制还原剂用量和还原温度可以选择性地还原Co、Ni、Cu 的氧化物成为金属态，而氧化锰则与矿物中的二氧化硅反应造渣，实现合金相与渣相的分离，在富集过程中，结壳矿中的磷也能被还原。

大洋富钴结壳中的有价金属主要以氧化物形态存在，这些氧化物在高温下能被碳还原，反应方程式如下：

$$MnO_2 + C = MnO + CO \tag{2-10}$$

$$MnO + C = Mn + CO \tag{2-11}$$

$$Fe_2O_3 + C = 2FeO + CO \tag{2-12}$$

$$FeO + C = Fe + CO \tag{2-13}$$

$$CoO + C = Co + CO \tag{2-14}$$

$$Co_2O_3 + 3C = 2Co + 3CO \tag{2-15}$$

$$NiO + C = Ni + CO \tag{2-16}$$

$$CuO + C = Cu + CO \tag{2-17}$$

毛拥军等研究了海底多金属氧化矿选择性还原熔炼工艺，在高温下将海底多金属氧化矿中的有价金属镍钴铜熔炼成合金，锰形成富锰渣。采用火法富集分离大洋富钴结壳中有价金属，在配焦量为9.20%，还原温度为1000 ℃、还原时间为1 h，高温分离温度为1450 ℃、分离时间为0.5 h的最佳工艺条件下，富钴结壳中99.36%的钴、98.44%的镍、98.03%的铜和98.76%的铁富集于仅占原结壳质量16.56%的熔炼合金中，有价金属钴、镍、铜回收率均高达98%以上，而绝大部分锰富集于占原钴结壳质量45.61%的熔炼渣中，其回收率为92.27%且能满足硅锰合金冶炼要求。

经火法富集后，富钴结壳中Pt进入合金相，合金中Pt含量达2.1 g/t，富集了约7倍，这样为后续Pt的进一步回收利用创造了有利条件；稀土则在合金相和渣相中均有分布，其中渣相中稀土含量为0.398%，较原矿富集了约2倍，稀土资源具有战略作用，可回收加以利用。

ABRAMOVSKI等详细研究了还原熔炼的整个工艺流程，包括火法还原熔炼和湿法分离。火法阶段是将有价金属选择性还原为FeCuNiCoMn合金，以及将锰和亚铁氧化物转变为渣相，随后进一步处理以获得硅锰合金。结核成分（质量分数）：24.0%的Mn、5.75%的Fe、1.11%的Ni、1.04%的Cu、0.12%的Co，在723 K干燥后并在1723～1773K内还原熔炼后，产出的合金成分（质量分数）：Cu为12.07%、Ni为12.81%、Co为1.33%、Fe为65.9%、Mn为5.33%、C为1.07%、P为0.97%、其他为0.54%。合金湿法冶金流程包括：

（1）合金两段硫酸浸出；

（2）浸出渣加压浸出铜；

（3）硫化物沉淀浸出液中的镍和钴；

（4）铜和硫化镍加压浸出；

（5）Cyanex 272镍钴分离。全流程铜、镍、钴的回收率分别为89.9%、83.4%、84.2%。

为了降低还原熔炼法的能耗，研究了大洋多金属结核低温固态还原熔炼工艺。在优化的工艺条件下（还原温度为1100 ℃、还原时间为25 h、CaF_2为4%，无烟煤为7%、SiO为5%、FeS为6%），多金属结核中的有价金属可以选择性地还原为金属状态，只有一小部分锰被还原为金属，然后采用磁选工艺可将结核中的有价值金属回收为精矿。多金属结核中80%以上的有价金属（Ni、Co、Cu、Fe）富集在磁选精矿中，精矿产量在10%～15%，精矿中Ni、Co、Cu、Mn和Fe的回收率分别为86.48%、86.74%、83.91%、5.63%和91.46%。

火法富集分离法与矿浆电解浸出法有相似的特点，结壳中有价金属回收率高，可以产生锰铁合金综合回收锰金属。然而，火法熔炼工艺需提前干燥脱水，这对于海底矿来说，该法有能耗高、污染重的缺点。

2.7 富钴结壳非冶金利用

富钴结壳资源目前尚未进行大规模开发，对于传统的湿法冶炼工艺，人们感到棘手的问题是尾矿废渣（主要是浸出渣）的处理。近年来，其冶炼浸出渣可能产生的环境公害却越来越受到重视，但截至目前，对浸出渣性能与应用的研究相对滞后。目前正在试验中的湿法冶炼提取工艺会产生相当于原矿重量35%左右的固体残渣。这些浸出渣若不能够被利用，长期堆放不仅需要大量维护费用，而且占用大量宝贵土地，还可能会引发严重的环境问题。因此，富钴结壳的开发，在很大程度上取决于对开发过程中产生的尾矿的处理工艺。

近年来的研究发现，富钴结壳的尾矿实际上具有非常大的价值，这使它们可以在更大程度上成为具有很高附加值的商品原材料。国外已经就全面利用富钴结壳的尾矿开展了多方面的实验研究。浸出渣可以作为土壤改良剂；由于其颗粒细小，而且具有很大的比表面积，它们可以作为某些有毒有害物质的吸附剂；可以作为塑料和橡胶的添加剂；同时它们还可以作为瓷砖、陶瓷和油漆中的色料。类似的尾矿在过去已经被用于钻井泥浆中；它们也可以作为混凝土和沥青中的微颗粒骨料而得到应用。

国内外对大洋富钴结壳依附和夹杂的基岩（主要有玄武岩、火山碎屑岩、泥灰岩、火山砾石碎块、磷钙土等）的应用研究很少。由于大洋富钴结壳矿经分离富集后，会产生大量的尾矿，如果弃之不用，无疑将是一项巨大的资源损失，而且可能会对陆地或海洋的生态环境构成危害。同陆地上的一些非金属黏土矿物（如沸石、磷灰石、膨润土、蒙脱石等）一样，大洋富钴结壳尾矿中的氟磷灰石、钠长石、丝光沸石均具有较大的比表面积、较强的吸附和离子交换能力，此外，大洋富钴结壳矿中的硅大部分可能为“活性硅”，这些活性硅在富钴结壳矿经选矿处理后仍保持其基本骨架，具有较高的活性，即具有微孔多、比表面积较大和吸附作用较强等的特性。因此，根据其特殊的理化性质，以大洋富钴结壳的尾矿为原料开发新型高效的废水吸附剂不仅可行，而且具有重要的经济、社会和环保意义。这样一方面可缩减因大量尾矿堆放而占用的土地，减少对陆地或海洋生态环境的污染，降低环境治理成本，另一方面又符合“资源的非传统应用技术”，即开拓大洋富钴结壳矿废渣再利用的新技术、新思路，具有重要的科学、社会和经济意义，符合21世纪矿物资源综合利用的发展方向。

思考题

2-1 简述富钴结壳形成过程及成矿机理。

2-2 简述富钴结壳分布特点对其开采作业有何影响。

2-3 简述富钴结壳主要化学元素、物相组成、微观构造等矿物学特征。

2-4 富钴结壳提取冶金工艺与多金属结核提取冶金工艺有何异同?

2-5 查阅文献，总结分析我国冶金科技工作者在富钴结壳提取冶金研究领域取得了哪些积极进展?

参考文献

[1] 高晶晶，刘季花，张辉，等. 西太平洋采薇海山群富钴结壳铂族元素地球化学特征与来源［J］. 海洋学报，2023，45（4）：82-94.

[2] 高晶晶，刘季花，张辉，等. 麦哲伦海山群富钴结壳元素地球化学特征及赋存状态［J］. 海洋与湖沼，2023，54（2）：424-435.

[3] Hu G，Zhao H M，Li Z L. Study on sound velocity and attenuation of underwater cobalt-rich crust based on biot and BISQ theories［J］. Journal of Marine Science and Engineering，2022，10（12）：1880.

[4] Qiao S，Qing L N，Zhang Z Q，et al. Research on cobalt-rich crust cutting modes by deep-sea mining vehicle and cutting performance evaluation［J］. Marine Georesources & Geotechnology，2022，40（11/12）：1403-1410.

[5] Xie C，Chen M，Wang L，et al. A study on the performance modeling method for a deep-sea cobalt-rich crust mining vehicle［J］. Minerals，2022，12（12）：1521.

[6] 孙旭东，汪胜东，蒋训雄，等．富钴结壳浸出液分离硫酸锰及硫循环利用［J］．有色金属（冶炼部分），2022，(10)：8-14.

[7] 刘万峰，王立刚，胡志强，等．某大洋富钴结壳选矿试验研究［J］．有色金属（选矿部分），2022，(4)：50-56.

[8] 刘家岐，兰晓东．中太平洋莱恩海山富钴结壳元素地球化学特征及成因［J］．海洋地质与第四纪地质，2022，42（2）：81-91.

[9] 杨燕子，陈华勇．大洋富钴结壳研究进展及展望［J］．大地构造与成矿学，2023，47（1）：80-97.

[10] 付强，汪胜东，冯林永，等．BPMA 在大洋富钴结壳稀有、稀土元素赋存状态研究中的应用［J］．有色金属（选矿部分），2021（6）：27-33.

[11] 高晶晶，刘季花，张辉，等．太平洋徐福海山富钴结壳稀土元素和铂族元素赋存状态研究［J］．海洋学报，2021，43（11）：77-87.

[12] 汪胜东，王立刚，冯林永，等．富钴结壳选冶方案配置与试验［J］．有色金属（冶炼部分），2021（11）：25-30.

[13] 何高文，杨永，韦振权，等．西太平洋中国富钴结壳勘探合同区矿床地质［J］．中国有色金属学报，2021，31（10）：2649-2664.

[14] GB/T 40873—2021，大洋富钴结壳资源勘查规程［S］.

[15] 张晔．麦哲伦海山区海山富钴结壳与海盆多金属结核对比研究［D］．北京：中国地质大学（北京），2021.

[16] 邓贤泽，任江波，邓希光，等．富钴结壳关键元素赋存状态与富集机理［J］．地质通报，2021，40（Z1）：376-384.

[17] 姚会强，刘永刚，张伙带，等．维嘉平顶海山富钴铁锰结壳空间分布特征：基于“蛟龙号”载人潜水器近海底观测资料的分析［J］．地学前缘，2021，28（6）：331-342.

[18] 黄和浪．麦哲伦海山区富钴结壳显微构造及地球化学研究［D］．北京：中国地质大学（北京），2020.

[19] 赵斌，吕文超，张向宇，等．西太平洋维嘉平顶山沉积特征及富钴结壳资源意义［J］．地质通报，2020，39（1）：18-26.

[20] 胡滢，董克君，崔丽峰，等．富钴结壳的 10 Be、26 Al 定年方法初步研究［J］．矿物岩石地球化学通报，2020，39（1）：116-124.

[21] 王淑玲，白凤龙，黄文星，等．世界大洋金属矿产资源勘查开发现状及问题［J］．海洋地质与第四纪地质，2020，40（3）：160-170.

[22] 高晶晶，刘季花，张辉，等．太平洋海山富钴结壳中铂族元素赋存状态与富集机理［J］．海洋学报，2019，41（8）：115-124.

[23] Novikov G V，Sedysheva T E，Bogdanova O Y，et al. Cobalt-rich ferromanganese crusts of the kotzebue guyot of the magellan seamounts of the pacific ocean：conditions of occurrence，mineralogy，and geochemistry［J］．Oceanology，2023，62（6）：879-889.

[24] 姚会强，张晶，李杰，等．富钴铁锰结壳年代学研究方法进展［J］．地球化学，2018，47（6）：627-635.

[25] 任江波，邓希光，邓义楠，等．中国富钴结壳合同区海水的稀土元素特征及其意义［J］．地球科学，2019，44（10）：3529-3540.

[26] Zhao H M，Ji Y Q，Hao Q. Operating frequency of cobalt-rich crust micro-terrain detection in simulative deep-sea mining［J］．Journal of Clean Energy Technologies，2017，5（4）：314-319.

[27] 韦振权，何高文，邓希光，等．大洋富钴结壳资源调查与研究进展［J］．中国地质，2017，44（3）：460-472.

[28] 段飞达. 西太平洋富钴结壳和多金属结核的生长速率、元素分布特征及磷酸盐氧同位素 [D]. 厦门：厦门大学，2017.

[29] 任江波，何高文，姚会强，等. 西太平洋海山富钴结壳的稀土和铂族元素特征及其意义 [J]. 地球科学，2016，41 (10)：1745-1757.

[30] Hu J H，Liu S J，Zhang R Q，et al. Experimental study of mechanical characteristics of cobalt-rich crusts under different temperatures [J]. Geotechnical and Geological Engineering，2016，34 (5)：1565-1570.

[31] Peng B，Peng N，Min X B，et al. Separation of zinc from high iron-bearing zinc calcines by reductive roasting and leaching [J]. JOM，2015，67 (9)：1988-1996.

[32] 周向前，刘志强. 大洋钴结壳中有价金属开发技术的综述 [J]. 材料研究与应用，2015，9 (2)：74-77，96.

[33] 韦振权，任江波，姚会强，等. 西太平洋麦哲伦海山区富钴结壳的稀土元素特征 [J]. 矿床地质，2014，33 (S1)：143-144.

[34] 王仍坚，蒋开喜，蒋训雄，等. 大洋多金属结核与富钴结壳合并还原氨浸工艺研究 [J]. 有色金属（冶炼部分），2014，(9)：19-22.

[35] 冯二明. 富钴结壳（M38D-14）的矿物学、地球化学及其对古海洋环境的响应 [D]. 北京：中国地质大学（北京），2014.

[36] 刘永刚，何高文，姚会强，等. 世界海底富钴结壳资源分布特征 [J]. 矿床地质，2013，32 (6)：1275-1284.

[37] 王东. 大洋富钴结壳中金属综合利用回收工艺研究 [D]. 长沙：中南大学，2014.

[38] 吕文超，朱本铎，张金鹏. 大洋多金属结核和富钴结壳的年代学研究评述 [J]. 矿物学报，2013，33 (S2)：662-663.

3 多金属硫化物

多金属硫化物（Polymetallic Sulphides、Seafloor Massive Sulfide）是海底热液活动的主要产物，以富含铜、锌、铅、金和银等贵金属元素成为一种潜在的海底矿产资源备受关注。2007 年以来，中国大洋调查航次在西南印度洋中脊开展了 4 个航次共 8 个航段的海底热液活动调查，发现了 8 处热液区。在此基础上，中国大洋矿产资源研究开发协会与国际海底管理局签署了西南印度洋中脊 1×10^4 km^2 的多金属硫化物勘探合同。系统介绍了中国在西南印度洋中脊海底热液活动调查中（2007—2010 年）发现的热液区（点）分布，并初步分析了典型热液区的地质特征。未来西南印度洋中脊硫化物勘探中应注重开展西南印度洋中脊多金属硫化物控矿因素、非活动/埋藏型硫化物找矿方法、海底多金属硫化物资源评价方法等方面的研究，亟须加快建立热液区尺度的近底硫化物勘探技术体系。

3.1 多金属硫化物形成

3.1.1 多金属硫化物概况

多金属硫化物也称海底块状硫化物，是指海底热液作用形成的一种矿物资源，是汇聚或发散板块边界岩石圈与大洋在洋中脊扩张中心、岛弧、弧后扩张中心及板内火山活动中心发生热和化学交换作用的产物，一般富含铜、铅、锌、金和银等金属，同时副产物有钴、锡、硫、硒、锰、铟、铋、镓与锗等。国际大洋钻探计划钻探资料已经证实，现代多金属硫化物分布范围较广，在大洋的三种地质构造背景（大洋中脊、板内火山和弧后盆地）中均普遍存在。

各种构造环境下的多金属硫化物的成分取决于这些金属是从什么性质的火山岩淋滤出的。位于不同的火山和构造环境的矿藏有着不同的金属成分和金属含量。

有关调查资料显示弧后扩张中心的玄武岩至安山岩环境生成的块状硫化物（573 个样品）中平均含量（质量分数）较高的金属有锌（17%）、铅（0.4%）和钡（13%），金的含量甚高，而铁含量很低；大陆地壳后弧裂谷的硫化物（40 个样品）中含铁量也很低，但富含锌（20%）和铅（12%），同时含银量较高（1.1%）。

金属含量方面，仅就硫化物中的金含量而言，弧后扩张中心的硫化物样品中发现金的含量甚高，而洋中脊的矿床中金的平均含量只有 1.2 g/t。弧后海盆硫化物的含金量高达 29 g/t，平均为 2.8 g/t。迄今发现的含金量最丰富的海底矿床位于巴布亚新几内亚专属经济区内，从区内的利希尔岛附近的锥形海山山顶平台（基部水深为 1600 m，直径为 2.8 km，山顶水深为 1050 m）采集的样品含金量最高达 230 g/t，平均为 26 g/t，10 倍于有开采价值的陆地金矿的平均值。

3.1.2 多金属硫化物形成机理

根据国内外海洋地质研究成果，目前关于多金属硫化物成矿比较成熟的观点是海水从海洋渗入地层空间，被地壳下的熔岩（岩浆）加热后通过热液喷口通道排出，与冷海水混合后，水中的金属沉淀或积聚在海底或海底表层内，从而形成矿床，其地质学解释如下：

由于大洋盆地或离散板块边界处存在的火山作用造成了玄武岩的喷溢，在这些地区相应地出现了强烈的地震、断裂活动，由玄武岩冷却收缩造成的异常发育的断裂构造形成了强烈的破碎带，这些破碎带及洋中脊邻近地区、转换断层和其他一系列与中脊平行或斜交的断层，为海水的渗入、深部循环提供了大量的通道，并给水岩相互作用提供了广泛的空间。

海水沿扩张裂隙下渗，与洋壳岩石和岩浆源相互作用，强烈的水岩反应使得渗入的海水形成酸性、高温，并具有溶蚀和萃取各种金属元素能力的热液流体，抵达深部后又可进一步受下部岩浆房的加热，直到岩石变得难以渗透，反应程度随温度和压力的增加而增加。

经过岩浆房加热的高温热水在对流循环回返过程中，继续萃取玄武岩及沉积物中的大量金属元素，当这些漂浮的热的、富含金属的热流体上升到海底时，以集中喷射、低温溢流或是热液羽状物的方式，与周围的冷海水混合，在通道内、喷口附近、洋中脊两侧、裂谷壁、断层、岩石中的裂隙系统、离轴海山及远离洋中脊的大洋扩张盆地中形成热液烟囱、热液丘等多样的热液沉积，部分可形成大型的多金属硫化物矿床。

上涌的岩浆向上填充裂隙，从而在海底形成了新的洋壳。冷海水从地壳裂缝或者岩石断裂中向下渗透，下渗过程中被岩浆等热源加热，并把围岩中的金属元素（如 Cu、Fe、Zn、Pb 等）淋滤出来，随后又沿着裂隙上升喷出，形成烟囱体结构以及羽状流，也即黑烟囱，如图 3-1 所示。

3.1.3 多金属硫化物的矿化成因

海水在没有岩浆气液的参与下，与玄武岩发生相互作用而形成与海洋成矿热液的成分类似的含金属热液的可能性。在裂谷轴部存在着海水的对流循环，这种沿着岩浆源之上的裂隙进行的对流循环，已被深海钻深孔中的观测资料和海洋中热流的研究成果所证实。这种循环的痕迹，包括析出约 90% 的铜、50% 的锌和大量铁的广阔淋滤带，出现在蛇绿岩中黄铁矿型矿床之下，相当于洋壳层底部的岩石中。

以东太平洋海隆北纬 21°海区为例，分析热液成分和形成的矿石之间的联系表明，“黑烟囱”矿石的主要成分，在矿化的早期阶段明显表现出 Zn 的专属性，其可能是 Cu 和 Fe 的沉积效率较低。原因在于热液流动过程中，热液组分“快速通过”矿石堆积的屏障层。在富含 Fe 和 Cu 的大型硫化物矿体成分中，在热液冷却传导时堆积在孔隙中的大量蛋白石表明，热液喷射流在“烟囱”发育的晚期转变为非常缓慢的扩散流。这时，当大部分成矿物质分散在含水层中时，早期阶段的硫化物矿石生成效率一般不超过百分之几，但仍有所增大。而矿石的成分在更大的程度上仍反映了热液的成分。

对大型矿体所特有的块状含铜黄铁矿型矿石的详细研究，证实了矿石形成中的重结晶

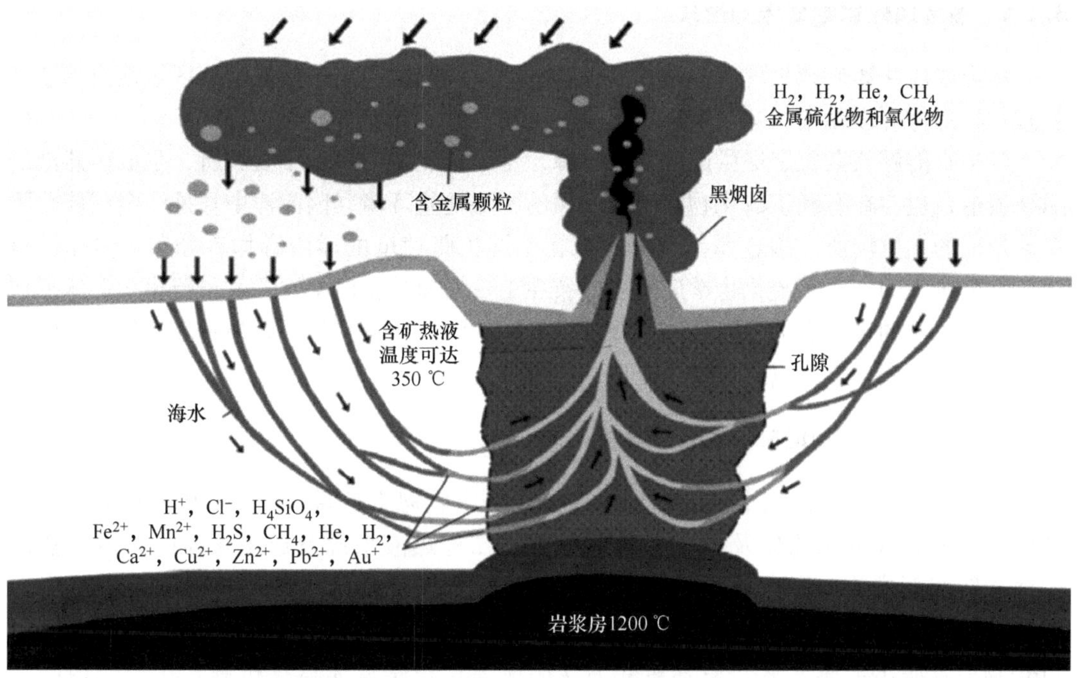

图 3-1　硫化物形成示意图

和交代等次生作用的重要作用。显然，块状矿石的矿物微量元素与次生作用有关。作为热液扩散作用的结果，在大型矿体中显示的晚期矿石堆积和矿石次生改造作用，造成了矿化按地球化学专属性区别于那些小型矿体，即形成这些小矿体的上述作用尚来不及发育。岩浆和热液活动性特别高的条件下，富含 Zn 的小矿体大部分被新的玄武岩喷发所破坏或覆盖。在这里，构造重建和火山作用旋回每数千年重复一次。在东太平洋海隆近轴部海底山脉和缓慢扩张海岭范围内，与东太平洋海隆线状轴部火山相比，岩浆喷发较少的地段，反映出这些构造的岩浆活动性总的较弱，可能是这里的热液体系作用时期较长所致。在这种情况下，矿体达到了发育成熟阶段，伴随着锌的专属性转变为铜专属性矿石强烈的重结晶作用。

有关陆地黄铁矿型矿石的资料表明，类似的较大含铜黄铁矿型矿床常保存在大陆的地质剖面中。在这些矿床的内部，也清晰地反映出重结晶作用的痕迹，其间伴随着 Cu 的富集和大部分微量元素的贫化。晚期热液将贵金属从内部带出，被认为是有时在古矿床的外部观察这些金属富集的原因，也许，在大型的、最“成熟的”大西洋矿床现代海洋矿石中测定的、Au 在与晚期非矿石相（首先是蛋白石）的共生体中极限浓度就是这样形成的。

热液进入沉积层，对成矿作用最为有利。这时，海底表面硫化物矿体的形成与成矿物质在作为储集岩的沉积物中的堆积相结合（戈达海岭、因代沃海岭、加利福尼亚湾）。与此同时，同位素资料证明，在这样的条件下，矿层中富集的 Pb 被热液从剖面底部沉积物中带出。总的来说，矿石中以铁硫化物为主。最后，在红海盆地的特殊环境中，高温热液在海底进入由于溶解比较古老的蒸发岩层而形成的卤水层中，形成了层状矿体。

3.1.4 多金属硫化物矿床的形成

多金属硫化物矿床是现代海底的一种新型的金属资源，它的形成受到区域地质构造和物理化学条件等多因素的综合控制。

洋中脊能够长期稳定提供成矿物质热源，是地球热量交换的主要场所，是成矿热液的重要通道，也存在有利于硫化物沉淀的较深的凹陷地堑环境，因此洋中脊是多金属硫化物矿床形成的主要场所。多金属硫化物矿床在不同扩张速度的洋中脊均有分布，但比较有名、规模较大的多金属硫化物矿床主要分布在中—慢速扩张洋中脊，这与硫化物矿床形成后受后期改造的较弱有关，而快速扩张洋中脊构造活动比较强烈，容易破坏已经形成的多金属硫化物烟囱体，难以形成规模矿体。

3.1.5 多金属硫化物成矿模式及流体演化

海底热液成矿模式基本由五部分组成：一是成矿物质来源，成矿物质来自海水、流体流经的岩石或沉积物以及岩浆物质的贡献；二是热液来源及成矿流体的形成，热液由海水转变而成的。海水通过对流循环、淋滤围岩转变成流体，不排除岩浆直接为热液流体提供物质贡献的可能，流体—岩石或沉积物相互作用过程中，流体可从岩石或沉积物中淋滤出金属元素，使其转变为含矿流体；三是流体运移机制，在洋壳内断裂和裂隙处，海水及热液流体在热驱动下（包括岩浆热、反应热）发生对流循环及运移；四是成矿场所，在海底面以上或下，有断裂和裂隙分布处，从热液流体中沉淀出矿物；五是物质沉淀机制，热液流体与冷的海水混合，导致流体的物理化学性质发生变化，致使矿物从流体中产生、沉淀并形成热液产物堆积体。以上五部分共同组成海底热液成矿模式。

热液循环系统主要可以分为补给区、反应区和上升区三部分，如图 3-2 所示。这三部分是连续统一的演化过程，是热液动力系统的三个必要部分，每个部分都有其鲜明的特征和物化条件。

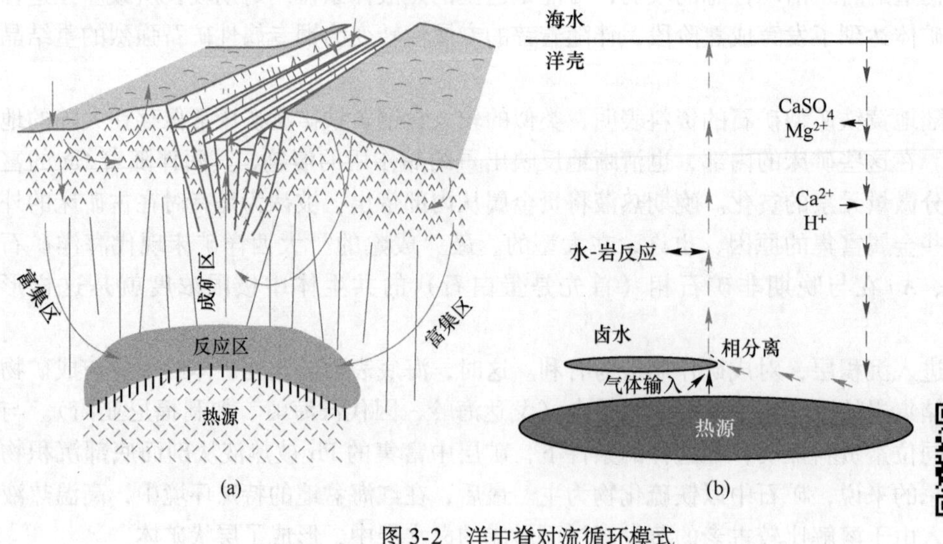

图 3-2 洋中脊对流循环模式

彩图

图 3-2(a)所示为海底热液循环的 3 个阶段示意图：海水通过广泛的补给区进入地壳，在向下渗透的过程中，伴随着不断增加的温度和压力条件下逐渐发生反应。在靠近热液（岩浆或热岩）的反应区经历最高的温度和压力发生高度演化，而后通过上升区上升到海底。图 3-2(b)显示在补给区，流体逐渐加热。大约在 130 ℃以上，由于水岩反应的作用 Ca^{2+} 从岩石中滤出，以沉淀来自海水中的硫酸盐，从而使硬石膏（$CaSO_4$）发生沉淀。Mg^{2+} 从流体中流失到岩石中，H^+ 增加。随着流体继续向下和增加的温度，水岩作用持续进行，可能会发生相分离。在全球大洋中脊系统中，至少有两个地点正在发生岩浆脱气作用，因为在热液流体中观察到非常高水平的气体（尤其是 CO_2 和 He）。具有浮力的流体上升到海底，在大多数情况下，流通都经历了相分离。

补给区代表海水下渗、海水加热、与基底岩石发生初级反应的区域。该区域存在着广泛的热液蚀变过程，当冷的海水在补给区下渗的过程中，会使补给区上部出现低温氧化作用。低温氧化发生在流体通道周围，蚀变岩石总的化学元素变化趋势：Fe^T、Fe^{3+}/Fe^T、Sr^{87}/Sr^{86}、$\delta^{11}B$（同位素）、$\delta^{18}O$、H_2O、P、K、Li、Rb、Cs、B、REE、U 等元素的增加，以及 Mg、Si、Ca、Co、Ni 的流失。当温度超过 130～150 ℃时，就会出现固碱作用和硬石膏的沉淀。碱金属元素 K、Rb、Cs 和 B 在低温水岩反应的作用下加载到绿鳞石和绿脱石中。这两种矿物 Fe^{3+}/Fe^T、H_2O、$\delta^{18}O$ 含量也较高，Ca、Sr 和 S 的含量较少。碱金属和 B 会在高于 150 ℃的条件下，会从围岩中释放到流体中，所以在更深位置渗流体会再次发生碱金属的富集。Mg 在下部洋壳相对还原的环境下，会通过与 OH^- 的反应形成皂石，或者是在基性岩墙内形成绿泥石，从而使流体中的 Mg 大大减少。热液流体在失去 Mg 的同时，会不断富集来自围岩中的 Ca。因此，在补给区热液流体的 Mg 不断减少，Ca 不断增多。

当海水下渗到深度为 1500～2000 m 的位置会受到下部岩浆或热侵入岩体的影响，出现一个显著上升的温度梯度，使流体温度从大约 200 ℃迅速增加到 350 ℃及以上，在这种高温和低水岩比的条件下，热液流体的化学组成会进一步发生变化。这个使流体发生进一步变化的区域称为反应区。反应区岩石中的 S 元素和一系列金属元素（Cu、Zn 等）在高温蚀变和岩石变质条件下被释放到流体中。同时也会有一定的 ^3He、CO_2、SO_2、CH_4、H_2、Cl_2 等释放到流体中。

流体在反应区经历高度演化后，由于浮力的增加不再下渗，开始沿着裂隙通道上升并最终返回到海底，这个上升所经过的区域称为上升区。上升区依据上升流体的流通路径和分布状态的不同可分为喷射区和弥散区两部分。喷射区的位置集中，热液流体温度高，热液流体可以沿着通道从深部直接集中喷发至海底。弥散区位于反应区与上部层位广泛接触的位置，热液流体不能直接到达地表，而是先与上层补给区下渗流体发生混合，而后排放至海底。由于集中上升流具有较为畅通的流体通道，其在海底滞留的时间相对较短，当热液流体不能有效聚集为集中上升流的时候，便以弥散流的方式存在。当热液系统发育到晚期，上升区没有足够的深部热源和热液通量供应，热液流体便不能直接到达海底表面，就会通过海水对流循环的方式以弥散流的状态在海底表面释放。

3.1.6 成矿地质条件

3.1.6.1 地形

在大西洋中脊适合热液活动产出的有利位置主要有 5 种：

(1) 洋中脊段内的火山中心区域；

(2) 裂谷壁的底部或顶部；

(3) 洋中脊段始末端的裂谷壁；

(4) 次级非转换偏移带和拆离断层区域；

(5) 转换断层与洋中脊交会处的内角高地。

其中前两个区域位于轴部火山区域，主要为玄武岩矿床的产出环境。后三个区域属于离轴位置，主要为超基性岩矿床产出环境。

3.1.6.2 构造

拆离断层在海底扩张和热液流体循环中起着关键作用。这种低角度拆离层常常将下地壳和上地幔岩石抬升并暴露于海底，从而形成一种形似波纹状的杂岩体，这种波纹状杂岩体被定义为大洋核杂岩（Oceanic Core Complex，OCC）。大洋核杂岩的形成与拆离断层作用有着密不可分的关系，拆离断层的滑移面构成大洋核杂岩的穹窿状构造表面，这种表面即呈现出波纹状构造以及出现平行于扩张方向的条纹。这种完全的穹窿状构造只有当拆离断层活动完全时才会完全显露，若是在拆离断层活动早期或滑移距离很短的情况下，上地幔或下地壳岩石没有完全出露时，大洋核杂岩就不显现或不成形。这种 OCC 构造可以将喷出岩、深成岩和幔源岩（超基性岩）暴露出地表，并使这些岩石发生变形和蚀变。深部热源引发的热液对流会促使流体在拆离作用下沿断裂构造通道上升，热液流体与围岩发生水—岩反应，导致岩体内金属元素活化和迁移，形成含矿流体，从而形成硫化物矿床。另外，若是深部地幔岩在拆离断层作用下被抬升，这种以地幔岩为主的核杂岩在与流体充分反应的情况下将发生蛇纹石化反应，会使热液环境具有更强烈的还原性，使得岩石中的金属元素更易发生活化和迁移，这将会为热液成矿作用提供丰富的物质基础，并形成规模较大的多金属硫化物堆积。这种作用在现在已知的热液区中，如 Rainbow 热液区、Logatchev 热液区已有体现。同时在这些热液区的深部水体测量中已发现的大量氢和甲烷气体，很大程度上也是由蛇纹石化作用所产生。到目前为止，在沿大西洋中脊发现的所有 OCC 都伴有活跃的热液喷口，或是已经灭绝的热液喷口，见表 3-1。

表 3-1 大西洋中脊大洋核杂岩分布区域

区域	位置	纬度	构造特征	岩石类型	热液区
大西洋中脊	Sal danha Massif	36°40′N	穹窿状构造	地幔岩、蛇纹岩、玄武岩	Sal danha
	Atlantis Massif	30°08′N	Atlantis 转换断层以北，穹窿状结构	致密绿色橄榄岩、玄武岩、辉长岩、蛇纹岩	Lost City
	27°N	26°45′N	Atlantis 和 Kane 转换断层之间，波瓦状构造	蛇纹石化橄榄岩（重力推测）	
	TAG	26°10′N	拆离断层，穹窿构造	辉长岩、辉绿岩、蛇纹石化橄榄岩（地震波速推断）	TAG
	Kane	23°32′N	Kane 转换断层以南，显著的波瓦状构造	蛇纹石化橄榄岩、角闪石化和糜棱化辉长岩、蛇纹岩	Snake Pit

续表 3-1

区域	位　置	纬度	构造特征	岩石类型	热液区
大西洋中脊	15°45′N	15°45′N	15°20′N 转换断层以北，波瓦状构造	辉长岩、蛇纹石化橄榄岩	Log atchev
	St Peter Saint Paul	0°48′N	StPaul 转换断层	深海橄榄岩	
	5°S	5°10′S	5°S 转换断层	辉长岩、玄武岩、蛇纹岩	
	Ascension	7°12′S	Ascension 转换断层	橄榄岩、蛇纹岩、辉长岩	
	14°S	14°S	Cardno 转换断层与 SMAR 内角高地	玄武岩、蛇纹岩、橄榄岩	采蘩

3.1.6.3 热液循环模式

基于海上调查资料和样品综合分析，绘制了赤弧热液区热液成矿概念模式示意图，见图 3-3。赤弧热液区产出于拆离断层出露海底的离轴位置，位于赤狐海丘西坡山麓，拆离断层的发育过程一定会有深部辉长岩或橄榄岩抬升至地表。铜铁硫化物等高温块状硫化物的出现表明其深部存在足以驱动高温热液对流的热源驱动力。已有研究表明，在慢速扩张脊上的热液活动可以由 3 种显著的潜在热源驱动：（1）岩浆热源；（2）超镁铁质岩石蛇纹石化放热；（3）深部侵入热岩体的热抽取。该区含滑石—蛇纹石—碳酸盐矿物的碳酸盐质矿化样品指示了超镁铁质岩的蛇纹石化放热可能是热源驱动之一，但脊轴深部侵入热源体或潜在岩浆房的热源驱动也是该热液区高温热液产物形成的主驱动力。该热液区矿化角砾岩中含阳起石、滑石、蛇纹石等的岩屑可能是热液流体沿拆离断层上涌过程中将深部岩墙的物质携带至地表的产物。因此，该热液区的热源驱动力很可能主要来自于中央裂谷深部侵入岩体热源的放热，并叠加了超基性岩蛇纹石化放热作用。

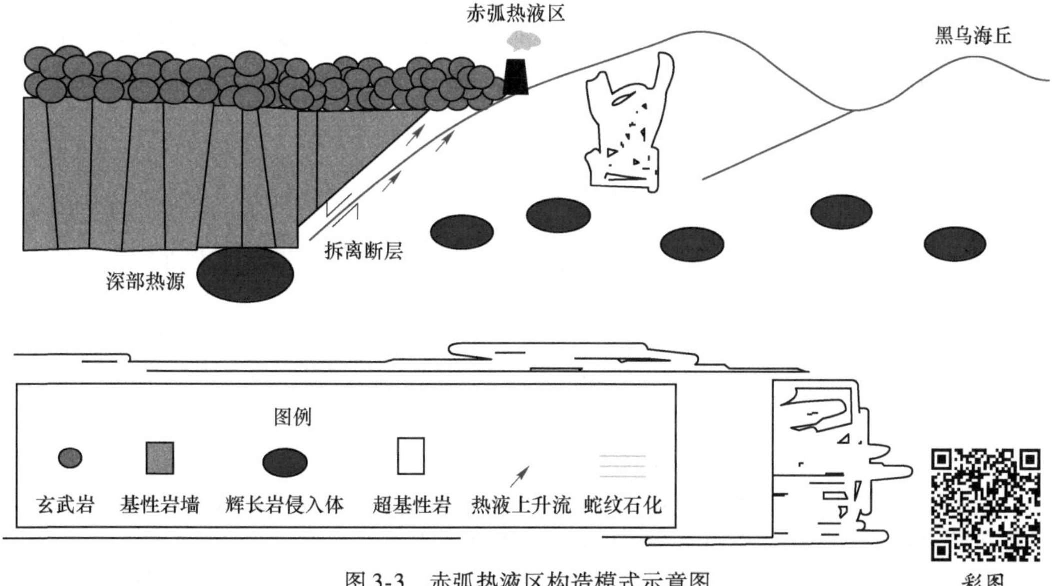

图 3-3　赤弧热液区构造模式示意图

3.2 多金属硫化物分布

3.2.1 海底热液活动及热液矿化的发现

多金属硫化物矿床是热液活动的产物主要分布在大洋中脊年轻和成熟的弧后盆地岛弧以及海山等。海底热液活动及热液矿化的发现是 20 世纪海洋科学的一个大事件。自从 20 世纪 60 年代红海发现高热卤水与 Atlantis 海渊热液多金属软泥，揭开了现代海底热液活动与金属硫化物沉积成矿研究的序幕。在随后的大洋调查中，首先在大洋中脊取得了一系列重要发现，1979 年在东太平洋洋隆 21°N 发现了黑烟囱、块状硫化物和喷口生物以来，海底热液活动成为人类认识地球深部过程和生物演化的窗口，具有重要的科学研究意义。

3.2.2 多金属硫化物矿床分布

它们主要分布在不同扩张速率的洋中脊（50%）、弧后扩张中心（23%）、火山弧（25%）和板内火山（8%）等构造环境，其中的 2/3 位于主权国家的专属经济区（Exclusive Economic Zone，EEZ），1/3 位于国际海底区域。从矿床所处的海域来看，它们主要分布在太平洋，其次为大西洋和印度洋，并且主要集中在中低纬度区域。与之相比，由于高纬度海域海况普遍较差，例如环南极洋中脊海域位于南大洋西风带，北冰洋的 Gakkel 洋中脊海域常年被冰覆盖，矿床调查难度较大，发现数量相对较少。

目前，在全球 55000 km 长的洋中脊的 10% 已经进行了比较详细的调查，就已发现将近 210 处海底热液活动区，不包括中国在西南印度洋中脊发现了热液喷口，矿床或矿化点将近 150 个，但规模比较大的不足 20 处。

海底多金属硫化物富含 Cu、Zn、Au、Ag 等多种战略性金属，主要分布于大洋中脊（56.30%）、火山弧（20.80%）、弧后扩张中心（20.39%）和板内火山等洋底构造环境。

截至 2019 年，全球已发现热液矿点和矿化点 721 处。JAMIESON 等根据已知热液区的分布规律，推测仅新火山脊上就有 500～1000 个热液区有待发现，还有大约 500 个热液区位于火山弧和弧后盆地。

3.2.3 多金属硫化物分布特征

从地理环境来看，多金属硫化物矿床主要分布在太平洋、大西洋。在大西洋中沿中央脊分布有 Lost City、Lucky strike、RainBow、Broken spur、TAG、Snake Pit 等多金属硫化物矿床，其中最具代表性的热液区是 TAG 地区。在东太平洋有 Explorer、middle Valley、Endeavour、Axial Seamount、Cleft Segment、S. Juande FUCA、Escanba Trough、Guaymas、东太平洋 21°N-21°S、Galapagos 等。在西太平洋有 Okinawa Trough、Mariana Trough、Manus Basin、Woodlark Basin、North Fji Basin、Lau Basin 等。

此外印度洋和红海也有少量多金属硫化物分布。从地质构造上看主要分布在大洋中脊、年轻和成熟的弧后盆地，同时岛弧以及海山等也有少量分布。通过对已知海底热液活动区的详细研究，地质构造对多金属硫化物矿床有重要控制作用。

目前大洋中脊是全球海底发现多金属硫化物矿床最多的构造环境，它是地球上火山活动最为频繁、岩浆大规模上涌和新洋壳形成的构造带，目前仅仅观察到洋中脊全部表面的很小一部分。尽管缺少对全球大部分洋中脊的观察数据，经过多年来对大洋中脊开展了地质、地球物理、地球化学和大洋钻探调查，人们对洋中脊地质作用过程有了比较全面的认识。根据扩张速率，洋中脊可分为超慢速扩张洋中脊、慢速扩张洋中脊、中速扩张洋中脊、快速扩张洋中脊 4 种洋中脊环境。

热液喷口主要分布在快速扩张洋中脊，即东太平洋中脊，中扩张速度的大西洋中脊北部也分布有很多的热液喷口，大西洋南部的热液活动在进行，目前发现有热液异常点显示，其他洋中脊的热液活动稀少，这可能也是调查程度较低所致，主要原因是自然条件比较恶劣，开展工作比较困难。目前，超慢速洋中脊已经成为当前大洋调查研究的热点，国际大洋中脊协会也将超慢速扩张洋中脊的研究列为全球大洋中脊研究十年科学规划的重要研究。

在洋中脊区域，多金属硫化物矿床的出现平均频率约为 1 个/100 km。基于对海底热液羽状流探测频率计算模型，认为多金属硫化物矿床的数量和分布与洋中脊的扩张速度大致呈正相关关系，例如，与快速扩张洋中脊（如东太平洋海隆）相比，慢速扩张洋中脊（如大西洋中脊）的矿床数量相对较少，间距相对较大，但是矿床规模要更大。这一观点反映在政府和产业界最近越来越多的洋中脊勘探活动中，例如国际海底区域的 7 个多金属硫化物勘探合同区有 4 个位于印度洋中脊，3 个位于北大西洋中脊。

3.2.4　中国的硫化物勘探合同区

我国的硫化物勘探合同区（简称“合同区”）位于西南印度洋中脊中段，包含 12 个区块组，共 100 个区块，总面积达 1×10^4 km^2。

西南印度洋中脊东起罗得里格斯三联点（Rodrigues Triple Junction，RTJ），西至布维三联点（Bouvet Triple Junction，BTJ），全长约 8×10^3 km，是南极洲板块和非洲板块的重要分界线。西南印度洋中脊不仅扩张速率非常慢，为 1.4～1.6 cm/a，部分脊段具有高倾斜扩张特点地形和地球物理资料表明西南印度洋中脊沿其走向从 BTJ 到 RTJ 中央裂谷形态、地壳厚度、地形地貌特征、地幔组成和岩浆活动等都具有明显差别。在西南印度洋中脊西段，倾斜扩张和正常扩张的洋中脊段共存，正常扩张的洋中脊段地形地貌和地球物理结构与大西洋慢速扩张洋中脊相似。倾斜扩张的洋中脊段地形、基底岩石类型、重力和磁力结构与正常洋中脊段明显不同，具有无岩浆增生洋中脊段的特征。在西南印度洋中脊中部存在两个特殊区域，分别位于安德鲁盆地（Andrew Basin）和 Discovery 转换断层以及 Indomed 和 Gallieni 转换断层之间，这两个区域中央裂谷水深较浅，平均水深分别为 3090 m 和 3180 m，部分区域中央裂谷消失。Gallieni 转换断层被认为是西南印度洋中脊的重要边界，从 Gallieni 转换断层向东延伸到 RTJ 洋中脊裂谷水深增加，火山活动减少，地幔温度降低。

3.3　多金属硫化物勘探

3.3.1　勘探多金属硫化物的技术现状

为勘探多金属硫化物、洋底多金属结核矿等深海矿产资源，近 20 年来，发达国家一直在进行相关技术开发研究，设计和制造勘探开发所需的技术设备，并取得显著进展，在勘探技术方面，已经有很多可实际应用的技术产品，它们可以大致分为直接和间接勘探法两大类。

3.3.1.1　直接勘探法

多金属硫化物直接勘探方法有目测和取样两种方式，前者主要是采用水下照相机和水下电视机等摄影装备，后者主要使用的是拖网、海底钻探和取样管等取样分析技术，如图 3-4 所示。

图 3-4　海底照相机与底质取样器　　彩图

目前，水下照相和水下摄像技术已成熟，并广泛应用于深海矿产资源勘探，成为主要的设备。水下照相机可连续地拍摄海底照片，虽不能进行现场实时观察，但清晰度高，而水下摄像机则可实现现场连续观察。其摄像和照相系统可置于 5000 m 水深处。该系统配有高分辨力的彩色摄像机，照相机可拍摄 700 张彩色幻灯片。考察时常采用 3 种无人潜水器作为水下照相机和水下摄像机的载体；其一是轻拖运载器，具有携带照相机和摄像机的能力，可在距海底 10 m 处“翔行”；其二是重拖运载器，携带大型摄像系统和取样工具；其三是自由潜水器，由声学系统控制，作业时间较长，可达一周以上，能拍摄海底照片和测量其他参数。

拖网和样管取样是直接勘探深海矿产资源的另一种方法。拖网仅采集海底表层矿床样品，取样管则可获取部分海底沉积物样品。这些都是早期的勘探技术，所取样品不一定与深海矿产资源的相对丰度成比例。现在已研制出岩芯取样器（铲式、活塞和重力岩芯取样器），拖曳式采样器（岩芯管、箱式取样器和链拖网），以及自动底质取样器。目前最佳的取样器为电视导控的底质取样系统，其取样水深可达 5000 m，可用于对岩石、硫化物或富钴结壳进行精确的和大规模的取样，每次取样可多达 3 t。由于该系统装有高分辨率摄像机，在采样器的中心又装有多个光源，因此又可用来对海底进行小范围的精确绘图，或对将要采样的样品进行选择，最后再取样。如一次取样的数量不够，该取样器会进行多次闭合，以取得足够的样品。

3.3.1.2　间接勘探法

间接勘探方法是采用地球物理方法和地球化学方法对多金属硫化物进行勘探的技术。已用于勘探多金属硫化物的地球物理方法包括精密回声测深声呐、侧扫声呐、地震方法、磁法、重力法、热流法等。

地球化学方法包括回收物质的分析和海底现场分析。回收物质分析取决于与矿床伴生的沉积物的回收率及其分析。利用对海水中元素的扩散分析和沉积物中元素的扩散分析来勘探海底热液矿体；利用网络法在含多金属硫化物矿区取样，来探查多金属硫化物矿床品位。这种分析方法能以独特的方式寻找用其他方法不能找到的高品位矿床。在现场分析中，常采用能得到海底组成的连续记录的海底分析器，这样在海上勘探期间就可以编制出各种地球化学图样，它比传统的海底取样、船上分析和资料处理将大大节省时间。

近年来，国际上还开发出了一种叫“深潜拖鱼”的新装置，它集各种地球物理仪器于一体，包括回声测深仪、侧扫声呐、3.5 kHz 浅地层剖面仪、立体照相设备和质子磁力仪、采样器和摄像系统等，自动化程度很高。此外，一些发达海洋国家在勘探中还采用了深潜器，如图 3-5 所示。它们可用于 4000 ~ 5000 m 深处的海底考察，进行多金属结核、富钴结壳、多金属硫化物矿床的调查与勘探。

图 3-5　深潜器

彩图

3.3.2　中国三大洋硫化物的勘探研究

自 2005 年环球航次开始，我国持续开展了布局太平洋、印度洋和大西洋的多金属硫化物找矿勘探与理论研究。

3.3.2.1　太平洋区域

我国在东太平洋海隆和西南太平洋劳海盆的硫化物找矿勘探和理论研究已有近 20 年的历史，先后 7 次调查了东太平洋海隆和劳海盆的海底热液活动及其成矿特征，获得了一批宝贵的样品、数据和资料。

2003 年以来，我国先后在东太平洋海隆的热液活动区进行了 6 次海上调查，并将东太平洋海隆作为地球系统的窗口，从分析多金属硫化物和玄武岩的矿物、元素和同位素组成，提出海底热液活动、冷泉及天然气水合物的同源假说，揭示蚀变玄武岩中矿物的化学组成变化，阐述海底热液活动对水体和沉积环境的影响状况，剖析海底热液循环系统及其成矿模式，构建 Fe-羟基氧化物成因模式，以及论述硫化物的资源潜力及其人工富集和开采利用设想等多个角度开展了东太平洋海隆热液地质研究，并通过研究硫化物的同位素组成、稀有气体和稀土元素组成，系统揭示了海底硫化物的同位素组成特征及其物质来源，取得了一批新认识。

2007年5月对劳海盆开展了海底热液活动及多金属硫化物调查。我国学者分析了劳海盆中、南ValuFa脊的热液Fe-Mn-Si氧化物，检测了劳海盆热液喷口中的细菌富集情况，研究了劳海盆CDE热液区中低温富铁-硅热液产物的微生物多样性和生物成矿作用，建立了低温富硅烟囱体的生长模型，探讨了劳海盆ValuFa脊热液区中Fe-Mn-Si氧化物和绿脱石的成因，揭示了硫化物中铜和金选择性富集的机理。

3.3.2.2 印度洋区域

2005年首次环球航次发现的基础上，通过对印度洋洋中脊典型热液区多金属硫化物的勘探与研究，我国对于该区典型热液区硫化物成矿规律获得了诸多认识。在西南印度洋，国际上首个被确认的超慢速扩张脊活动热液区——龙旂热液区，是受深大拆离断层控制，该区域发育两条成矿带；发现断桥热液区周期性热液活动与岩浆（轴部岩浆房的存在）和构造共同作用相关，玉皇热液区具有玄武岩、超基性岩共同物质来源，并有生物来源硫的参与，从而建立了超慢速扩张脊的热液循环模型，揭示了超慢速扩张脊热液活动的多样性和成矿潜力，突破了西南印度洋等超慢速扩张洋中脊难以发育多金属硫化物的传统观点。在西北印度洋卡尔斯伯格脊，我国科学家首次发现了卧蚕1号、卧蚕2号、天休与大糟等多个热液区，并进行了载人深潜器、水下自主机器人精细调查和钻探采样，揭示了构造和岩浆作用特征，分别建立了慢速扩张洋中脊强、弱岩浆供给和拆离断层控制型三种热液成矿模式。

3.3.2.3 大西洋区域

自2005年我国开启南大西洋中脊热液成矿作用的研究，提出南大西洋中脊多金属硫化物成矿地质条件与北大西洋中脊具有较大相似性。2009年以来，我国先后组织实施了6个调查航次，对南大西洋中脊开展了海底热液成矿作用综合调查，自主发现了包括驺虞、太极、采蘩、德音、洵美等多处热液区。结合国际上在南大西洋发现的其他热液区，南大西洋中脊海底热液区的产出环境主要可分为三类：裂谷内的新火山区、非转换不连续带及附近离轴脊段、洋中脊-转换断层相交的内角高地。此外，我国围绕南大西洋中脊的热液成矿作用开展了包括矿液来源、矿化类型与机理、成矿年代学等综合研究。通过对南大西洋中脊德音、洵美热液区赋矿围岩中熔体包裹体序列的能谱研究，发现存在大量黄铜矿和黄铁矿的成矿金属子矿物，表明岩浆期后热液携带成矿金属沉淀成矿。研究还发现洋壳渗透性差异影响热液产物矿化类型，洋壳渗透性较好的区（如太极区）主要以角砾矿化和网脉矿化为主，洋壳渗透性差的区以块状矿化和烟囱体为主。烟囱体生长过程中，流体主要为弱酸性低氧逸度流体并向弱碱性过渡。

3.3.3 西南印度洋中脊硫化物资源的勘探研究

西南印度洋中脊属于超慢速扩张洋中脊，洋中脊附近发育Marion、Del Cano、Crozet等多个热点，洋中脊与热点相互作用强烈，岩浆供给、非岩浆活的热源、特殊的构造环境以及热点等多种因素的共同作用使得西南印度洋中脊热液活动和硫化物成矿作用非常复杂。基于深海研究和调查技术现状，如何开展西南印度洋中脊硫化物资源勘探，带动超慢速扩张洋中脊的基础科学研究，是目前面临的巨大机遇和挑战。

结合陆地金属硫化物矿床模型相关理论、鹦鹉螺矿业公司在南太平洋多金属硫化物的勘探经验以及我国多金属硫化物合同区的研究现状，认为需要从硫化物的控矿因素、非活动/埋藏型硫化物找矿技术、硫化物近底探测技术体系和硫化物资源评价方法等多方面入手，开展西南印度洋中脊合同区的硫化物勘探。

3.3.3.1 西南印度洋中脊多金属硫化物的控矿因素

洋中脊热液活动及其多金属硫化物与岩浆供给、构造、基岩类型等不同尺度和层次的地质因素相关。在西南印度洋中脊合同区所处洋中脊段，Crozet 热点作用和超慢速扩张相互叠加，岩浆-构造体系复杂，但整体调查研究程度不高。只有充分了解该区岩浆活动、构造、与热点作用的关系、地形地貌、水岩反应环境等基础地质问题，才能更好地了解西南印度洋中脊的硫化物控矿因素。建议从以下 4 方面开展相关研究：综合分析研究区地形地貌，开展区域构造研究和应力场分析，研究硫化物区地形隆起异常、断层和裂隙等形貌特征与热液活动的制约关系；利用小尺度海底地震仪（OBS）观测资料，勾画研究区微构造分布，探讨浅部微裂隙和断层等对热液活动的控制作用；利用重/磁/大尺度 OBS 观测资料，研究局部岩浆供给、区域构造特征与热液活动内在关系；以典型硫化物区为代表，综合分析硫化物的成分组成、热液活动期次、物质来源、元素富集和沉淀机制，并探讨其与硫化物空间分布的关系。

3.3.3.2 非活动/埋藏型硫化物的找矿技术

目前，寻找洋中脊硫化物区主要依靠探测羽状流，即热液区周围水体浊度、温度等异常，然后确定热液喷口。由于非活动/埋藏型热液区已经不具备明显的羽状流找矿标志，因此这种针对活动热液区羽状流的找矿技术无法适用于该类型硫化物的找矿。

海底硫化物与围岩和沉积物的电阻率和磁化率等物理性质存在明显差别，因此电磁法和磁法被认为是目前探测非活动/埋藏型硫化物的有效手段。已有的针对海底硫化物的电磁法和磁法调查研究主要解决硫化物矿体空间分布、热液循环过程等科学问题。利用电磁法和磁法技术进行硫化物找矿尚需要解决一些关键问题。首先，需要针对不同类型的热液系统，例如超基性岩/基性岩基底的硫化物区、沉积物覆盖硫化物区、富硅沉积物覆盖硫化物区、碳酸盐热液区等，确定其电性、磁性等异常标志特征及指标，其次，开展不同类型硫化物系统的地电和地磁模型研究，另外，根据洋中脊硫化物特点，完善电磁法和磁法探测数据的反演解释技术，图 3-6 是深海多金属硫化物瞬变电磁探测图。

3.3.3.3 近海底硫化物勘探技术体系

高新技术是开展海底硫化物勘探的重要保障。海底硫化物多被厚达几千米海水覆盖，调查难度高。硫化物出露范围小，往往仅有上百米，且呈空间分布。其特殊的产出环境使得海面调查技术无法满足硫化物勘探需要。传统的调查手段，例如电视抓斗、集成化拖曳系统等，已经无法满足硫化物勘探阶段的需要。而一些高技术装备，例如声学深拖、水下自主探测潜水器、载人潜水器、电磁法探测仪、深海钻机等，目前还未形成能力。因此构建热液区尺度的近海底硫化物勘探技术体系势在必行。面对硫化物勘探的需求，需要加快近底探测技术的更新和研发，特别是与硫化物勘探紧密相关的钻机、无人有缆潜水器（ROV）、无人自主潜水器（AUV）、近底电磁法和磁法探测系统等，并尽快形成调查能力；其次，根据硫化物勘探阶段特点，进行技术集成，形成近海底硫化物勘探技术体系。

图 3-6 深海多金属硫化物瞬变电磁探测

彩图

3.3.4 中国大洋硫化物勘探技术与理论的系统创新

3.3.4.1 我国在西南印度洋中脊多金属硫化物成矿方面研究取得的成果

根据海底热液羽状流特征、地球物理、地球化学、生物及矿化露头等信息，综合地形、地质、地球物理、地球化学和生物等找矿标志，建立了与之对应的找矿概念模型与成矿预测模型。基于洋中脊硫化物资源评价方法体系，系统分析研究区地形、构造、异常等多元数据，总结成矿规律，建立了适用于超慢速扩张洋中脊块状硫化物矿床的定量预测模型。

近年来，围绕超慢速扩张洋中脊岩浆-构造活动深部过程，我国在西南印度洋中脊多金属硫化物成矿方面取得了一系列成果。首次在西南印度洋中脊龙旂和断桥热液区开展海底 OBS 三维地震探测，获得该区高精度的深部地壳结构声学成像，并在龙旂热液区发现大型拆离断层，在断桥热液区发现超大规模的岩浆供给；提出拆离断层控制型的地幔传导热驱动的热液循环新模型。阐明局部岩浆供给充足、渗透率合适是有利于硫化物发育的新机制；揭示典型热液区深达 13 km 的拆离断层经历了长达 1.4 Ma 的构造活动，提出由于拆离断层更深、拆离时间更长而更易形成大型硫化物矿区的观点；在“龙旂”“玉皇”等热液区探测到大规模的硫化物。

3.3.4.2 我国深海近底精细勘查技术研发

自 2011 年首获多金属硫化物勘探合同以来，我国在羽状流及水体异常探测、电视抓斗取样等常规调查基础上，利用加密光声学深海拖体、“潜龙”系列无人自主潜水器（AUV）、“海龙”系列无人有缆潜水器（ROV）近底探测和“蛟龙”号载人深潜器

（HOV）等近底精细调查技术手段，如图3-7所示，在合同区新发现一系列异常区和矿化区。随着人们越来越重视已消亡和离轴海底多金属硫化物矿床的资源潜力，从而极大刺激了隐伏硫化物矿体快速勘探技术的发展。AUV是目前海底多金属硫化物勘探的主要技术代表，可携带各种物理和化学传感器，如多波束测深仪、磁力仪、摄像机、温度、浊度、粒度仪等。由于其通用性强、效率高、安全性好，使得AUV成为寻找和研究海底热液成矿系统的重要设备。为了更有效、更快速地进行高质量的调查，现在正在发展多个AUV集群自主协同探测并进行组网通信，实现更多参数、更大覆盖的调查。欧洲Blue Mining项目利用AUV以2 m到0.5 m的分辨率对47 km^2的大西洋中脊的Trans-Atlantic Geo-Traverse（TAG热液区）及其邻近区域进行了探测，确定了一系列不活动的硫化物矿体。然而，这一探测方式所覆盖的范围小、效率低，因此，多AUV协同作业可能是未来实现全球海底多金属硫化物资源评估的现实选择，海底多金属硫化物综合勘探如图3-8所示。

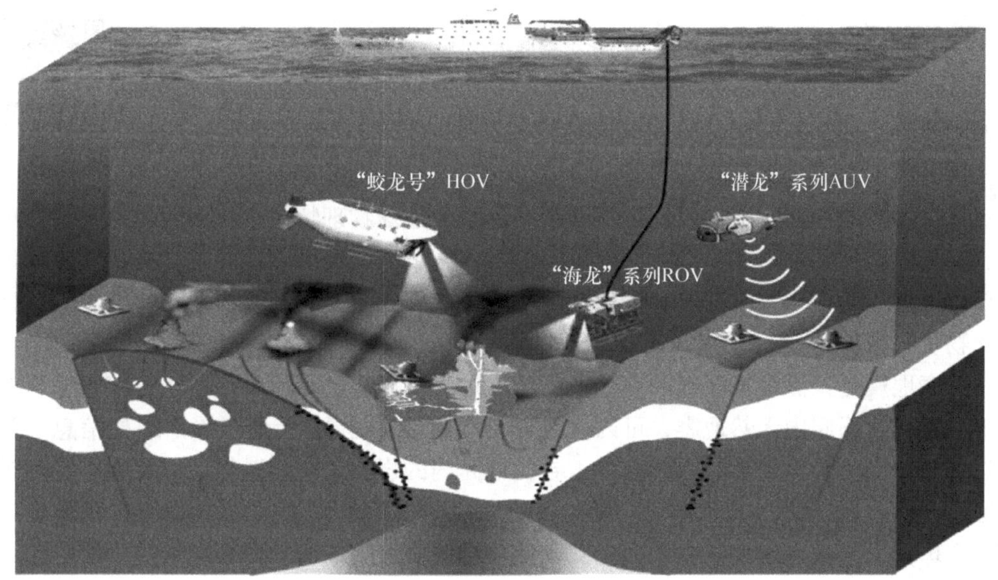

图3-7 我国自主设计建造的“三龙”装备体系示意图

彩图

在发现硫化物矿体位置后，需要获得其海底展布信息开展资源评价。直接有效的手段是开展海底钻探，但非常昂贵和困难，因此，迫切需要开发新的地球物理手段探测评估硫化物矿床的厚度。最近，欧盟科学家在TAG热液区开展的地震与电磁探测很好地提供了硫化物矿化的深部信息。自然电位成像技术因能识别非活动热液区边界，同样为海底硫化物资源量的估算提供了新的手段。我国学者通过搭载在AUV上的自然电位电极来反演玉皇热液区内硫化物矿的海底三维结构。因此，未来在硫化物勘探方面进行综合性近底地球物理探测，开展多物理场联合反演，可有效降低单一地球物理方法解释所伴随的多解性，从而提高海底多金属硫化物矿床成像的精确度。

3.3.4.3 成矿深部探测技术

除了对海底地形、海底表层沉积物的物化调查之外，硫化物矿体深部特征研究对于构

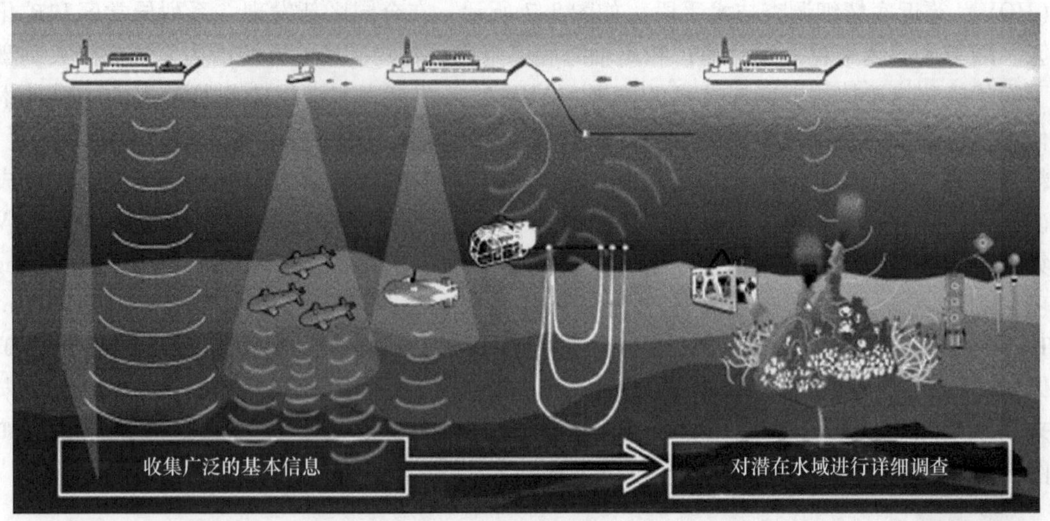

图 3-8 海底多金属硫化物综合勘探概念图

彩图

建成矿模型、估算资源量，以及研究热液成矿期次等都具有非常重要的意义，这些离不开成矿深部探测技术的不断发展和进步，是学科交叉解决大洋硫化物勘探的创新实践。如针对不同洋中脊段的地球物理特征，从多金属硫化物形成机理、岩浆构造作用、地壳深部特征出发，分析多金属硫化物区磁性异常，构建相应的地磁模型，根据海底硫化物与围岩和沉积物的电阻率和磁化率等物理性质存在明显差别，估算硫化物资源量。

海底地震是探测地球深部的有效方法，通过人工震源和天然震源方法，接收来自海面人工激发和岩石圈内天然地震，可以获得分辨率更高的地壳/上地幔深部结构信息。为探索热液活动区深部地壳和上地幔结构，寻找地壳内的岩浆房或熔融体，以及大型基底拆离断层，为多金属硫化物矿区的成矿模式和前景评估提供科学证据。2010 年，我国实施完成了全球首次在西南印度洋中脊的人工震源三维海底地震探测。该航次通过中法合作，使用了 5 种型号的海底地震仪，共 40 台 OBS，其中中国 23 台，法国 17 台。采用总容量 6000 立方英寸的大容量气枪阵列组合。从 2010 年 2 月 7 日到 2 月 20 日，实现连续放炮作业 14 天，总计 100832 炮纪录，创造了我国洋中脊大规模人工源海底地震调查的新纪录。天然地震探测发现，龙旂热液区的岩石圈是冷得厚的，发育的犁式基底拆离断层直接延伸到地幔，而断桥热液区岩石圈出现地震空白区，与这里大量岩浆供给有关。而人工源三维地震揭示，龙旂热液区存在大规模大洋核杂岩和相关的基底拆离断层，断桥热液区具有超厚地壳和较浅的岩浆房。

3.4 多金属硫化物开采

3.4.1 多金属硫化物采矿活动

目前，已有或正在进行的多金属硫化物矿的开采活动及其相关前期详细勘探活动，主要集中在专属经济区，专属经济区不属于国际海底管理局的管辖范围，因此，专属经济区的采矿活动不受国际海底管理局采矿环境规则的制约、无须遵循海底管理局的规定、无须向国际海底管理局缴纳管理费用，这些因素在一定程度上也加速了世界范围内专属经济区内硫化物矿开采的步伐。

已有或正在进行的多金属硫化物矿的开采活动主要有：早期西国普罗伊萨格公司（Preussag）公司早期在红海的硫化物试采、当前的鹦鹉螺公司的多金属硫化物商业开发、海王星公司的多金属硫化物商业开发，另外，正筹备在加拿大多伦多上市的澳大利亚公司 Blue Water Metals 也准备投身于西太平洋的多金属硫化物采矿活动，美国的 Deep Sea Minerals 公司联合了美国一家大型的采矿公司开始在全球范围内着手多金属硫化物的研究。同时据加拿大学者 Scott 分析，至少还有其他 3 家投资实体正在考虑投资多金属硫化物开采事业。对于国际海底区域的多金属硫化物目前尚无公开的开采报道。

3.4.1.1 西国普罗伊萨格公司早期在红海的开采活动

1976 年，西德普罗伊萨格公司与阿拉伯苏丹红海委员会合作，对 AtlanticII Deep（阿特兰蒂斯 2 号海渊）的硫化物进行环境友好型采矿方法的研究及采矿经济性评估工作，并于 1979 年 5 月成功进行了硫化物软泥的商业试采。普罗伊萨格公司利用改装的钻探船（SEDCO445）以抽吸的原理从水深 2200 m 处采出泥状硫化物约 5000 m^3，并在采矿船上的浮选车间将这些矿泥处理成金属含量较高的精矿，同时，他们还重点进行了尾矿处理研究及采矿环境影响的测试和评估。此次试采活动证明了深海采矿的可能以及水力采掘硫化物软泥和船载浮选分离锌、铜、银的可行性，但当时的研究发现商业开采时机尚不成熟。

3.4.1.2 鹦鹉螺公司的多金属硫化物的开采活动

1997 年，加拿大鹦鹉螺矿业公司（Nautilus Mineral）完成位于西太平洋的巴布亚新几内亚专属经济区的科学考察后，获得了 7 个拥有勘探权的授权区域，总面积约 1.5 万平方千米。目前，鹦鹉螺公司已获得授权勘探的多金属硫化物区域已从巴布亚新几内亚扩展至斐济和汤加的专属经济区，总面积超过 27.6 万平方千米。

鹦鹉螺的勘探区域存在着较多的高品位大型硫化物矿床，部分矿点的样品含锌高达 26%，铜高达 15%，银为 200 g/t，金为 30 g/t。众多实力较强企业与公司认识到多金属硫化物的采矿前景后，通过不同途径与鹦鹉螺合作，积极推进多金属硫化物的商业开采工作。2005 年总部位于温哥华的世界第 5 大金矿开采公司 Place Dome 组建了一个海洋开发公司，加入 Nautilus 的勘探项目中。加拿大泰克柯明柯公司（Teck Cominco）持有鹦鹉螺公司股份 7.2%，跨国矿业集团英美公司（Anglo American）持股 5.7%，俄罗斯最大铁矿石生产商和第 5 大钢铁企业——金属投资公司（Metalloinvest）控股的 E-pion 公司则持有鹦鹉螺公司 22.4% 的股份。

近年来，鹦鹉螺的主要工作围绕巴布亚新几内亚的授权区展开，2007 年主要进行了矿区的勘探取样及矿体资源储量调查和品位评价，同时开始了采矿工程设计以及重大装备的订购事宜；2008 年则主要是设计和制造采矿及其地面冶炼处理设备，同时寻求海底采矿拓展机会；2009 年拟开展更多的勘探工作，完成所有必要的手续，以取得各项执照及采矿许可权，同时全面完成采矿系统及地面处理工厂的建设；2010 年则准备开始海上采矿工作并提炼金和铜，将 SOL-WARA1 推向工业化采矿，实现多金属硫化物的商业开采。

3.4.1.3 海王星公司的多金属硫化物的开采活动

2000 年，澳大利亚海王星公司（Neptune Minerals）首次获得覆盖北爱尔兰和新西兰北部 Havre Trough 区域的多金属硫化物勘探权，到目前为止已在新西兰、巴布亚新几内亚、密克罗尼西亚和瓦努阿图联邦专属经济区等地累计获得超过 27.8 万平方千米的多金属硫化物勘探许可区，同时该公司正在申请包括新西兰、日本、南马里亚纳群岛联盟、帕劳群岛、意大利等专属经济区海域的约 43.6 万平方千米的多金属硫化物新勘探区。

总部位于美国丹佛的世界第二大采金公司 Newmont Mining Corp 持有海王星 10.8% 的股份。海王星公司已完成第二和第三批次的多金属硫化物勘查项目，并在新西兰专属经济区水域克马德群岛附近发现了两处多金属硫化物成矿带，新西兰大力支持海洋采矿事业，海王星将新西兰专属经济区矿点作为优先开发目标。该公司申请此两处的开采执照，并于 2010 年实现商业试采活动。

3.4.2 多金属硫化物开采经济性问题

多金属硫化物普遍具有较高的金、银、铜、锌含量，无论是与海底多金属结核资源还是与陆地硫化物矿相比，都具有十分明显的开采价值，美国国家地质调查局 1983 年针对 Juande Fuca 的三组硫化物矿样品的分析结果显示，根据当时的金属市场价格，每吨硫化物矿剔除含有的稀有金属镉的价值（约 106 美元/吨）后，仅铜、锌、金、银等富含物质的综合价值为 348.23 美元，而 Cyprus 的硫化物矿每吨的综合价值为 38.28 美元，海底多金属结核每吨的综合价值为 191.97 美元。多金属硫化物的资源含量及价值也是推动了鹦鹉螺及海王星在西太平洋国家专属经济区积极开展开采准备活动的首要因素。就商业化开采而言，多金属硫化物开采经济性在以下 3 个方面也有明显优势。

（1）多金属硫化物的主要组分为结晶矿物，冶炼工艺相对简单，冶炼成本也不会太高；

（2）多金属硫化物采矿系统装备在一处矿床开采枯竭后，可以回收至水面然后从一处矿点拖航至另一矿点，因此，采矿系统中投资较大的系统装备可以持续折旧，整体采矿成本将相对低廉；

（3）由于多金属硫化物的独特赋存环境和形态，其开采将优先采用局部范围内定点作业方式进行，相应水下系统的故障概率和维护费用相比在海底大范围内移动作业方式的采矿也将大大降低。总之，在国际金属市场价格上浮且有着良好的走势时，多金属硫化物将具有更好的采矿经济效益。

3.4.3 多金属硫化物开采法律问题

根据联合国海洋法规定，国际海底区域属国际海底管理局管理，因此大洋多金属硫化物开采的法律问题直接依赖于国际海底管理局相关勘探开采章程的制定。自 1998 年俄罗斯代表团要求国际海底管理局制订多金属硫化物和富钴结壳探矿和勘探规章以来，管理局开展了大量工作，2003—2004 年，管理局法技委在秘书处协助下围绕第一份草稿做了大量准备及研讨工作，并于 2006 年 10 月起草了一套多金属硫化物规章草案，目前，关于硫化物章程的各项工作尚在进行中。随着管理局工作的推进，必将形成一套国际海底区域的多金属硫化物资源开发管理框架及海洋环境保护的标准，未来的多金属硫化物采矿活动在法律上将不会存在任何障碍。

综合上述分析可见，大洋区域内的多金属硫化物作为一种具有高度潜在开采价值的海洋矿产资源，开采前景十分广阔，多金属硫化物也将先于大洋多金属结核和富钴结壳而实现商业开采。

3.4.4　多金属硫化物开采技术方面的问题

根据发现的矿点赋存水深情况，相对其他海底多金属结核及富钴结壳等资源而言，多金属硫化物一般分布在相对较浅的水域，从几十米至3500 m不等，大量出现在2500 m左右，开采系统技术问题相对比较容易解决。

多金属硫化物特殊的地质背景及结构形态从另一个角度为开采系统设计提供了极大的便利，即对于一般呈丘状的硫化物矿体，采集器不需要像采集多金属结核那样在较大的区域来回采集，更不需要复杂的路径规划，而更趋向于集中在小块海底区域内的定点作业。因此，采矿系统对采集器行驶性能及控制系统的要求也将大为简化，系统的可靠性也将得到提高。同时，现有的深海采矿方法及陆地金属冶炼工艺、较为成熟深海机电产品技术及ROV装备以及海洋石油开采技术及工程经验等为多金属硫化物的开采提供了借鉴的可能，经过适当的整合与集成，这些方法及技术完全可以保证硫化物全面开采的实现。

3.4.5　深海多金属硫化物开采系统

多金属硫化物因为赋存水深较浅，距离陆地较近，金属种类丰富及富含大量贵金属，被认为是有望最先实现商业开采的海底矿物。海底多金属硫化物由火山口岩浆喷冒而出形成烟囱状的矿体堆积于海底，并且水越深，多金属硫化物受到的海水围压越大，从而影响矿体的切屑。在高围压作用下，如何把矿体从崎岖不平的基岩上剥离下来，并顺利收集至采矿车内是深海多金属硫化物开采技术的核心难点。参照陆地成熟的矿物开采技术，国内外学者提出了不同的开采方案，有台阶式连续采矿系统、抓采式半连续开采系统、钻探爆破式间断开采方法以及陡帮式连续开采方法等。

3.5　多金属硫化物矿物学特性

3.5.1　海底多金属硫化物矿床的矿物组成

以火山岩为围岩的洋中脊型硫化物矿床的矿物的共生组合一般包括高温300～400 ℃和低温小于150 ℃，矿物见表3-2。在由高温流体形成的黑烟囱体和热液丘的内部一般都由黄铁矿、黄铜矿、磁黄铁矿和方黄铜矿等组成，局部也可能出现斑铜矿；在烟囱体和热液丘的外部上发育了低温矿物组合，如闪锌矿/纤维锌矿、白铁矿和黄铁矿等，它们也是低温的白烟囱体的主要组成矿物。硬石膏是高温矿物组合中的重要组成部分，在低温条件下，则为后期的硫化物、非晶质Si或重晶石所代替。弧后扩张中心中的硫化物矿化作用生成的矿物组合与洋中脊环境相似，一般情况下以黄铁矿和闪锌矿为主。黄铁矿一般出现于高温矿物组合中，但磁黄铁矿少见，重晶石和非晶质Si是其中重要的非硫化物矿物。弧后裂陷环境中形成的一些矿床还可以发育有少量或微量的方铅矿、砷铜矿、黝铜矿、辰砂、雄黄、雌黄和一些复杂的、非化学计量的 Pb-As-Sb 的硫盐矿物。第 1 个肉眼可见的自然金颗粒被发现于南劳海盆的低温（<300 ℃）海底白烟囱体中，在块状贫 Fe 闪锌矿中也发现了粗粒（18 μm）的自然金颗粒。

表 3-2 海底多金属硫化物矿床的矿物组成对比

矿物种类	弧后盆地型矿床	洋中脊型矿床
Fe-硫化物	黄铁矿、白铁矿、磁黄铁矿	黄铁矿、白铁矿、磁黄铁矿
Zn-硫化物	闪锌矿、钎锌矿	闪锌矿、钎锌矿
Cu-硫化物	黄铜矿等方铜矿	黄铜矿等方铜矿
硅酸盐	非晶质硅	非晶质硅
硫酸盐	硬石膏、重晶石	硬石膏、重晶石
Pb-硫化物	方铅矿、硫盐矿物	—
As-硫化物	雌黄、雄黄	—
Cu-As-Sb-硫化物	砷黝铜矿、黝铜矿	—
自然金属	自然金	—

海底多金属硫化物矿床的矿物组成特点如下所述。

分析收集的近 1300 组海底硫化物样品化学分析数据，可以发现，不同火山和构造环境的矿床有着系统性的化学组成差异，不同扩张速度洋中脊多金属硫化物矿物组成。

（1）不同的火山和构造环境由不同的矿物组成。对于产于沉积物中的块状硫化物矿床（如 Escanaba 海槽和 Guaymas 海盆），虽然某种程度上说，规模比弧后和洋中脊环境的矿床要大，但贱金属的含量较低，品位变化较大，其元素平均含量（质量分数）：Zn 为 4.7%、Cu 为 1.3%、Pb 为 1.1%（$n=57$）。矿石中的碳酸盐（方解石为主）、硬石膏、重晶石和非晶质硅是主要的热液沉积物组成部分，并且可能在很大程度上稀释了金属硫化物的丰度。在玄武质的、无沉积物覆盖的洋中脊，硫化物主要沉淀于喷口附近，形成了一些小型的矿床，金属含量相对较高。在一些大型矿床中，如勘探者脊、Endeavour 脊、Axial 海山、Cleft 段、EPR、Ga-lapagos 裂陷、TAG 和蛇坑区等，矿石中金属含量的变化范围较小，平均值 $w(\mathrm{Zn})$ 为 8.5%、$w(\mathrm{Cu})$ 为 4.8%，但 Pb 的含量（质量分数）较小，仅为 0.1% 左右（$n=1259$）。重晶石、硬石膏和 Si 是一些烟囱体的重要组成部分，但在分析样品中的总含量（质量分数）要小于 20%。

海底多金属硫化物的全化学分析对比见表 3-3。

表 3-3 海底多金属硫化物的全化学分析对比

元素含量	洋壳基底弧后扩张脊	陆壳基底弧后扩张脊	洋中脊
$w(\mathrm{Pb})/\%$	0.4	11.8	0.1
$w(\mathrm{Fe})/\%$	12.0	6.2	26.4
$w(\mathrm{Zn})/\%$	16.5	20.2	8.5
$w(\mathrm{Cu})/\%$	4.0	3.3	4.8
$w(\mathrm{Ba})/\%$	12.6	7.2	1.8
$w(\mathrm{As})/\%$	845×10^{-4}	17500×10^{-4}	235×10^{-4}

续表 3-3

元素含量	洋壳基底弧后扩张脊	陆壳基底弧后扩张脊	洋中脊
$w(Sb)/\%$	106	6710	46
$w(Ag)/\%$	217	2304	113
$w(Au)/\%$	4.5	3.1	1.2
$w(N)/\%$	573	40	1259

不同的构造环境有不同的矿物组成，特别是洋中脊的多金属硫化物与其他构造环境的硫化物的矿物组成有很大的差异，在不同类型及海域的洋中脊也有差别，有沉积物盖层的洋中脊与缺少沉积物盖层的洋中脊的矿物组成也有差别。以火山岩为主的洋中脊中的硫化物缺少方铅矿，而沉积物为主的洋中脊的硫化物的矿物含有方铅矿，并且成分比较复杂，这可能是热液穿过沉积物盖层与沉积物发生交换引起矿物组成的差异。

（2）不同扩张速度洋中脊多金属硫化物矿物组成。虽然多金属硫化物的矿物组成已经进行了比较详细的研究，而且也表明不同的构造环境中有不同的矿物组成，但没有对不同扩张速度的洋中脊的硫化物的矿物组成进行比较。

目前发现与热液活动有关的矿物多达 100 余种，涉及硫化物、硫酸盐、氧化物和氢氧化物、碳酸盐、硅盐、自然元素 6 大类。热液活动的主要产物是黑烟囱和白烟囱，黑烟囱形成于较高温环境（热液温度为 320 ~ 400 ℃），主要由金属硫化物组成，主要矿物成分包括黄铁矿、磁黄铁矿、黄铁矿、闪锌矿等；白烟囱形成的温度较低（热液温度为 100 ~ 300 ℃），以硫酸盐（重晶石和硬石膏）、非晶质氧化硅及闪锌矿组成，主要矿物为闪锌矿、白铁矿、非晶质氧化硅、重晶石、硬石膏及铁氧化物等。

表 3-4 是在前人研究成果的基础上，对不同扩张速度洋中脊的硫化物组成进行了归纳和总结。

表 3-4 不同扩张速度洋中脊多金属硫化物矿物组成

类型	快速扩张洋中脊	中速扩张洋中脊		慢速扩张洋中脊		超慢速扩张洋中脊
扩张速度	>80 mm/a	55 ~ 80 mm/a		22 ~ 55 mm/a		<22 mm/a
事例	东太平洋中脊 13°N 硫化物矿床	Middle Valley 硫化物矿床	Southern Explore Ridge 硫化物矿床	TAG 硫化物矿床	EMSO 硫化物矿床	Mt. Jourdanne 硫化物矿床
水深/m	2630	2400 ~ 2500	1800	3625 ~ 3670	3200 ~ 4000	2940
矿床特征	有 146 个多金属硫化物分布点，块状硫化物丘顶部有烟囱；沿 20 km 裂谷段有活动的和残余的堆积物；在 800 m × 200 m 面积内有块状硫化物堆积在海底火山顶部和轴外边缘	硫化物丘状体可达 400 m 宽，60 m 高，至少含有 1×10^6 t 的硫化物矿物，在丘状体的边缘硫化物的厚度超过 95 m	矿区有 60 个热液喷口和烟囱体，单个丘状体直径可达 20 m，相互连接形成 200 m（直径）× 25 m（高）的层状丘状体	（1）活动的硫化物小丘（TAG 构筑体）高 45 m，宽 250 m，顶部有锥形和柱形物。（2）停止活动的 Mir 区和 Alvin 区：大型的硫化物丘，在构造破坏块体内有不同时代的氧化物与氢氧化物沉积	矿区面积约 0.5 km^2，有 3 个热液矿点，硫化物沿裂隙或裂缝分布，单个烟囱体高可达 2 m，直径可达 1 m	单个硫化物丘状大小约 5 m^3，在顶部有约 1 m 高的烟囱；烟囱内充填有块状硫化物及硅化的玄武岩；在边部也有一些 30 ~ 40 cm 的管状烟囱；硫化物受断裂构造控制

续表 3-4

类型	快速扩张洋中脊	中速扩张洋中脊		慢速扩张洋中脊		超慢速扩张洋中脊
矿物组成	矿物组成随采样位置的不同而有差别，主要以黄铜矿、黄铁矿、白铁矿、磁黄铁矿为主，也含有等方黄铜矿、斑铜矿、铜蓝、辉铜矿、伊达矿、氧化锰、纤锌矿、氢氧化铁等矿物	磁黄铁矿、黄铁矿、白铁矿、闪锌矿、黄铜矿、等方黄铜矿、重晶石、方铅矿、滑石、铜蓝、非晶质氧化硅	主要由黄铁矿、黄铜铁矿、白铁矿和闪锌矿组成，也含有少量的纤锌矿、重晶石、非晶质氧化硅	（1）黄铁矿、白铁矿、黄铜矿、闪锌矿、方辉铜矿、氯铜矿、霞石；（2）黄铁矿、白铁矿、黄铜矿、闪锌矿、硫黄铁矿、钙铝黄长石、铜蓝、纤锌矿、方辉铜矿、伯奈斯石、钙锰矿、非晶质铁、针铁矿、绿脱石、黄钾铁矾、硬石膏、蛋白石、石英	主要由黄铁矿、白铁矿、黄铜矿组成，烟囱有高含量的 Cu 和 Fe（超过40%）和高微量元素含量，很少观察到闪锌矿	黄铁矿、闪锌矿、白铁矿、黄铜矿、方铅矿、非晶质氧化硅、重晶石、方黄铜矿、磁黄铁矿

3.5.2　多金属硫化物结构构造及显微形貌特征

从已发现的海底黑烟囱来看（包括活动与已不活动），黑烟囱硫化物按其矿物组成，可以大致分为富铜型、富锌型和富钡型。黑烟囱都有大体相似的构造特征，烟囱一般发育在硫化物丘体之上，一个丘体之上可以有多个烟囱。TAG 热液区的一个丘体上就发现成百上千个活动的和不活动的可达几米高的烟囱群。海底黑烟囱堆积物常显示硫化物、硫酸盐矿物，在自由空间内生长形成的树枝形态、喷口、管道等构造，硫化物堆积物晶体之间多见孔洞，有时包有岩石角砾，在黑烟囱之下海底岩石中形成网状构造等。研究表明，组成海底黑烟囱的金属矿物主要为金属硫化物，如黄铁矿-白铁矿、黄铜矿、斑铜矿、蓝辉铜矿、闪锌矿、铅矿、磁黄铁矿等，有些硫化物黑烟囱中发现了单质贵金属，图 3-9 是 TAG 热液区金属硫化物样品图。

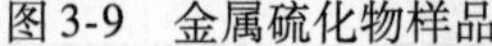

图 3-9　金属硫化物样品

彩图

3.5.2.1　结构构造特征

结构构造特征具有黑烟囱典型的通道构造和多孔构造及充填构造。通道构造一个主要特征就是构成烟囱的矿物呈同心环状围在紧闭的轴向管道周围，导管的直径差别较大，一般为几毫米到十几厘米；活动烟囱的通道一般竖直、轴向，但也可以出现一些弯曲的情形，此种情况被认为是低流速的热液环流容许向烟囱内部结晶生长的结果。通道构造的大小可能与烟囱形成过程中流体与烟囱壁的溶解和矿物的沉淀速率比相关。研究样品保留的通道构造长 5 cm 左右，稍微有点弯曲，并向上收敛，表明其上部为烟囱的喷口方向。

多孔构造为烟囱-丘体中普遍的构造，也是特征性的构造。孔隙可以弥漫整个烟囱体，孔隙的尺度很不均匀，形态也很不规则，局部还具有疏密不同的分带性。理想的烟囱，其孔隙度由外向内是减小的，内部通道相对紧密，现代黑烟囱内部的孔隙率可达 15% ~ 20%。孔隙普遍被较晚阶段的非晶质硅或黄铜矿、闪锌矿、斑铜矿及磁黄铁矿等部分充填。

胶状构造为烟囱-丘体中常见的构造，也是特征性的构造。一般由胶状白铁矿、黄铁矿、闪锌矿形成，有的成层状或环状，还有的成球状。常由于海水溶蚀、地震等原因喷口垮塌，早期矿物保留残片呈角砾状堆积，并被稍晚的硫化物胶结。一些胶状构造被认为是通道构造的一种，这些胶状构造部分重结晶成等粒到半自形细粒状，具有典型的结晶黄铁矿、黄铜矿和闪锌矿组合形成的核部，指示了一种流体通道内的矿物沉积构造。在研究样品的内带，破碎的黄铜矿呈角砾状，其间为闪锌矿胶结。

交代构造与充填构造均为烟囱中常见构造。晚期的矿物常交代早期的矿物，如高温的黄铜矿交代了先形成的闪锌矿，构成所谓的“黄铜矿病变”。在黑烟囱形成过程中，早期形成的硫酸盐矿物（硬石膏、重晶石等），在温度高于 150 ℃时便不稳定，溶蚀留下的空间被后期的硫化物所充填，或者被后期的矿物所交代，保持了原矿物的外形，形成充填假象构造。在研究样品的外带，发育有板状的黄铜矿，可能是黄铜矿交代早期形成的硫酸盐矿物硬石膏、重晶石等形成的假象。

3.5.2.2　矿物组合特征

A　主要矿物矿相学特征

在对光片的矿相学观察中，主要有黄铜矿、闪锌矿、方铅矿、磁黄铁矿几种矿物。它们的特征如下所述。

闪锌矿：以纯灰色、均质性、中硬度（相对突起 > 黄铜矿、< 磁黄铁矿）为特征。其中分布有黄铜矿呈乳滴状或叶片状固溶体分离结构。

黄铜矿：特征的黄铜色，中（或低）硬度，反色率介于方铅矿和黄铁矿之间，非均质性。

磁黄铁矿：反射色为特殊的乳黄色微带玫瑰棕色，强非均质性（黄辉—绿灰—蓝灰）和强磁性为特征。

方铅矿：纯白色和黑色三角孔为特征，低硬度，均质性，接近 40% 的反射率。

B　矿物组合及分带特征

研究的样品在矿物组合上具有明显的分带性，而且不同的“带”间存在明显的堆积间断，如图 3-10 所示。其分带特征如下所述。

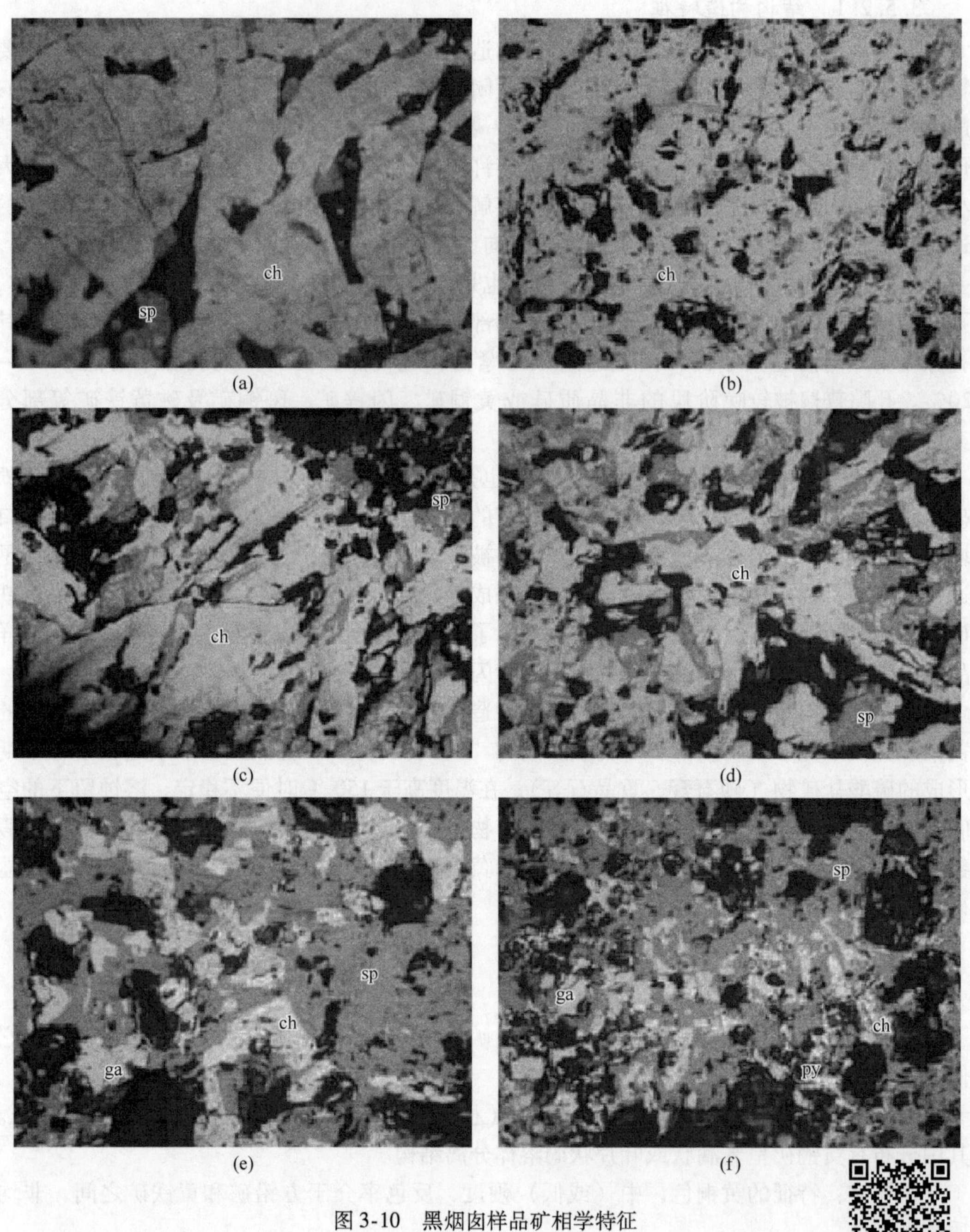

(a) (b) (c) (d) (e) (f)

图 3-10 黑烟囱样品矿相学特征

彩图

内带：宽 0.2 ~ 0.4 cm，热液通道构造向外第一层，主要为黄铜矿，含量占金属矿物的90%以上，其次为闪锌矿。黄铜矿颗粒比较粗大，闪锌矿生长在黄铜矿颗粒间及孔隙处。结构比较致密，孔隙部分为铁的次生矿物和非晶质硅充填，如图 3-10(a)(b)所示。

中带：宽 0.5 ~ 1 cm，主要由黄铜矿和闪锌矿组成。其中，黄铜矿占金属矿物含量的60%左右，闪锌矿占金属矿物含量的40%左右。其中黄铜矿碎裂，并被闪锌矿胶结，而且在呈胶结物出现的闪锌矿中，分布有呈液滴状或叶片状固溶体形态出现的黄铜矿。中带结构比较致密［见图3-10(c)(d)］。

外带：最宽处宽约3 cm，矿物组合相对复杂，主要由闪锌矿（70%）、黄铜矿（20%）、方铅矿（6%）和磁黄铁矿（<5%）组成。其中以闪锌矿的大量发育为特征，而且在其中含有大量乳滴状或叶片状的黄铜矿。矿物颗粒间孔隙构造发育，孔隙细密［见图3-10(e)(f)］，闪锌矿 sp、黄铜矿 ch、方铅矿 ga、磁黄铁矿 py。

所以由内向外，代表矿物由黄铜矿到闪锌矿，矿物组合的总体变化特征是由简单到复杂。

3.5.3 多金属硫化物重要矿物嵌布和粒度特征

多金属硫化物、多金属结核和富钴结壳是目前发现的大洋底金属矿产资源的三种类型，调查研究表明，大洋深海硫化物矿相比大陆矿是富铜的。

对获取的大洋多金属硫化物进行了系统的工艺矿物学研究。该样品中主要有价金属元素为铜，铜矿物以胆矾为主，其次为方黄铜矿、氯铜矿及微量的黄铜矿等；其他矿物主要为黄铁矿和白铁矿，其次为铁矾及水绿矾，另有很少量的褐铁矿、硬石膏、石英及单质硫等。

3.5.3.1 化学性质

大洋多金属硫化物的化学分析见表3-5，其中主要有价元素为铜，含量（质量分数）在4.61%。铜的化学物相分析结果见表3-6，铜主要以水溶铜的形式存在。矿物组成见表3-7。

表3-5 元素化学分析结果

组　分	Cu	Pb	Zn	Fe	SiO_2	Al_2O_3	CaO	MgO	K_2O	Na_2O	S
含量(质量分数)/%	4.16	0.004	0.16	36.83	1.29	0.16	0.18	0.43	0.029	0.49	38.22

表3-6 铜的化学物相分析结果

相　别	水溶铜	氯铜矿	硫化铜	其他	合计
铜含量(质量分数)/%	3.82	0.24	0.506	0.028	4.594
铜占有率/%	83.15	5.22	11.02	0.61	100.0

表3-7 矿物组成及相对含量（质量分数）

矿物名称	含量(质量分数)/%	矿物名称	含量(质量分数)/%
黄铁矿	55.14	褐铁矿	0.50
一水铁矾	21.99	硬石膏	0.44
水绿矾		石英	0.43
水胆矾	15.45	氯铜矿	0.40
方黄铜矿	2.29	其他	0.50
单质硫	1.51	合计	100.0
滑石	1.36		

3.5.3.2 重要矿物的嵌布特性

矿物中硫化物主要为黄铁矿和白铁矿，其次为方黄铜矿，另有少量的闪锌矿，偶见黄铜矿、铜蓝、磁黄铁矿等；硫酸盐矿物主要为水绿矾、铁矾及胆矾等矿物。

(1) 黄铁矿（白铁矿）：主要矿物，粒度偏细，常呈残余结构、残余骸晶结构嵌布在脉石矿物中；有时与细粒方黄铜矿复杂共生产出；另有少量的黄铁矿包裹细粒、微细粒的方黄铜矿；也可见黄铁矿细粒局部富集产出；偶见黄铁矿与闪锌矿共生产出；也偶见黄铁矿包裹细粒、微细粒的磁黄铁矿等；扫描电镜可以看出，黄铁矿氧化后与硫酸铁共生的嵌布关系非常复杂。

(2) 水胆矾：主要的铜矿物之一，主要呈蓝色晶体形式在块状硫化物外表形成，其产出状态可见。

(3) 方黄铜矿：主要的硫化铜矿物，嵌布粒度偏细。方黄铜矿常呈它形晶粒状产出；常与黄铁矿密切共生产出；偶见方黄铜矿呈包体嵌布在闪锌矿中，或沿闪锌矿晶粒间隙充填呈脉状产出；也偶见方黄铜矿与铜蓝共生产出。

(4) 闪锌矿：锌矿物，嵌布粒度较均匀。闪锌矿常呈它形晶粒状产出；也常与方黄铜矿密切共生产出。

(5) 磁黄铁矿：硫化物矿物，嵌布粒度细，含量低。磁黄铁矿常与黄铁矿复杂共生产出。

(6) 铜蓝：硫化铜矿物之一，嵌布粒度细，含量很低。铜蓝常交代方黄铜矿边缘呈不规则粒状产出；与其他硫化物共生关系不密切。

3.5.3.3 重要矿物的粒度特性

重要金属矿物的嵌布粒度是确定矿石磨矿工艺和磨矿细度的重要依据，为了查明矿物中方黄铜矿（包括微量的黄铜矿）和黄铁矿等硫化物的粒度组成，以便合理地确定磨矿工艺和磨矿细度，对矿物在显微镜下用线段法进行了系统的测定，测定结果见表3-8。

表3-8 重要矿物的粒度组成

粒级/mm	方黄铜矿和黄铜矿		黄铁矿和白铁矿	
	含量(质量分数)/%	累计	含量(质量分数)/%	累计
+0.417			0.54	0.54
-0.417 +0.295			2.29	2.83
-0.295 +0.208	4.59	4.59	3.25	6.08
-0.208 +0.147	4.54	9.13	7.07	13.16
-0.147 +0.104	2.76	11.89	8.53	21.68
-0.104 +0.074	5.52	17.41	10.80	32.48
-0.074 +0.043	18.93	36.33	23.45	55.93
-0.043 +0.020	37.79	73.42	26.47	82.40
-0.020 +0.015	9.91	83.33	6.52	88.91
-0.015 +0.010	9.76	93.09	5.28	94.19
-0.010	6.91	100.0	5.81	100.0

矿物中黄铜矿的粒度细，黄铁矿的粒度较黄铜矿的粒度粗。其中方黄铜矿、黄铁矿等。0.074 mm 粒级占有率仅为 17.41% 及 32.48%，而 -0.010 mm 粒级中各矿物的占有率分别高达 6.91% 及 5.81%，可以看出，矿物中方黄铜矿及黄铁矿的嵌布粒度均细，因此对该样品来说细磨才能使得铜、硫有效分离。

3.5.3.4 矿物中铜的赋存状态

矿物中铜以水胆矾、方黄铜矿及氯铜矿等独立矿物形式存在，其中 83.66% 的铜以水胆矾的形式存在，另有 11.08% 的铜赋存在方黄铜矿中，5.26% 的铜赋存氯铜矿中。铜的赋存状态见表 3-9。

表 3-9 铜在不同矿物中的分布率

矿物名称	矿物量/%	铜含量(质量分数)/%	铜占有量/%	分布率/%
胆矾	15.45	24.73	3.82	83.66
方黄铜矿	2.29	22.13	0.51	11.08
氯铜矿	0.40	59.51	0.24	5.26

3.5.3.5 影响铜、硫分选的矿物学因素

首先，矿物中含有 37.44% 的铁矾、水绿矾及水胆矾，这些硫酸盐矿物是极易溶于水的矿物，尤其是 15.45% 的水胆矾，是矿浆中的黄铁矿和白铁矿的天然活化剂，造成铜、硫浮选分离困难。其次，矿物含有大量的白铁矿，白铁矿其活跃的矿物性质将使得铜、硫之间的分选也造成较大困难。最后，矿物中的方黄铜矿和黄铁矿之间的共生十分密切，主要嵌布特征为黄铜矿呈微细粒分散或包裹在黄铁矿中，磨矿时黄铜矿与黄铁矿很难单体解离，影响铜、硫分离，并在铜、硫分离浮选时影响铜精矿的品位等浮选指标。

3.6 多金属硫化物提取冶金

多金属硫化物因发现较晚，当前仍以资源调查为主，选冶研究相对较少，现有的研究技术路线均是优先通过选矿富集，然后再进行精矿冶炼。

3.6.1 国外多金属硫化物的选冶

目前发现的成规模的矿体较少，因此，硫化物的选冶研究工作相对较少。相对于海底多金属结核和富钴结壳，多金属硫化物的可选性要好得多，应优先采用选矿方法获得合格的铜精矿、锌精矿，然后采用已有的铜、锌冶炼流程处理。

加拿大鹦鹉螺矿业公司在多金属硫化物选矿技术研究方面相对较早，自 1998 年开始对采集于巴布亚新几内亚专属经济区的多金属硫化物进行了选矿试验，其矿样中的铜 95% 以上为硫化物，且主要以黄铜矿形式存在。以铜为主的多金属硫化物经浮选得到含铜 20% ~25% 的铜精矿，铜回收率为 85% ~95%，金在选矿过程中的分布与黄铁矿密切相关，当控制铜精矿的铜品位 20% 时，约有 45% 的金进入铜精矿；而当控制铜精矿铜品位 25% 时，仅有 25% 左右的金进入铜精矿，可从浮铜尾矿中浮选得到含金 7 ~9 g/t、含硫 45% 的含金硫铁精矿，金回收率为 65% ~70%；含金硫铁精矿经焙烧或加压氧化后，采

用氰化处理回收金。对于富锌硫化物，经浮选得到含锌43%的锌精矿，锌回收率约为71%。而以铜、锌为主的多金属硫化物样品，在通过选矿产出的铜精矿和锌精矿中，铜、锌回收率分别为85%和70%。

由于多金属硫化物矿物的复杂性及易氧化特点，给通过常规的选矿分离富集提出了挑战，国外开展了直接冶金提取的研究。挪威 Kowalczuk 等对海底多金属硫化物直接浸出进行研究，在液固比（L/S）10、浸出温度为 90 ℃条件下，采用浓度 10%的硝酸溶液对采自北冰洋中脊的块状硫化物浸出 3 h，多金属硫化物中的铜、锌浸出率均达到95%。此外，在硫酸介质中采用海底多金属结核做氧化剂，也可以浸出多金属硫化物，而在浸出液中加入氯化钠（海水），可以提高铜和银的浸出率。

此外，俄罗斯、韩国、法国、德国以及印度等国家分别针对大西洋、中印度洋、印度洋中脊等区域多金属硫化物也开展了相关的选冶加工技术与评价工作。

3.6.2 国内多金属硫化物的选冶

由于目前多金属硫化物资源勘探以发现成规模的硫化物矿体为主要任务，我国多金属硫化物选冶研究处于可选冶性试验研究阶段。

北京矿冶研究总院对不同类型的多金属硫化物进行了选冶研究。某深海铜多金属硫化物含铜为9.77%、铅为0.016%、锌为0.14%、金为0.6 g/t、银为11.9 g/t，其中铜矿物主要为氯铜矿、黄铜矿、辉铜矿和铜蓝，其次为微量的斑铜矿和胆矾；铁矿物有褐铁矿和微量的磁铁矿；其他矿物主要为滑石，其次为石英，另有少量的长石、硬石膏及单质硫等，矿样氧化程度高，氯铜矿形式的铜占56.5%，硫化铜形式的铜仅占42.1%。针对该硫化物样品，周兵仔等开展了预先脱滑石-再浮选硫化铜、先浮选硫化铜-再硫化浮选氯铜矿、铜硫混合浮选再分离、铜硫优先等多方案的对比研究，结果表明矿石中硫化铜矿物可浮性较好，铜在先浮选硫化铜-再硫化浮选氯铜矿和铜硫优先方案中均可得到较好的回收，其中优先浮选铜方案铜精矿中铜品位为22.48%，硫化铜精矿中铜矿物主要有黄铜矿、辉铜矿，少量的铜蓝、氯铜矿和微量的斑铜矿，铜的浮选回收率为46.49%，超过原矿硫化铜物相分析结果，达到了回收该矿石中硫化铜矿物的目的。但其中的氯铜矿矿物可浮性差，即使硫化预处理后也难以浮选富集。针对含氯铜矿的浮选尾矿，采用硫酸直接浸出提取尾矿中的铜，在初始酸浓度为1.0~1.5 mol/L，液固比为3~4，浸出温度为80~90 ℃条件下，尾矿中的铜浸出率可达到97%以上。

多金属硫化物的自然氧化行为研究表明，深海多金属硫化物在自然环境中易于氧化，样品放置于室内自然环境中80d后，样品中的硫化铜有15%被氧化，在潮湿环境下，氧化速度会加快，在未来的商业开采、储运过程需要注意其自然氧化过程对选矿指标及海洋环境的影响。

某硫锌型深海多金属硫化物，其锌、铜、硫品位分别为20.44%、0.41%和36.6%，锌、铜主要以硫化物形式存在，金属矿物主要为黄铁矿和闪锌矿；锌主要以独立的锌矿物形式存在，绝大部分赋存在闪锌矿中，占97.24%，另有少量赋存在皓矾（$ZnSO_4 \cdot 7H_2O$）中，占2.76%；硫主要以黄铁矿和自然硫形式存在，矿石中自然硫含量达10.51%；贵金属金、银含量较高，金、银分别为6.89 g/t和141 g/t，但嵌布粒度非常细且呈分散型分布在闪锌矿、黄铁矿等矿物中。针对该矿石特征，采用先硫后锌的优先浮选工艺，先获得自然硫精矿，再获得锌精矿。闭路流程可获得硫品位为70.36%、硫回收率为23.09%、锌品位为14.61%、锌回收率为8.34%的自然硫精矿；以及锌、铜品位分别为49.90%、0.97%，锌回收率为85.56%的锌精矿；选矿锌、铜总回收率分别为93.90%、83.27%。锌精矿采用焙烧-酸浸处理，锌、铜的浸出率分别为99.22%和96.71%；对浮选尾矿进行焙烧-氰化浸出，金、银的选冶总回收率可分别达到83.3%和86.3%左右。

3.6.3 多金属硫化物选冶联合技术的研究

目前针对多金属硫化物主要以可选冶性研究与评价为主。其中兰·利普顿等主要利用巴布亚新几内亚的位于东马努斯海盆专属经济区内的多金属硫化物样品，开展了选冶试验。并通过选矿试验产出了铜精矿、锌精矿等精矿产品，其中以铜为主的多金属硫化物样品经浮选后获得了含铜20% ~25%的精矿，且铜回收率为92% ~95%；而以铜和锌为主的混合多金属硫化物样品，经分步浮选获得了铜精矿和锌精矿，但回收率不及单独铜多金属硫化物，铜和锌的回收率分别为85%和70%。

针对富铜多金属硫化物、富锌多金属硫化物和铜锌混合硫化物等多种类型的深海硫化矿开展了选-冶、冶-选-冶、选-冶-选等多种选冶工艺研究。针对铜多金属硫化物经浮选产出含铜22.48%的硫化铜精矿，铜回收率大于95%，选冶工艺铜的总回收率大于96%；针对锌多金属硫化物选冶工艺研究，选矿产出的锌精矿经氧化焙烧-浸出后，锌和铜冶金回收率分别为99.22%和96.71%，锌和铜的选冶总回收率分别为98.25%和96.50%。

3.6.3.1 研究方法

深海多金属硫化物选冶工艺研究路线如图3-11所示。根据多金属硫化物矿物特征，为避免水溶性铜和锌在选矿过程中损失和增加药剂消耗，首先对多金属硫化物进行预处理脱除水溶性铜和锌，初步分离可溶性铜和锌；预处理渣通过浮选产出铜锌精矿为冶炼提供原料，同时产出高硫含量的硫精矿（即浮选尾矿）；硫精矿通过制酸工序制备出硫酸副产品，可用于后续酸浸工序耗酸或外售，同时制酸后渣主要为铜、锌氧化物，可通过低酸浸出进一步回收铜、锌等有价金属，提高深海多金属硫化物资源利用率；预处理后溶液主要是铜、锌硫酸盐溶液，根据硫化铜和硫化锌在低酸或水溶液中溶度积小的特点，可采用硫化沉淀使预处理液中铜和锌沉淀析出获得铜锌富集物，将铜锌富集物与选矿产出的精矿合并作为冶炼原料。

铜锌精矿根据其成分可采用造锍熔炼或硫酸化焙烧工艺回收铜和锌；采用硫酸化焙烧-浸出工艺使铜、锌等有用金属提取分离，同时使铁富集于渣中获得铁精矿；采用造锍熔炼生产金属铜，同时在烟灰等渣中回收锌。

3.6.3.2 选矿原理

浮选是根据矿物表面物理、化学性质的差异从水的悬浮体（矿浆）中浮出固体矿物的选矿过程，通常捕收剂与金属离子存在溶解平衡，根据溶解平衡确定捕收剂用量及浮选pH值范围。常用捕收剂有黄药、乙基黄原酸、二烷基二代硫氨基甲酸、丁基黄原酸等。

3.6.3.3 冶金原理

A 硫酸化焙烧

多金属硫化物硫酸化焙烧是在氧化焙烧过程中，控制反应炉内气氛实现部分氧化，从

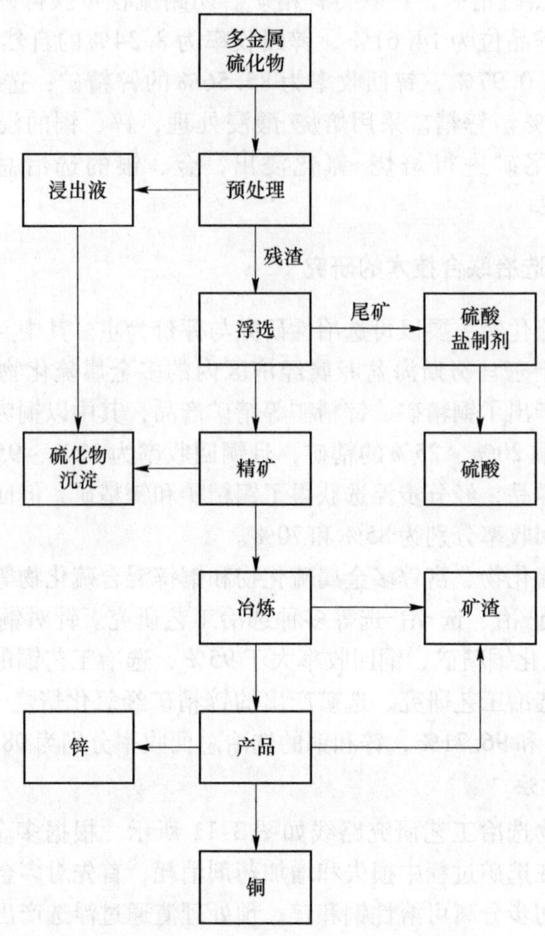

图 3-11 多金属硫化物选冶工艺路线图

而使有用金属形成易溶于水的硫酸盐和杂质元素形成氧化物，以便浸出分离。多金属硫化物精矿硫酸焙烧原理如下所述。

硫化物氧化生成硫酸盐： $$MeS + 2O_2 = MeSO_4 \tag{3-1}$$

硫化物氧化生成氧化物： $$MeS + 1.5O_2 = MeO + SO_2 \tag{3-2}$$

金属硫化物直接氧化生成金属： $$MeS + O_2 = Me + SO_2 \tag{3-3}$$

硫酸盐分解： $$MeSO_4 = MeO + SO_3 \tag{3-4}$$

根据金属硫酸盐分解温度差异，调节焙烧温度可使杂质元素（如铁）的硫酸盐分解成不易浸出的氧化物形式，而有用金属以可溶性硫酸盐形式存在，再通过水浸或低酸浸出使有用元素进入溶液中，从而达到提取分离的目的，原理如下所述。

$$4FeSO_4 = 2Fe_2O_3 + 4SO_2\uparrow + O_2\uparrow \tag{3-5}$$

$$Fe_2(SO_4)_3 = 2Fe + 3SO_2\uparrow + 3O_2\uparrow \tag{3-6}$$

$$1.5Fe_2(SO_4)_3 = 3Fe + 4.5SO_2\uparrow + 4.5O_2\uparrow \tag{3-7}$$

B 造锍熔炼

多金属硫化物是以铜、锌等金属硫化物形式存在。有色金属硫化物与铁的硫化物共熔体，也称熔锍，是铜等金属的硫化物精矿火法冶金的重要中间产物。以产出锍为目的的熔炼过程称为造锍熔炼。在造锍熔炼过程中，使有价金属以硫化物的形态富集于锍中，脉石等杂质则形成炉渣，从而达到杂质与锍的分离；FeS 被部分氧化，产出 SO_2 烟气，氧化得到 FeO 则与脉石进行造渣；未被氧化的 FeS 则与高温下稳定的 Cu_2S 形成铜锍。以铜为例，在进行造锍熔炼时，在 1200 ℃以上的熔炼温度时，所有的高价化合物均发生分解反应。常见的高价硫化物分解反应如下：

$$2FeS_2 \xlongequal{} 2FeS + S_2 \tag{3-8}$$

$$4CuFeS_2 \xlongequal{} 2Cu_2S + 4FeS + S_2 \tag{3-9}$$

$$4CuS \xlongequal{} 2Cu_2S + S_2 \tag{3-10}$$

上述硫化物分解产生的 FeS 和 Cu_2S 将继续氧化生成铜锍。分解产生的 S_2 将继续氧化成 SO_2 进入烟气中，同时一些氧化物也将分解成简单化合物：

$$S_2 + O_2 \xlongequal{} 2SO_2 \tag{3-11}$$

$$4CuO \xlongequal{} 2Cu_2O + O_2 \tag{3-12}$$

$$CaCO_3 \xlongequal{} CaO + CO_2 \tag{3-13}$$

$$MgCO_3 \xlongequal{} MgO + CO_2 \tag{3-14}$$

$$3MgO \cdot 4SiO_2 \cdot H_2O \xlongequal{} 3MgSiO_3 + H_2O + SiO_2 \tag{3-15}$$

$$CaSO_4 \xlongequal{} CaO + SO_3 \tag{3-16}$$

在氧化气氛中，分解反应形成的单质硫将氧化为 SO_2，同时高价和低价硫化物也将被氧化：

$$4CuFeS_2 + O_2 \xlongequal{} 2Cu_2S \cdot FeS + 2FeO + 4SO_2 \tag{3-17}$$

$$4FeS_2 + 11O_2 \xlongequal{} 2Fe_2O_3 + 8SO_2 \tag{3-18}$$

$$2CuS + 3O_2 \xlongequal{} 2CuO + 2SO_2 \tag{3-19}$$

$$2FeS + 3O_2 \xlongequal{} 2FeO + 2SO_2 \tag{3-20}$$

$$2Cu_2S + 3O_2 \xlongequal{} 2Cu_2O + 2SO_2 \tag{3-21}$$

在多金属硫化物的造锍熔炼过程中，稳定的铜化合物为 Cu_2S 与 Cu_2O，铁化合物为 FeO 与 FeS，这些稳定化合物将进一步反应或与精矿中其他组分反应，形成最终产物锍与炉渣。

3.6.3.4 预处理

预处理主要目的是降低多金属硫化物中对浮选有害物质，提高浮选质量和效率。对预处理矿渣进行分析，其中预处理后矿渣中铜含量（质量分数）为 7.05%，锌含量（质量分数）为 2.87%，渣率为 97.78%。经计算预处理后铜和锌的浸出率分别为 21.5% 和 18.73%。结合多金属硫化物矿样的化学物相分析，水溶性铜和锌的含量（质量分数）分别为 1.69% 和 16.29%，说明多金属硫化物中水溶性锌基本被浸出完毕，但铜浸出率相较水溶性中的铜占比增加较大；因此，可能还有部分铜在预处理过程中因白铁矿的存在促进了黄铜矿在硫酸介质中溶出。其原因可能是白铁矿（FeS_2）在潮湿空气等环境下氧化生成可溶的硫酸亚铁，即反应方程式为：

$$2FeS_2 + 7O_2 + 2H_2O \longrightarrow 2FeSO_4 + 2H_2SO_4 \tag{3-22}$$

当黄铜矿在酸性介质中遇到 Fe^{2+} 时，将被还原成可溶性较好的辉铜矿（Cu_2S），而辉铜矿在氧化环境下将被氧化而释放出 Cu^{2+}；因此，在预处理过程中黄铜矿可能存在的化学反应有：

$$CuFeS_2 + 3CuSO_4 + 3FeSO_4 \longrightarrow 2Cu_2S + 2Fe_2(SO_4)_3 \quad (3\text{-}23)$$

$$2Cu_2S + 2H_2SO_4 + O_2 \longrightarrow 2CuSO_4 + 2H_2O + 2CuS \quad (3\text{-}24)$$

$$Cu_2S + Fe_2(SO_4)_3 \longrightarrow CuS + CuSO_4 + 2FeSO_4 \quad (3\text{-}25)$$

由此可见，多金属硫化物在预处理过程中，由于白铁矿的存在可能促进部分黄铜矿与硫酸反应，从而使铜的浸出。

3.6.3.5　浮选工艺研究与讨论

A　捕收剂种类

根据多金属硫化物化学组成、矿物特征和陆地现有铜锌选矿工艺，结合捕收剂与铜、锌化合物在酸性条件下溶度积关系，优选与黄铜矿、闪锌矿等矿物溶度积相对较小的乙硫氨酯（Z200）、酯105（Z105）、乙黄药等捕收剂开展多金属硫化物样品对比试验。结果显示，乙黄药选矿回收率较高，其中铜、锌的分别达到86.3%和77.5%，产出的精矿中铜锌含量（质量分数）分别为15.76%和4.38%，但乙黄药捕收能力较弱。因此，针对深海多金属硫化物样品，开发出了烯酯类捕收剂BK915，其有效成分为OCSS基团，具有捕收能力强、选择性好等特点。通过选矿试验验证，采用BK915作捕收剂时，可大幅改善对铜锌的捕收能力，铜锌回收率分别提高至89.7%和82.4%。

B　浮选流程

浮选流程如图3-12所示，将所得产品分别烘干、称重、化验，计算回收率。试验中调整剂主要为石灰和硫酸铜，捕收剂为丁基黄药，起泡剂为MIBC（甲基异丁基甲醇）。搅拌和浮选时间单位为min；药剂用量单位为g/L。

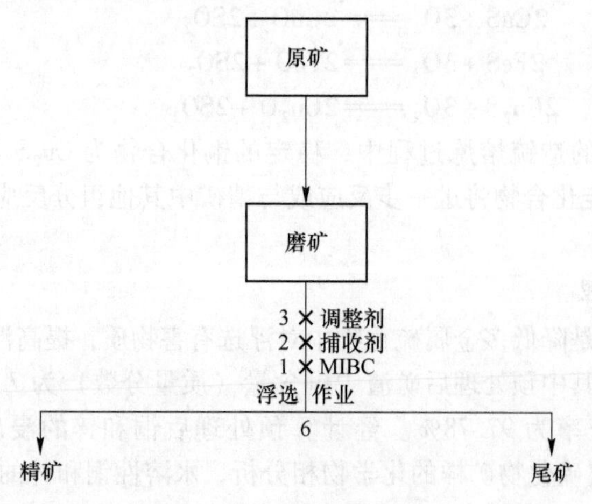

图3-12　浮选试验流程

C　多金属硫化物浮选开路试验

通过捕收剂、硫酸锌、石灰、起泡剂等选矿条件优化，确定了“铜锌混合浮选”的选矿工艺流程。开路试验以预处理渣为原料，粗选工艺参数：捕收剂BK915用量为96 g/t，混合类醇起泡剂BK204用量为32 g/t，硫酸锌用量为1000 g/t，石灰用量为12000 g/t。详细工艺流程和参数如图3-13所示，试验结果见表3-10。

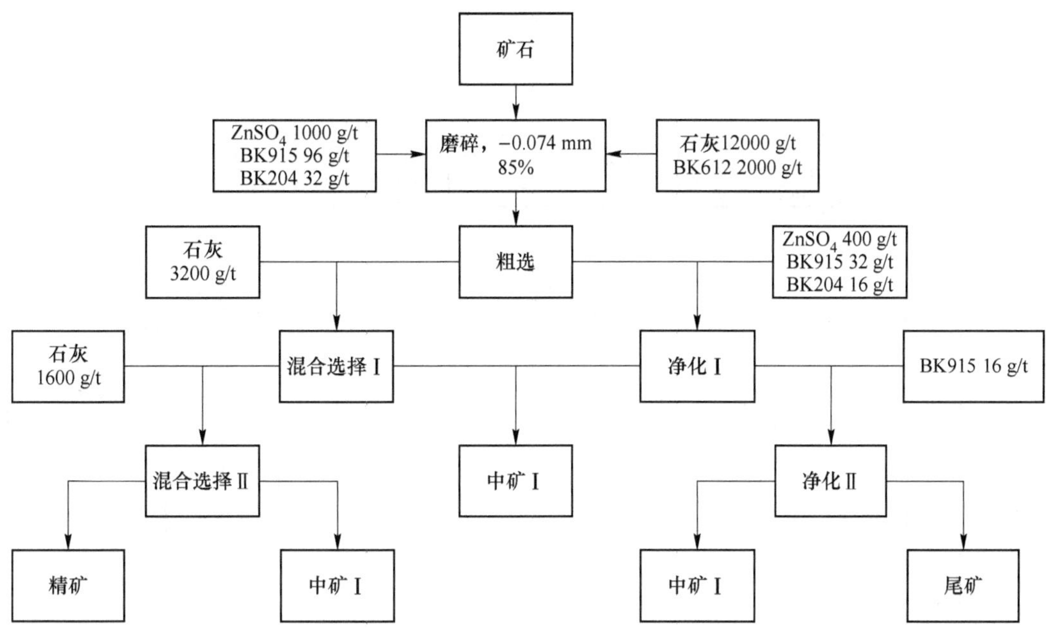

图 3-13 预处理渣选矿全开路试验流程

表 3-10 预处理渣选矿全开路试验结果

物 料	生产率/%	品位/%		回收率/%	
		Cu	Zn	Cu	Zn
精矿	25.15	25.21	6.32	64.22	49.98
中矿 1	6.55	14.66	4.73	9.73	9.74
尾矿	32.09	1.71	1.00	5.56	10.09
矿石	100.00	9.87	3.18	100.00	100.00

试验结果显示，多金属硫化物样品预处理渣经“铜锌混合浮选”浮选开路试验后，可获得含铜、锌分别为 25.21% 和 6.32% 的混合精矿，而开路产出的尾矿中铜和锌品位分别为 1.71% 和 1.00%。

D 多金属硫化物浮选闭路试验

在浮选开路试验基础上，针对多金属硫化物预处理渣进一步开展浮选闭路试验，试验过程中根据现象对部分药剂用量和添加点进行了调整。粗选条件：硫酸锌用量为 400 g/t，捕收剂 BK915 用量为 96 g/t，B204 用量为 32 g/t，闭路试验流程与详细参数如图 3-14 所示，试验结果见表 3-11。

预处理渣选矿闭路试验结果显示，通过“铜锌混合浮选”的闭路试验，可产出含铜 24.02%、含锌 6.53% 的铜锌混合精矿，铜和锌的选矿直收率分别为 88.55% 和 76.21%，折合硫化相回收率分别为 92.01% 和 92.04%。

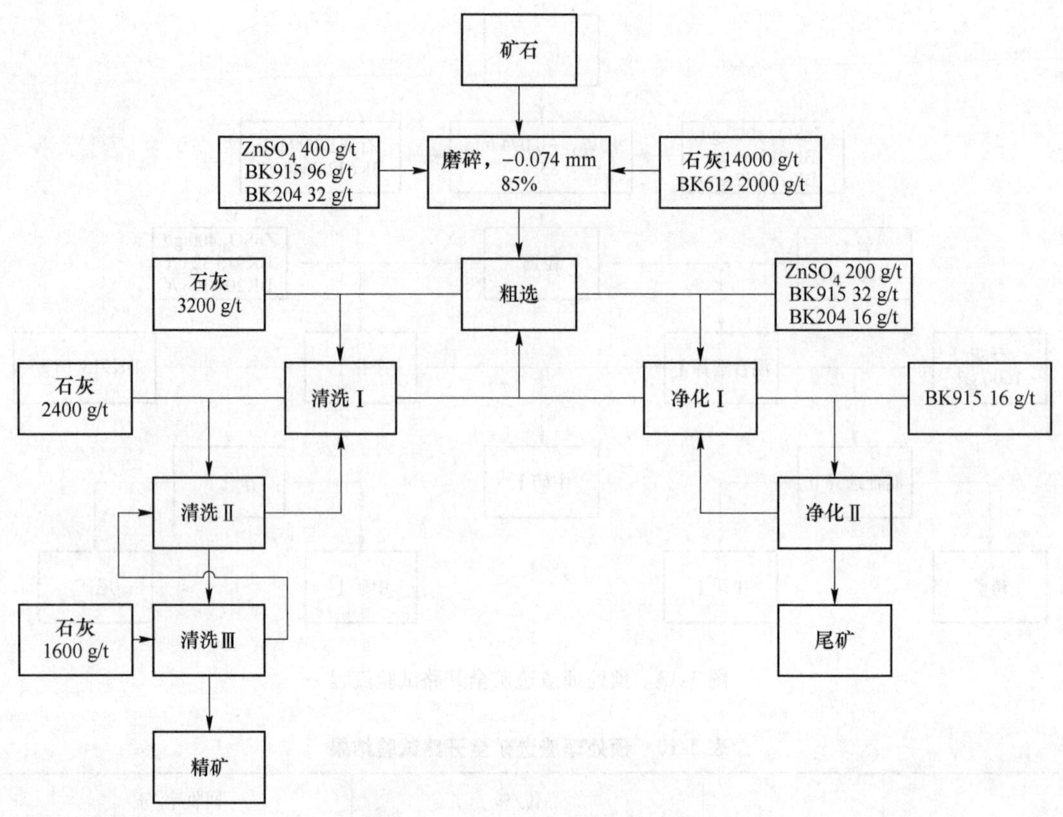

图 3-14　预处理渣选矿闭路试验流程

表 3-11　预处理渣选矿闭路试验结果

物　料	生产率/%	品位/%		回收率/%	
		Cu	Zn	Cu	Zn
精矿	37. 88	24. 02	6. 53	88. 55	76. 21

经预处理-选矿产出的含铜锌混合精矿显微镜分析结果显示，其主要矿物为黄铜矿，其次是闪锌矿和黄铁矿等。黄铜矿主要以单体形式存在，其粒度大多在 0. 06 mm 以下，精矿中的闪锌矿也多以单体形式存在，部分与黄铜矿、黄铁矿连生，其粒度大多在 0. 05 mm 以下。

E　浮选工艺的选择

经过对预处理渣选矿的开路和闭路实验的对比分析，所以冶金用的原料选择闭路浮选产出的铜锌混合精矿，其成分见表 3-12。

化学成分分析结果显示，铜锌混合精矿主要化学成分为铜、铁、锌和硫，其含量（质量分数）分别为 24. 03%、31. 09%、6. 56% 和 36. 72%；而伴生稀贵金属金和银的含量（质量分数）分别为 0. 24 g/t 和 42. 40 g/t，经选矿后得到了一定的富集。

表 3-12 铜锌混合精矿化学成分分析结果

w(Cu)/%	w(Pb)/%	w(Zn)/%	w(Fe)/%	w(Sn)/%	w(S)/%	w(As)/%	w(Co)/%	w(Ni)/%	w(Mn)/%	w(Cd)/%
24.03	0.032	6.56	31.09	<0.05	36.72	0.008	<0.05	<0.05	<0.05	<0.05
w(Ba)/%	w(Bi)/%	w(Se)/%	w(Te)/%	w(Ga)/%	w(Ge)/%	w(In)/%	$w(SiO_2)$/%	$w(Na_2O)$/%	w(CaO)/%	w(MgO)/%
<0.05	<0.05	0.035	<0.005	<0.005	<0.005	<0.005	0.71	0.073	0.48	0.20
w(Cl)/%	$w(Al_2O_3)$/%	$w(K_2O)$/%	w(Ti)/%	w(P)/%	w(C)/%	w(Au)/$g \cdot t^{-1}$	w(Ag)/$g \cdot t^{-1}$	w(Pt)/%	w(Pd)/%	
0.07	0.079	<0.005	<0.05	0.020	0.096	0.24	42.40	<0.1	<0.1	

3.6.3.6 硫酸化焙烧

硫酸化焙烧主要是利用多金属硫化物中自身的硫与有用元素在一定温度条件下转变为可溶的铜、锌等硫酸盐。由于铜锌混合精矿主要回收金属为铜和锌，但杂质铁含量较高，在低温进行硫酸化焙烧时，铜、锌、铁均可形成 $CuSO_4$、$ZnSO_4$、$FeSO_4$、$Fe_2(SO_4)_3$ 等硫酸盐的形式，导致大量铁在浸出过程中与铜锌一并进入溶液，影响后继处理工序；在高温度条件下进行硫酸化焙烧时，形成难溶于水或低酸的铁氧化物（Fe_2O_3 或 Fe_3O_4），而铜、锌仍以可溶性硫酸盐形式存在，从而在浸出过程中实现选择性浸出铜和锌。试验步骤：试验原料置于马弗炉内进行硫酸化焙烧后；再将焙烧产出的焙砂采用低浓度硫酸进行浸出，使铜、锌硫酸盐或氧化物溶解进入水溶液中，初步提取分离铜和锌。试验结果见表 3-13。

表 3-13 浮选精矿硫酸化焙烧-浸出试验结果

焙烧温度/℃	焙烧时间/h	生产率/%	品位/%			浸出率/%		
			Cu	Zn	Fe	Cu	Zn	Fe
500	3	71.0	3.2	4.3	31.2	90.4	62.1	42.5
650	3	65.8	2.2	1.8	42.7	93.9	85.3	27.1
650	4	66.3	2.2	1.2	54.2	93.8	90.1	6.8
700	3	78.1	15.3	5.6	48.2	49.7	45.7	2.3

结果显示，在试验条件范围内，精矿经硫酸化焙烧-浸出后，铜的浸出率随焙烧温度升高先增加后降低，随焙烧时间的延长变化不明显；铁的浸出率随焙烧温度的升高和时间的延长而降低；当焙烧温度为 650 ℃，焙烧时间为 4 h 时，铜的浸出渣率为 66.28%，铜、锌和铁浸出率分别为 93.8%、90.1% 和 6.8%。

在硫酸化焙烧过程中，多金属硫化物中的铜、锌等有用元素形成了可溶的硫酸盐，在浸出过程中，铜、锌进入溶液，而大部分铁抑制在渣中，从而实现铜、锌与铁的初步分离。主要是因为在硫酸化焙烧过程中，当焙烧温度达到 480 ℃时，硫酸铁开始分解形成难溶的铁红氧化物，而硫酸铜和硫酸锌的初始分解温度相对较高，因此，在试验条件下，铁主要是以氧化物（铁红）的形式存在，而铜和锌以硫酸盐形式存在，通过水浸可提取分离铜锌与铁。

浸出液中的铜、锌可通过萃取分离等工序提取制备铜和锌产品；而浸出渣中铁含量（质量分数）为54.2%，达到铁精矿要求，且具有较强的磁性能，所以硫酸化焙烧-浸出渣可直接作为铁精矿产品销售，或通过磁选进一步回收渣中的铜和锌，同时提高铁精矿品质。

因此，针对深海多金属硫化物预处理-选矿产出的精矿，通过硫酸化焙烧-水浸-磁选，可有效回收多金属硫化物中的铜、锌和铁，基本可实现固废零排放。

3.6.3.7 造锍熔炼

造锍熔炼是目前陆地铜精矿应用最广的冶炼方法。由于多金属硫化物样品产出的精矿中含铜24.03%，满足造锍熔炼对铜精矿品位的要求；因此，在造锍熔炼过程中，铜矿物 $CuFeS_2$ 和 CuS 等将转变为 Cu_2S，并与未被氧化的 FeS 形成铜锍，即产出冰铜中间产品，验证铜锌混合精矿采用造锍熔炼工艺可行性。

试验条件：熔炼温度为1400 ℃或1450 ℃，熔炼时间为3 h，配碳量为2%，再以氧化钙、氧化镁、二氧化硅配置一定的碱度。试验结果见表3-14。

表3-14 造锍熔炼试验结果

温度/℃	生产率/%		熔炼品位/%			熔渣品位/%					
	熔炼	熔渣	Cu	Fe	S	Cu	FeO	Al_2O_3	MgO	CaO	SiO_2
1450	51.92	55.30	44.85	26.73	22.96	0.54	30.86	11.29	4.42	6.66	39.1

造锍熔炼试验结果显示，当造锍熔炼温度为1400 ℃时，锍与渣未分层。当造锍熔炼温度为1450 ℃时，锍与渣分离，产出的冰铜中 Cu、Fe、S 含量（质量分数）分别为44.85%、26.73%和22.96%，渣中的铜含量（质量分数）可降低至0.54%。通过计算，计入冰铜中的铜含量（质量分数）为96.99%。炉渣中主要为铁、硅，其次为铝、钙、镁等杂质，铜的含量（质量分数）为0.54%。

结合陆地现有铜冶炼厂造锍工艺和试验结果，深海多金属硫化物经预处理-选矿产出的精矿适用于造锍工艺冶炼，但工艺参数需进一步优化。

思 考 题

3-1 简述多金属硫化物特点及其形成机理。

3-2 多金属硫化物冶金矿物学特点对提取冶金工艺有何影响？

3-3 简述多金属硫化物造锍熔炼工艺流程及原理。

3-4 简述多金属硫化物矿床分布及其特征。

3-5 我国在多金属硫化物的勘探领域取得了哪些积极的进展？

3-6 查阅文献资料了解国际上主要从事深海金属资源开发利用的公司，如加拿大鹦鹉螺矿业公司、澳大利亚海王星矿业公司等。

参 考 文 献

[1] Przemyslaw K, Dan M, Kristian D, et al. Galvanic leaching of seafloor massive sulphides using MnO_2 in H_2SO_4-NaCl Media [J]. Minerals, 2018, 8 (6): 235.

[2] 郑宁来．层状多金属硫化物柴油脱硫催化剂国际领先［J］．石油炼制与化工，2016，47（9）：1.
[3] 曾志刚，翟世奎．冲绳海槽 Jade 热浪活动区块状硫化物的铅同位素组成及其地质意义［J］．地球化学，2000，29（3）：7.
[4] 刘激．大洋海底热液硫化物组分特征与成矿作用研究［D］．青岛：中国海洋大学，2004.
[5] 初凤友，陈丽蓉．大西洋中脊热液硫化物的矿物学研究［J］．海洋地质与第四纪地质，1995（2）：73-83.
[6] 周兵仔，李艳峰，孙伟．从海底热液硫化物中回收铜的可选性试验研究［J］．中国矿业，2015，24（S1）：347-351.
[7] 宋维宇．冲绳海槽块状硫化物的矿物学和地球化学特征［D］．长春：吉林大学，2007.
[8] 蒋伟，王爱平，王政，等．大洋多金属硫化物浮选尾矿中铜的硫酸浸出［J］．有色金属工程，2016，6（2）：40-43.
[9] 蒋伟，蒋训雄，汪胜东，等．大洋多金属硫化物冶炼性能研究［J］．有色金属（冶炼部分），2020（11）：1-5.
[10] 李艳峰，王玲．大洋热液硫化物工艺矿物学研究［J］．矿冶，2016，25（2）：71-73，82.
[11] 邓希光．大洋中脊热液硫化物矿床分布及矿物组成［J］．南海地质研究，2007：54-64.
[12] 徐骏．过渡金属硫化物纳米材料的制备、性能及应用研究［D］．北京：北京化工大学，2016.
[13] 沈芳，韩喜球，李洪林，等．海底多金属硫化物资源预测：方法与思考［J］．中国有色金属学报，2021，31（10）：2682-2695.
[14] 郑朝振，周立杰，蒋训雄，等．海底热液多金属硫化物自然氧化行为及其冶炼性能［J］．有色金属：冶炼部分，2016（12）：4.
[15] 陈新明，高宇清，吴鸿云，等．海底热液硫化物的开发现状［J］．矿业研究与开发，2008（5）：6.
[16] 汤井田，杜华坤，白宜诚．海底热液硫化物勘探技术的现状分析及对策［C］//当代矿山地质地球物理新进展．中南大学出版社，2004：324-327.
[17] 丁六怀，陈新明，高宇清．海底热液硫化物——深海采矿前沿探索［J］．海洋技术，2009，28（1）：126-132.
[18] И. С. Грамберг，朱佛宏．海洋热液硫化物的成矿作用［J］．地质科学译丛，1991（3）：61-67.
[19] 李英楠，闫晓燕，刘宝胜，等．金属硫化物在锂硫电池正极中的应用进展［J］．中国有色金属学报，2021，31（11）：3272-3288.
[20] 崔强，周兵仔，陈康康，等．某硫锌型深海多金属硫化矿选矿试验研究［J］．矿冶，2021，30（3）：138-144.
[21] 方支灵．深海多金属硫化矿资源综合回收利用［J］．广州化工，2021，49（15）：111-114.
[22] 李江海，宋珏琛，洛怡．深海多金属硫化物采矿研究进展及其前景探讨［J］．海洋开发与管理，2019，36（11）：29-37.
[23] 蒋伟，蒋训雄，汪胜东，等．深海多金属硫化物浮选尾矿氨浸工艺研究［J］．有色金属（冶炼部分），2017（7）：4-6.
[24] 李艳，梁科森，李皓．深海多金属硫化物开采技术［J］．中国有色金属学报，2021，31（10）：2889-2901.
[25] 刘少军，胡建华，戴瑜，等．深海多金属硫化物力学特性的试验研究［J］．中南大学学报（自然科学版），2017，48（7）：1750-1755.
[26] 蒋伟，周兵仔，李磊，等．深海多金属硫化物选冶联合技术研究［J］．中国有色金属学报，2021，31（10）：2902-2912.
[27] 蒋训雄，蒋伟．深海矿产资源选冶加工研究现状及展望［J］．中国有色金属学报，2021，31

(10)：2861-2880.

［28］于小刚，曹志敏，江巧文，等. 太平洋中脊热液硫化物地球化学特征［J］. 海洋地质前沿，2012，28（8）：7-13，19.

［29］王琰，孙晓明，吴仲玮，等. 西南印度洋超慢速扩张脊热液区多金属硫化物 Fe-Cu-Zn 同位素组成特征初步研究［J］. 矿物学报，2013，33（S2）：665.

［30］王琰，孙晓明，吴仲玮，等. 西南印度洋超慢速扩张脊热液区多金属硫化物纳米矿物学特征初步研究［J］. 矿物学报，2013，33（S2）：666-667.

［31］侯晓川，杜光潮，梁永顺，等. 西南印度洋海底热液多金属硫化矿浸出工艺研究［J］. 中国钼业，2019，43（4）：34-39.

［32］陶春辉，李怀明，黄威，等. 西南印度洋脊 49°39′E 热液区硫化物烟囱体的矿物学和地球化学特征及其地质意义［J］. 科学通报，2011，56（Z2）：2413-2423.

［33］陶春辉，李怀明，金肖兵，等. 西南印度洋脊的海底热液活动和硫化物勘探［J］. 科学通报，2014，59（19）：1812-1822.

［34］杨伟芳. 西南印度洋中脊断桥热液区成矿作用研究［D］. 杭州：浙江大学，2017.

［35］李军. 现代海底热液块状硫化物矿床的资源潜力评价［J］. 海洋地质动态，2007（6）：23-30.

［36］李磊，肖仪武，武若晨，等. 影响某深海多金属硫化物选冶的矿物学因素［J］. 有色金属（选矿部分），2021（1）：6-13.

［37］李响. 南大西洋中脊赤弧热液区多金属硫化物成矿作用研究［D］. 桂林：桂林理工大学，2021.

4 深海稀土软泥

稀土（Rare Earth）是元素周期表中的镧系元素和钪（Sc）、钇（Y）共17种金属元素的总称。稀土元素具有特殊的光—电—磁等物理属性，被誉为“工业维生素”和“工业味精”，广泛应用在冶金、石油化工、航空航天等传统产业及高温超导材料、发光材料等高新技术产业领域，是保障经济发展和社会进步的关键性矿产。目前人类使用的稀土资源全部来自陆地矿床，且主要由一批大型、超大型稀土矿床供应。

稀土资源是我国为数不多的优势战略矿产资源，但分布极不均匀，具有“北轻南重、轻多重少”等显著特点。20世纪80年代，我国开始进入世界稀土供应市场；在1995年后，供应持续暴涨，为全球贡献了90%以上的稀土产品。我国是世界上最大的陆地稀土资源拥有国、生产国、消耗国和出口国（2020年，我国稀土氧化物产量为14.0万吨，占全球总产量的58.33%；出口量为3.54万吨）。但长期高强度开发，也造成稀土资源储量的大幅下降、企业之间的无序竞争，以及生态环境遭受严重的破坏和污染等诸多历史遗留问题。

随着世界科技革命和产业变革的不断深入，中—重稀土的消耗量日益增加，寻找新的中—重稀土资源的需求越加迫切。人类在研究深海多金属结核和富钴结壳时就发现这两种矿产资源中蕴含着丰富的稀土元素。国际海底管理局已经组织秘书处完成国际海底多金属结核和富钴结壳地域中稀土元素等级和丰度的技术报告，结果令人乐观，为未来稀土开采奠定了基础。不仅如此，经过调查还在深海中发现了一种新型的矿产资源，即深海稀土软泥。与陆上稀土矿床相比，深海稀土软泥具有以下优势：（1）广泛分布，具有巨大的资源潜力；（2）稀土元素浓度高，重稀土元素显著富集；（3）储层浅，有利于相对简单和有经济效益的勘探；（4）放射性元素浓度较低，如钍和铀；（5）易于通过酸浸提取稀土元素。

2011年，日本科学家率先对太平洋2000多个深海沉积物样品进行了稀土元素化学成分研究，认为在太平洋的深海沉积物中富含大量的稀土元素。2013年，在日本南部岛屿附近的北太平洋西部发现了总稀土含量超过5000×10^{-6}的深海稀土软泥，确定了未来稀土开采的主要目标。富含巨量中—重稀土资源的深海富稀土沉积的发现，为稀土产业的发展提供了新机遇。目前深海稀土的勘查与开发尚处于起步阶段，亟须开展深海稀土资源勘查、评价和开发利用等技术研究。

4.1 深海稀土软泥概况

4.1.1 深海稀土简介

深海沉积物是通过不同的沉积作用形成的，所以在性质上不均匀。现代大洋沉积物的组成是多种多样的，主要沉积物有陆源碎屑沉积物、硅质沉积物、钙质沉积物、深海黏土、深海软泥，与冰川有关的沉积物和大陆边缘沉积物等。

软泥或深海软泥：含量(质量分数)>30%的微体生物残骸组成，如抱球虫软泥和放射虫软泥（放射虫残骸50%以上）。碳酸盐含量（质量分数）平均为65%，也可称为钙质软泥。碳酸盐少于30%，可称为硅质软泥。

深海黏土：少于30%的微体生物残骸组成称为深海黏土。深海黏土中，褐色黏土是深海远洋中最主要的一种沉积物类型，主要由黏土矿物及陆源稳定矿物残余物组成，尚有火山灰和宇宙微粒。碳酸盐含量（质量分数）少于30%。在局部地区，各种矿物的化学和生物化学沉淀作用也是形成深海沉积的一个重要因素，如锰结核、钙十字沸石等，可导致Fe、Mn、P等矿产的形成。另外，海底火山、火山喷发、风以及宇宙物质也为深海环境提供了一定数量的物质来源。

富稀土沉积由日本首次发现于太平洋深海盆地，其成因不同于已知的陆地稀土矿床，属于一种新型稀土矿产资源，成为继多金属结核、富钴结壳和多金属硫化物之后，在深海中发现的第四种金属矿产。深海稀土软泥也称“深海稀土沉积物”或“富稀土泥”，产于深海盆地中，其稀土总量（$\sum$REY，即除Pm以外的14种稀土元素与Y元素含量之和）一般大于700 μg/g，已知最高可达8000 μg/g，以富集中—重稀土元素（M-HREY）为特征。据初步估算，太平洋深海沉积物中稀土资源量相当于陆地稀土储量的800~1000倍。

4.1.2 各国深海稀土资源调查

早在20世纪中期，曾有科研人员指出太平洋的深海黏土中富集相当数量的稀土元素，含沸石型深海黏土对深海系统中稀土元素的通量平衡具有重要作用。2011年6月，以日本东京大学加藤泰浩教授为首的研究小组，对过去在太平洋海域实施的国际“深海钻探计划”的78个站位2000多个沉积物岩芯样品进行分析，发现在太平洋4000 m水深的海底广泛分布着含有高浓度稀土元素的稀土泥，主要分布在东南太平洋和中北太平洋。其中，东南太平洋深海泥中富钇稀土含量为$880\times10^{-6}\sim1628\times10^{-6}$，平均为$1054\times10^{-6}$，中北太平洋深海泥中富钇稀含量$451\times10^{-6}\sim1002\times10^{-6}$，平均为$625\times10^{-6}$。据估算，太平洋深海稀土资源总量为目前陆上稀土资源总量的800倍，其中，中—重稀土元素含量也已达到或超过我国华南离子吸附型中—重稀土矿床含量的2倍。

据各个站位海底之下2 m以浅层位的EREY数据均值是否大于400×10^{-6}以及组分特征，加藤将稀土站位划分为3种类型。(1) 富REY站位。(2) 岩石成因站位。(3) 生物成因站位。研究发现，岩石成因和生物成因站位，$\sum$REY含量均较低，均值分别为221×10^{-6}和60×10^{-6}，HREE含量均值分别为46×10^{-6}和29×10^{-6}，HREE/LREE值分别为0.26和0.94；而富REY站位，$\sum$REY含量较高，在$(316\sim2228)\times10^{-6}$，均值为$1341\times10^{-6}$，HREE为$720\times10^{-6}$，HREE/LREE值为1.11。

2013年，日本宣称在西太平洋南鸟礁附近海域发现大量富稀土沉积物。南鸟礁附近5000 m水深的沉积物中$\sum$REY最高可达8000 μg/g，特别是Dy、Tb和Eu元素含量分别是我国华南离子吸附型稀土矿床的20倍、16倍和35倍。日本以南鸟礁南部的平顶海山——拓洋第5海山周边的海盆为重点，区域上首先按照100 km间隔布设柱状取样站位。根据柱状样$\sum$REY测试结果，结合浅地层探测数据，在局部富集区域内按照50 km、

25 km 和 12.5 km 的间距进行加密取样，于 2015 年在拓洋第 5 海山东部的海盆内圈划出多处平均∑REY 超过 2000 μg/g 的深海稀土“高品位分布区”。2013 年，日本科学家对印度洋沃顿海盆东北部 DSDP213 钻孔岩芯样品测试发现，在该站位表层以下 75～120 m 层位的沉积物中也发现了高∑REY 的富稀土沉积物，∑REY 可达 1113 μg/g，平均∑REY 约 700 μg/g。在持续不断开展深海稀土调查研究的同时，日本科学家也开展了深海稀土的理论研究，内容包括深海稀土地球化学特征、赋存矿物、物质来源、分布规律、资源评价、成矿机制等。

我国是国际上第二个开展深海稀土资源调查研究并取得重大发现的国家。在日本开展深海稀土研究的同一年（2011 年），中国大洋协会即组织开展了深海稀土调查研究，先后在印度洋、太平洋预测并发现了大面积富稀土沉积，并对大西洋稀土资源潜力进行了初步分析。2012 年，我国自然资源部第一海洋研究所石学法等人初步预测了中印度洋海盆富稀土沉积的存在，并于 2013 年 12 月在该海域成功获取了富稀土沉积柱状样，该岩芯大部分层位沉积物中∑REY 超过 1000 μg/g，最高超过 1500 μg/g，重稀土元素含量可达 600 μg/g。2015 年，我国率先在中印度洋海盆发现了大面积富稀土沉积，并通过后期的调查研究进一步扩展了富稀土沉积的面积；2018 年，在东南太平洋首次发现了超过 150 万平方千米的大面积富稀土沉积；2018—2020 年，在西太平洋海域也发现了大面积的富稀土沉积，其∑REY 最高可达 6000 μg/g。根据深海稀土富集特征与控制条件，初步推断大西洋深海盆地中难以形成大面积富稀土沉积。在持续开展深海稀土资源调查的同时，我国科学家还开展了深海稀土的地球化学、矿物学、赋存状态和形成机制等理论研究。

除中国和日本外，美国、挪威、英国、德国、法国、印度等国家的相关科研机构与矿业公司近年来也开始关注深海稀土资源。2012 年，英国科学家对东南太平洋深海沉积物中的 REY 分布特征进行了初步总结；2016 年，英国科学家对横跨大西洋的 24°N 剖面附近深海沉积物中稀土资源潜力进行了初步评估，认为该海域内深海黏土中∑REY 仅为太平洋沉积物的 1/4，该剖面沉积物中的稀土资源潜力较小。2015 年美国 Deep Reach Technology 公司对太平洋库克群岛附近深海沉积物中的稀土资源潜力进行了调查，并尝试研发深海稀土资源开采技术。

4.2 深海稀土软泥分布及赋存状态

深海稀土软泥在三大洋的分布极不均匀，目前发现主要分布在太平洋和印度洋。2012 年，石学法等人在总结世界大洋地质特征和沉积物稀土元素特征的基础上，初步划分出了 4 个深海稀土成矿带：西太平洋深海稀土成矿带、中—东太平洋深海稀土成矿带、东南太平洋深海稀土成矿带和中印度洋海盆—沃顿海盆深海稀土成矿带。随着调查研究程度的提高和数据资料的积累，对这 4 个成矿带的划分逐渐趋于完善。

海洋区域不同，深海沉积物中的稀土矿矿产资源含量也不同，相对于大西洋深海沉积物、印度洋深海沉积物而言，太平洋深海沉积物中的稀土矿矿产资源富集站位相对较多。东太平洋克拉里昂——克里伯顿断裂带深海沉积物中∑REY 含量达到 422.77×10^{-6}～1508.10×10^{-6}；南太平洋东部深海沉积物中∑REY 值为 1000×10^{-6}～2230×10^{-6}；北太平洋东部以及夏威夷群岛的西部海域中，深海沉积物中∑REY 值达到 400×10^{-6}～1000×

10^{-6}。从发育水深看，深海稀土主要分布于远离大陆且水深超过 4000 m 的深海，边缘海或浅海沉积物中稀土元素含量较低。

REY 的赋存状态是深海稀土软泥研究中的一个关键问题，涉及深海稀土富集机制和开发利用。对于 REY 在生物磷灰石中的赋存状态有两种看法：一种认为主要以吸附态赋存于矿物表面；另一种则认为 REY 赋存在发生晶格替代的矿物内部，即 REY 在向磷灰石等矿物中富集之前的早期成岩阶段，就可能与铁锰氧化物等物质相结合，在成岩过程中释放 REY 再次分配进入磷灰石等矿物晶格中。

前期研究认为，沸石、黏土矿物、微结核、生物磷灰石等都可能是稀土元素的重要赋存矿物。然而近年来，越来越多的研究发现沸石本身并不富集稀土元素，如南太平洋海盆沸石中 $\sum$REY 介于 $260\times10^{-6}\sim593\times10^{-6}$；西太平洋海域沸石中 $\sum$REY 仅为 $29\times10^{-6}\sim197\times10^{-6}$；东南太平洋沸石中 $\sum$REY 也仅 $35\times10^{-6}\sim127\times10^{-6}$。沸石本身并不能从海水中吸收稀土元素，因此沸石并不是深海富稀土沉积中稀土元素的主要载体。远洋黏土相较于沸石黏土明显富集黏土矿物，但沸石黏土相较于远洋黏土普遍具有更高的 $\sum$REY。另外，对黏土物质的研究发现其 $\sum$REY 也较低，仅为 $230\times10^{-6}\sim330\times10^{-6}$。可见，黏土矿物也不是深海富稀土沉积中稀土元素的主要赋存矿物。大量元素相关性研究发现，深海富稀土沉积物中 $\sum$REY 与 P_2O_5 和 CaO 含量存在非常好的正相关关系（这里的 CaO 属于磷酸盐而非碳酸盐），P_2O_5 和 CaO 含量之间也存在非常好的正相关关系，且 P_2O_5/CaO 值接近生物磷灰石中 P_2O_5/CaO 值的理论值。

因此，一般认为，生物磷灰石是深海沉积物中稀土元素的主要赋存载体。近年来大量原位测试分析数据显示，生物磷灰石中 $\sum$REY 极高，对海底稀土分析研究表明，生物磷灰石是深海富稀土沉积物中稀土元素的主要赋存矿物。微结核（铁锰氧化物或氢氧化物）也是深海富稀土沉积物中稀土元素的重要赋存矿物，磷灰石中的稀土占比最高可达 70%，且粗粒级样品中的稀土相对富集。中、西太平洋深海黏土样品中磷灰石（鱼牙骨）相对沸石和微结核的 REY 贡献比例高达 90% 以上。但也有研究结果显示，一些沉积物样品中的稀土含量与粒径呈负相关。太平洋中部地区深海黏土样品主要由黏土、沸石、磷灰石、石英、石盐、锰矿物组成，有价矿物主要为磷灰石、水羟锰矿和独居石，其中磷灰石最多，含量（质量分数）约为 2.39%；稀土元素几乎全部赋存在磷灰石中，并且中重稀土元素含量高，其稀土配分与中国南方离子型稀土元素配分非常接近。

另外，深海沉积物中也存在磷钇矿、磷铝铈矿、褐帘石等稀土独立矿物，但粒度很细（小于 10 μm），对深海富稀土沉积中稀土元素的贡献尚不清楚。深海沉积物稀土元素的赋存状态有两种：赋存在矿物内部发生晶格替代和被矿物表面吸附。一般认为，稀土元素在早期成岩阶段就已通过离子替换方式进入生物磷灰石晶格中。微结核具有非常强的离子吸附能力，其主要通过元素“清扫”机制吸附稀土元素，因此表面吸附是深海稀土一种重要的赋存状态。我国华南离子吸附型稀土矿床中的稀土元素主要就是通过吸附的形式赋存于黏土矿物中。虽然深海沉积物中黏土矿物本身并不富集稀土元素，但黏土矿物是否能吸附较多稀土元素尚不清楚，需要进一步研究。

4.2.1 西太平洋稀土成矿带

早在 20 世纪 70 年代，Lisitzin A P、冈田和小林等人就对太平洋表层沉积物做过这方面的研究。到1984年，我国的牛佛宏等人又把西太平洋海底沉积物分为陆源、生物和多源三类，其中生物沉积又分为钙质和硅质两类，并认为控制海底底质分布主要是地貌、物源、水动力、水深、气候等。赵全基认为，赤道太平洋地区深海沉积主要是钙质软泥、硅质软泥和红黏土，这三类物质随水深改变其性质并发生规律性变化：粒度由粗变细，砂含量减少，黏土含量增多；火山物质增多，蒙脱石含量增大，碳酸钙含量大大减少，有孔虫壳体减少；Fe、Mn 的含量相对增加。并且，该地区沉积物相当复杂，有生物沉积、火山物质、自生物质、陆源物质和宇宙物质等。

邓义楠等人对西太平洋研究区域进行勘测，结果发现，该区域海盆水深为5000～6500 m，呈南东向展布。区域内浅表层沉积物多为上新世到晚白垩世的褐色沸石质远洋黏土，厚为0～40 m；下覆地层为晚白垩世坎潘期到土伦期的褐色的白陶土岩和燧石岩。2015 年，广州海洋地质调查局“海洋六号”船对该研究区开展了 2 个站位的柱状取样和 1 个站位的温盐深测量和海水取样，其岩芯剖面岩性特征如下。GC1 站位水深 5652 m，样品共厚 800 cm，岩芯剖面从颜色、岩性区分为两段，上段：0～280 cm，为褐色，颜色和质地均一，无味。表层沉积物含水率较高，呈弱黏性，沉积物手搓颗粒感较强；下段：280～800 cm，含水率降低，呈强黏性，深褐色，颜色和质地均一，手搓略有颗粒感，现场涂片鉴定结果为含沸石黏土。GC2 站位水深 5163 m，岩芯长 800 cm，样品从颜色、岩性分为两段，上段：0～350 cm，为褐色且质地均一，无味。表层沉积物含水率较高，呈弱黏性，沉积物手搓略有颗粒感；下段：350～800 cm，含水率降低，呈强黏性。深褐色，颜色与质地均一，无味，手搓略有颗粒感，镜下可见一定量的鱼骨片，鉴定结果为含沸石黏土。

2013 年，日本在其经济专属区南鸟岛附近海域调查发现，海底 2 m 以下存在超高稀土元素含量的富稀土沉积物，其∑REY 最高近 8000×10^{-6}，是目前已发现的∑REY 最高的深海富稀土沉积。据推算，该区稀土氧化物的资源量可达 1600×10^{4} t（海底之下 0～10 m），尤其富集钇元素和重稀土元素（HREE，占44%）。仅就 Dy 元素（广泛应用于精密强永磁体的制造）而言，该区镝氧化物的资源量可满足全球约 730 年的需求。近年来，我国在西太平洋海域也发现了广泛发育的深海富稀土沉积，其∑REY 最高近 6000×10^{-6}。据目前的研究，西太平洋海域∑REY 远高于其他海域，深海富稀土沉积主要发育于海底 2 m 以下的层段，其中海底之下 2～12 m 发育 3 层∑REY 超过 2000×10^{-6}的稀土元素富集层。西太平深海稀土成矿带可能是全球富稀土沉积发育最好的成矿带之一。

Toyoda 等发现，西太平洋深海沉积物中生物磷灰石 La 含量可达 500×10^{-6}～3000×10^{-6}；Kon 等报道的西太平洋深海沉积物中生物磷灰石∑REY 最高可达 32000×10^{-6}；Liao 的分析数据显示，中太平洋深海沉积物中生物磷灰石∑REY 平均值为 6182×10^{-6}；Zhou 等发现，东南太平洋深海沉积物中生物磷灰石∑REY 介于 998×10^{-6}～22497×10^{-6}。据估算，磷酸盐组分可贡献整个沉积物全岩∑REY 的 70%。可见，深海富稀土沉积中稀土元素的富集主要与磷酸盐物质有关，稀土元素最主要的赋存矿物为生物磷灰石。加藤泰浩等认为，微结核主要通过经典的元素“清扫”机制富集稀土元素。深海沉积物中∑REY 与 MnO 含量也存在一定正相关关系。原位分析结果显示，微结核中∑REY 较高，如 Liao 等报道的中太平洋深海沉积物中微结核∑REYY 介于 439×10^{-6}～1654×10^{-6}，Zhou 等发现，东南太平洋深海沉积物中微结核∑REY 最高可达 3153×10^{-6}，认为微结核对沉积物中稀土元素，尤其是 Ce 元素有重要的贡献。可见，微结核也是深海沉积物中稀土元素的重要赋存载体。

西赤道太平洋沉积物中含有丰富的黏土矿物，其含量依次为伊利石（60%）、绿泥石（20%）、蒙脱石（15%）和高岭石（10%），黏土矿物的分布主要受物源和动力控制，除了蒙脱石可以自生以外，其他黏土矿物主要是由风从太平洋周围大陆搬运而来，伊利石的年龄测定（老于洋壳年龄）和石英的条带状分布证明了这一点，这个结论也与风力从澳洲西部沙漠搬运物质到太平洋沉积的观点一致。中太平洋西部深海沉积物中碎屑矿物不少于90种，矿物组合特征表明其主要是远洋成因，美拉尼西亚海盆中陆源成分较多，石英含量在间冰期普遍增加，火山物质源于更新世及其以后大洋拉斑玄武岩浆的喷发，Hsashi等人在东北太平洋也发现了类似现象。

张霄宇等人在西太平洋麦哲伦海山区、马绍尔群岛、莱恩群岛以及东太平洋CC区共布设了18个站位，进行表层沉积物样品的勘察研究。结果表明：西太平洋海山区和东太平洋CC区沉积物性质差别较大，西太平洋海山区沉积物类型复杂，受水深、物质来源等不同因素影响，麦哲伦海山区钙质软泥分布较广，水深较深区域沉积物主要为含硅质黏土和黏土；马绍尔群岛和莱恩海山的几个站位均发现分布有含沸石黏土，东太平洋沉积物类型简单，以硅质黏土为主。不同类型沉积物中稀土元素和其他微量元素含量差异很大，含沸石型深海黏土以富含金属元素为特点，而钙质软泥以贫金属元素为特点，如图4-1所示。

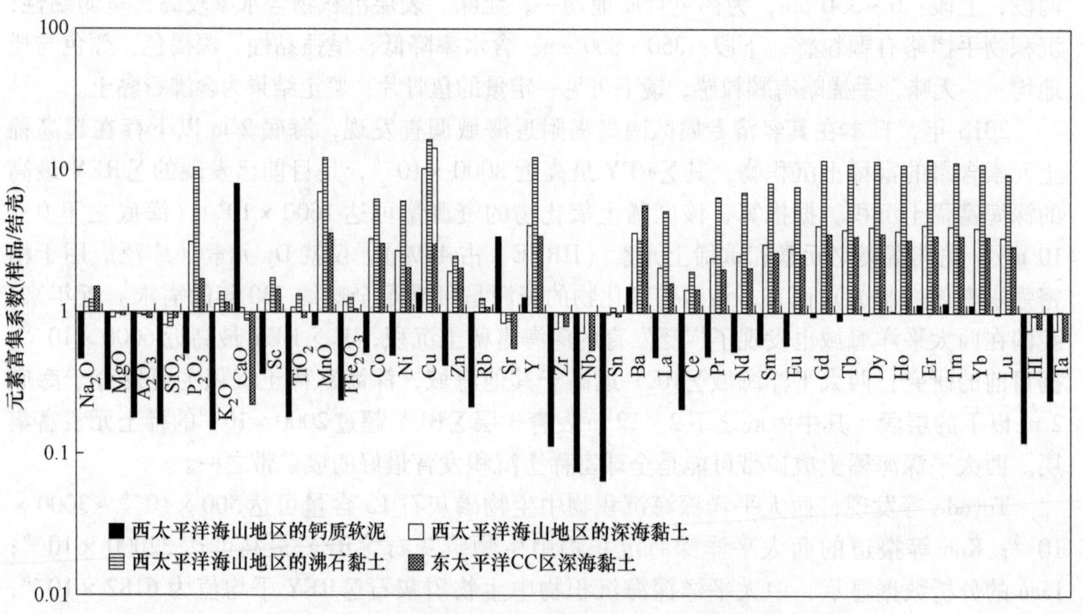

图4-1　太平洋不同类型沉积物中元素富集系数

方明山等人以取自站位水深为4840 m的太平洋海山区的远洋深海沉积物为研究对象，采用MLA查找样品中的稀土矿物并对其分布特性进行深入的分析和研究。样品的化学成分分析结果见表4-1，稀土元素分析结果见表4-2，样品中稀土元素的总含量（质量分数）为1431.83×10^{-6}，以Y、La、Ce、Nd这4种稀土元素为主，其他稀土元素的含量相对较低。样品中的矿物主要为伊利石，其次为长石，另有少量的绿泥石、磷灰石、铁锰氧化物、石英、石盐、方解石、钛铁矿以及微量的白云石等。通过MLA对大量光片进行自动查找和测试，在样品中一共发现了182颗稀土矿物颗粒，主要为独居石，其次为磷钇矿。总体来看，样品中的稀土矿物粒度都很细，全部分布在10 μm以下；其中大部分稀土矿物都以包裹体形式嵌布于伊利石等其他矿物中，只有30%左右的稀土矿物以单体或裸露连生的形式产出。

表4-1 样品的化学分析结果

组成元素	Fe	Mn	Ti	P	SiO_2	Cl	Al	Ca	Mg	K	Na
含量(质量分数)/%	5.39	1.25	0.52	1.24	43.59	1.69	7.52	3.46	1.51	2.85	2.98

表4-2 样品中的稀土元素分析结果

组成元素	Y	La	Ce	Pr	Nd	Sm	Eu	Gd	Tb	Dy	Ho	Er	Tm	Yb	Lu	REE
含量(质量分数)/%	443×10^{-4}	219×10^{-4}	138×10^{-4}	54.4×10^{-4}	263×10^{-4}	57.5×10^{-4}	13.9×10^{-4}	58.5×10^{-4}	11.8×10^{-4}	66.2×10^{-4}	14.5×10^{-4}	39.7×10^{-4}	6.68×10^{-4}	40.1×10^{-4}	5.55×10^{-4}	1431.83×10^{-4}

总的来说，西太平洋海山区分布着类型复杂的深海沉积物，不同类型沉积物中稀土元素和其他微量元素含量差异很大，含沸石型深海黏土以富含金属元素为特点，而钙质软泥以贫金属元素为特点；其中REE和Y、Cu、Co、Ni、Ba、P_2O_5富集，含量超过地壳中相应元素丰度的5~10倍，重稀土元素含量与我国华南地区广泛分布的离子吸附型矿床相当。

4.2.2 中－东太平洋稀土成矿带

20世纪90年代，我国科学家对中—东太平洋深海稀土成矿带内深海沉积物的稀土元素特征进行了较系统的研究，并注意到该区沉积物具有较高的∑REY。2011年，加藤泰浩等人研究认为北太平洋区和东南太平洋区两大海域富含稀土的面积合计约为$1100\times10^4\ km^2$，估计深海沉积物中稀土总蕴藏量约为880×10^8 t，相当于陆地稀土总资源量（约1.1×10^8 t）的800~1000倍。该区海底之下2 m以内深海沉积物∑REY为$400\times10^{-6}\sim1000\times10^{-6}$（∑HREE：$70\times10^{-6}\sim180\times10^{-6}$），具有很好的资源潜力。

近年来，我国科学家也对该区深海沉积物稀土元素特征进行了研究，进一步证实该区广泛发育深海富稀土沉积。深海多金属结核经济价值最高的CC区就位于中－东太平洋稀土成矿带内，目前全球约90%的多金属结核专属勘探区均位于该成矿带内。总体而言，中－东太平洋富稀土成矿带内深海沉积物∑REY含量中等，但富稀土沉积层厚度较大，往往大于30 m，局部超过70 m。同时，位于该区的CC区是全球多金属结核经济价值最高的地区，世界上大多数国家的多金属结核专属勘探区都位于该区。可见，中－东太平洋深海稀土成矿带也是全球非常重要的稀土成矿带。

中太平洋海盆（Central Pacific Basin）位于中太平洋海山区以南、马绍尔群岛海山和吉尔伯特海岭以东、莱恩海山以西、马尼希基海底高原以北海域，水深5000~6000 m，与著名的多金属结核分布区CC区以莱恩海山相隔。1971年，在此处进行了7个站位的钻探及相应的地球物理调查工作，揭示出新生代以来火山活动和沉积历史。Heezen等通过综合研究太平洋海域已有的深海钻探岩芯及地震剖面，认为在中、西太平洋海盆底部数米至数十米处广泛分布有“声学不透明层”，并提出其可能由高声阻抗的燧石—灰岩层构成，而相对富集稀土元素的深海沉积物，则在“声学不透明层”之上连续分布。

2013 年，中国地质调查局广州海洋地质调查局“海洋六号”船在执行中国地质调查局深海地质 01 航次期间，在中太平洋海盆西部布设了一条海洋地球物理测线调查，综合利用多波束测深、浅地层剖面测量及单道地震测量，同时进行了重力活塞沉积物柱状取样（S01、S50 测站），结果见表 4-3。

表 4-3 太平洋中部深海沉积物的常量元素含量（质量分数）、∑REY 及稀土参数统计

类 型	钙质软泥类（N=91）	硅质软泥类（N=110）	深海黏土类（N=1057）	太平洋深海黏土
$w(SiO_2)$/%	(2.62～48.13)/14.59	(47.44～85.92)/63.08	(41.58～61.59)/50.70	53.5
$w(TiO_2)$/%	(0.05～0.63)/0.19	(0.10～0.46)/0.28	(0.24～2.08)/0.61	0.77
$w(Al_2O_3)$/%	(1.22～11.52)/3.42	(3.03～9.94)/7.30	(10.00～16.47)/14.34	15.9
$w(Fe_2O_3)$/%	(0.47～5.61)/1.79	(1.29～6.59)/4.02	(3.92～10.08)/6.63	9.3
$w(MnO)$/%	(0.04～1.48)/0.37	(0.28～1.61)/1.03	(0.05～8.41)/1.31	0.87
$w(MgO)$/%	(0.39～3.81)/1.30	(1.24～4.54)/2.65	(1.85～6.47)/3.31	3.5
$w(CaO)$/%	(11.27～51.79)/39.92	(1.31～8.21)/2.52	(0.61～8.94)/2.92	1.4
$w(Na_2O)$/%	(0.53～6.27)/1.74	(1.36～9.04)/5.33	(2.85～9.97)/5.12	3.8
$w(K_2O)$/%	(0.17～2.90)/0.71	(0.52～2.21)/1.48	(1.70～4.67)/3.29	3.0
$w(P_2O_5)$/%	(0.20～3.09)/0.66	(0.56～3.33)/1.14	(0.24～5.87)/1.54	0.34
∑REY/%	[(57.81～920.28)/246.03]$\times10^{-4}$	[(207.33～989.04)/566.25]$\times10^{-4}$	[(328.71～2311.26)/870.59]$\times10^{-4}$	273.86×10^{-4}
$w(Ce)$/%	(0.19～0.72)/0.26	(0.21～0.43)/0.28	(0.17～1.50)/0.38	1.15
$w(Eu)$/%	(0.96～1.27)/1.14	(0.94～1.11)/1.03	(0.91～1.29)/1.04	1.02
$w(La_N/Yb_N)$/%	(0.66～0.95)/0.81	(0.63～0.89)/0.76	(0.30～1.41)/0.72	1.1
$w(Y_N/Ho_N)$/%	(0.96～1.27)/1.15	(1.05～1.26)/1.18	(0.81～1.70)/1.15	1.03

注：表中第 2、3、4 列数据形式为（最小值～最大值）/平均值；太平洋深海黏土数据据 Li 和 Schoonmaker（2003）；稀土参数相对北美页岩计算据 Gromet 等（1984）。

在稀土元素含量（质量分数）富集的层位（2.1～5.4 m，∑REY＞1000×10^{-6}），沉积物岩性以沸石黏土为主，MnO、P_2O_5、沸石、生物残渣的含量（质量分数）均同样呈现较高的含量（质量分数），而 SiO_2、Al_2O_3、TiO_2、Fe_2O_3、烧失量（LOI）及视域中黏土组分的含量（质量分数）呈减少趋势。在稀土元素含量（质量分数）较低的层位，沉积物岩性主要为远洋黏土/含沸石黏土，SiO_2、Al_2O_3、TiO_2、Fe_2O_3 等含量（质量分数）增加，MnO、P_2O_5 含量（质量分数）出现明显的递减趋势。沉积物涂片鉴定结果显示，视域中黏土组分含量（质量分数）明显升高，由不足 50% 增加至 90% 以上，沸石、生物残渣的含量（质量分数）则降低至不足 10%。沉积物中稀土元素与 Si、Ti、黏土组分呈现明显的负相关关系，而与 Mn、P、沸石呈现较良好的正相关关系。研究区深海沉积物中的细粒黏土组分主要为源自亚洲大陆的风尘黏土；同时该区域中 Al、Fe 元素也主要源自陆壳风化产物，并随风尘携带至研究区沉积。两者均与稀土元素含量（质量分数）呈负相关关系，表明细粒的风尘黏土沉积物并不是研究区稀土元素的主要供给，也不利于稀土元素的富集。通过化学淋滤法对其进行稀土元素赋存状态分析，表明稀土元素多赋存于铁锰氧化物和氢氧化物相中。

S01 沉积柱样岩性、元素及矿物成分含量垂向剖面变化图如图 4-2 所示。

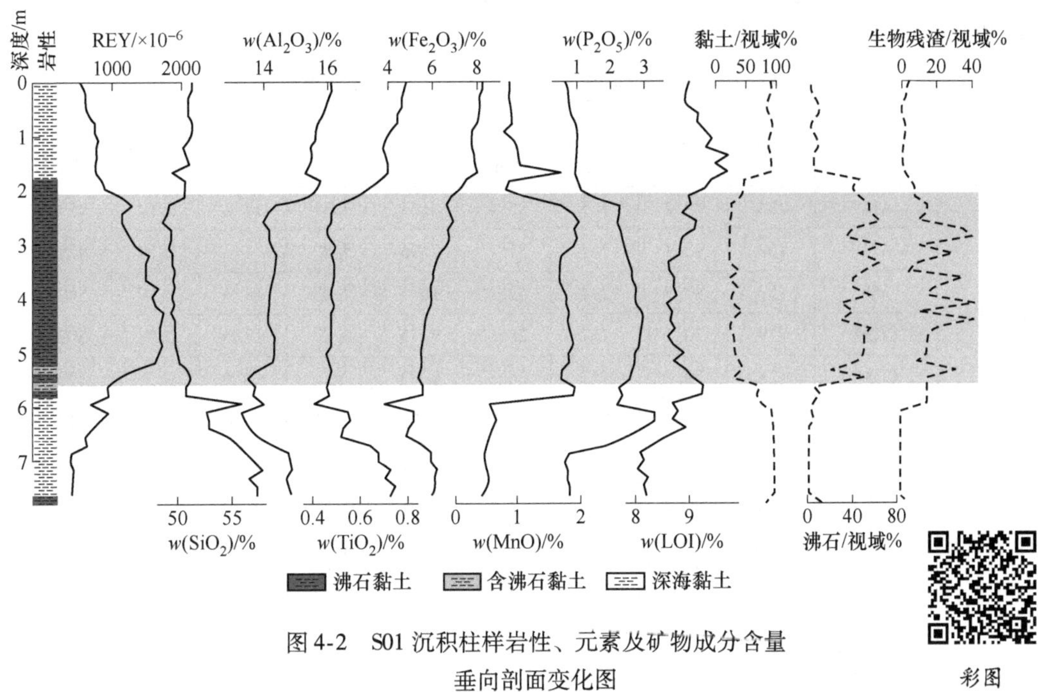

图 4-2 S01 沉积柱样岩性、元素及矿物成分含量垂向剖面变化图

根据 DY95-7 航次 380 个测站及 DY95-9 航次 380 个测站表层深海泥的分析鉴定结果及后期资料的补充，中国多金属结核区东区和西区表层深海泥可划分为 9 个类型，即硅质黏土、含硅质黏土、黏土硅质软泥、含黏土硅质软泥、硅质软泥、黏土、含钙质硅质黏土、钙质软泥和硅质钙质软泥，其中前两者分布最广。表层深海泥的类型差异，与海底地形和水深等因素密切相关，钙质软泥、硅质钙质软泥及含钙质硅质黏土均分布在水深小于 5000 m 的海山或丘陵上。该海域表层深海泥的 $\sum$REY 含量主要为 400 ~ 1000 μg/g，富 $\sum$REY 层位较厚，一般超过 30 m，其中 1222 站位厚达 70 m。研究区内深海泥 $\sum$REY 在沸石黏土、硅质黏土/软泥、钙质软泥/黏土中呈现依次降低的趋势。

利用浅地层剖面特征区分远洋沉积物类型，在深海富稀土沉积物调查中具有重要意义。近年的调查研究结果表明，稀土元素主要赋存于太平洋远洋黏土、沸石黏土沉积层中，其中的 REY 含量一般高于 400×10^{-6}，最高可达约 7000×10^{-6}；而生物组分含量较高的钙质/硅质软泥/黏土中 REY 含量一般不高于 400×10^{-6}。不透明的燧石层之下一般为早期沉积的钙质沉积物。据此，可将透明层视为深海稀土沉积物的目标赋存层位；硅质、钴质层状层为不利于稀土元素富集的层位；不透明层则可视为富稀土沉积层的下界。在大洋富稀土沉积物调查中，可以浅地层剖面特征为指导，快速锁定目标沉积层，为潜在的深海稀土资源勘探提供支撑。

4.2.3 东南太平洋稀土成矿带

2018 年自然资源部第一海洋研究所石学法团队在执行中国大洋 46 航次时，在东南太平洋发现了大面积富稀土沉积，随后开展了系统的研究。

太平洋东部 CC 区是一个环境变化较为复杂的区域，是重要的多金属结核产区。早在

1986—1988年，中国地矿部“海洋四号”科学考察船就对该区进行了调查。利用仪器中子活化法对其25个样品进行研究，共测得8个稀土元素，见表4-4。

表4-4　太平洋东部研究区各种类型沉积物稀土含量及总量

沉积物	样品号	元素含量及总量/μg·g^{-1}								
		La	Ce	Nd	Sm	Eu	Tb	Yb	Lu	∑REE
沸石黏土	A17	134	88.2	165	35.4	8.67	6.51	17.2	2.64	457.62
	A22	108	92.1	164	31.7	7.96	5.82	14	2.34	425.97
	A68	157	87.2	214	42.3	10.7	7.63	18.3	2.97	540.10
	CC29	219	70.1	157	26.6	9.75	6.87	17.5	2.71	509.53
	CC31	128	79.8	153	36.3	9.03	6	15.4	2.27	429.80
	平均	149.2	83.48	170.6	34.46	9.22	6.57	16.48	2.59	472.58
硅质黏土	A143	60.8	88	108	19.1	4.93	3.77	8.93	1.4	295.00
	C5	68.2	90.2	100	19.6	5.11	3.38	9.29	1.53	297.31
	C6	52.4	89	89.6	14.6	3.8	2.87	6.27	1.16	259.70
	C11	81.6	101	134	24.8	6.16	4.28	11.8	1.97	365.61
	C13	47.5	92.3	79.1	13.1	3.44	2.42	5.39	1.10	244.35
	CC10	94.2	88.9	156	36.4	8.68	6.01	14.1	2.17	406.46
	CC14	47.2	88	64.3	15.9	3.95	2.51	6.58	1.11	229.55
	CC25	102	73.8	108	26	6.5	4.49	12.8	1.6	335.19
	CC33	143	69.7	137	40.6	9.63	6.78	18.4	2.72	427.83
	CC52	88.2	74.6	86.3	26.3	6.51	4.45	11	1.95	299.31
	CC54	59.4	93.1	100	20.6	4.9	3.4	8.6	1.35	291.35
	CC55	63.9	87.5	87.1	7.63	4.94	3.38	7.79	1.27	263.51
	CC59	113	76.7	128	33.3	7.87	5.56	14	2.15	380.58
	CC60	64.9	87.5	110	23.8	5.6	3.87	10.2	1.6	307.47
	平均	78.26	85.27	105.64	23.17	5.88	4.08	10.47	1.67	314.36
硅质软泥	A2	112	74.9	122	30.8	7.71	5.49	14.4	2.42	369.72
	A49	76.2	90	110	23.8	5.85	4.3	10.6	1.75	322.50
	CC2	65.6	107	86.3	22.4	5.58	3.71	10.1	1.54	302.23
	CC57	43.6	76.6	40.7	15.2	3.63	2.42	5.6	0.75	188.50
	平均	74.35	87.12	89.75	23.05	5.69	3.98	10.18	1.62	285.72
	A57	53	24	76	12.9	3.47	2.21	4.9	0.884	177.36
	CC6	44.2	72	47.3	14.4	3.57	2.35	5.51	0.97	190.30
	平均	48.6	48	61.65	13.65	3.52	2.28	5.21	0.93	183.82

与深海沉积物、北美页岩、地壳和中国边缘海沉积物相比（见表4-5），研究区四种沉积物的∑REE、LREE和HREE皆较其为高，说明该区沉积物富集稀土元素；LREE/HREE比值大于海水和深海沉积物而小于北美页岩、地壳和边缘海沉积物，表明轻、重稀土的分异程度高于海水及深海沉积物，低于北美页岩、地壳和边缘海沉积物。

表 4-5 不同类型沉积物及海水的稀土含量（质量分数）和比值 (μg/g)

元素及比值	沸石黏土	硅质黏土	硅质软泥	钙硅质黏土	海水 $\times 10^7$	深海沉积物	北美页岩	底壳	中国边缘海沉积物
La	149.20	78.2	74.35	48.60	34	16.37	32	29	28.78
Ce	83.48	85.27	87.12	48.00	12	26.80	73	58	55.43
Nd	170.6	105.64	89.75	61.65	28	28.25	33	30	26.38
Sm	34.46	23.17	23.05	13.65	4.5	8.69	5.7	7.0	4.97
Eu	9.22	5.88	5.69	3.52	1.3	2.25	1.24	1.25	1.10
Tb	6.57	4.08	3.98	3.28	1.4	1.68	0.85	1.2	0.62
Yb	16.48	10.47	10.18	5.21	8.2	6.25	3.1	3.0	1.75
Lu	2.59	1.67	1.62	0.93	1.5	0.87	0.48	0.65	0.16
∑REE	472.58	314.36	295.72	183.82	90.9	91.16	144.94	130.10	119.19
LREE	446.94	298.14	279.94	175.42	79.8	83.26	140.51	125.25	116.66
HREE	25.64	16.22	15.78	8.41	11.1	8.80	4.43	4.85	2.53
LREE/HREE	17.43	18.38	17.74	20.88	7.19	9.36	31.72	25.82	46.11
Eu^A	1.125	1.100	1.078	1.140	0.975	1.083	1	0.781	1.076
Ce^A	0.237	0.433	0.486	0.402	0.166	0.586	1	0.876	0.877

2018 年，中国大洋 46 航次对东南太平洋深海富稀土沉积物开展了系统调查，在东太平洋洋隆附近初步圈划出大面积的富稀土沉积区。该区深海沉积物的元素与同位素特征均证明，热液流体对其稀土元素的富集过程产生了显著的影响。东南太平洋深海富稀土沉积主要赋存于 10 m 以内层段，其∑REY 较高，可达 2700×10^{-6}，已达到或超过中国南方离子吸附型稀土矿的全岩∑REY，重稀土元素含量几乎为南方离子吸附型稀土矿的 2 倍。同时，该区深海富稀土沉积分布广泛，是全球深海富稀土沉积分布最广泛的区域之一。可见，东南太平洋深海富稀土沉积具有分布面积广、埋藏浅、受热液流体影响显著等特征，也是全球深海稀土发育最好的地区之一。

中国大洋协会调查航次在东太平洋 CC 区的研究结果显示，研究区不同类型沉积物稀土总量（>REY）整体表现为沸石黏土>远洋黏土>硅质黏土。CC 区多个富稀土站位沉积物均以沸石黏土为主，从岩性上反映出沸石对稀土有强烈的富集作用。研究区沉积物中的沸石矿物主要以钙十字沸石以及少量的斜发沸石为主。钙十字沸石主要由基性火山物质水解而成，CC 区火山活动发育，为钙十字沸石的生长提供了充足的物质来源。此外，研究区沉积速率缓慢，研究区硅质软泥和沸石黏土的沉积速率为 1.77 ~2.70 mm/ka。深海缓慢的沉积速率促使海底沉积物能与海水长期接触，保证了钙十字沸石有足够长的生长期。这种深海缓慢的沉积条件同样满足了稀土的富集过程，使得稀土能够在沸石黏土中高度富集。

深海沉积物中稀土元素的另一主要赋存矿物即铁锰氧化物，这些氧化物在沉积物中多以铁锰微结核的形式存在。加藤泰浩认为东南太平洋富稀土沉积物的成因与东太平洋海隆的海底热液及火山活动有关。热液柱中的悬浮颗粒物 Fe 氧羟化物会随着海水进行水平运动，迁移一定距离后会沉降到海底，在这个过程中 Fe 氧羟化物会从海水中吸收大量的稀土元素，成为海底沉积物中稀土元素的一个重要赋存相。在研究区 WGC1401 沉积柱样中，0 ~ 300 cm 深度范围内，肉眼即可见大量铁锰微结核。稀土含量从 300 cm 至表层也出现了含量逐渐增加的趋势。但是 WGC1401 站位以南的相邻 WGC1402 站位，沉积物类型相似，而岩芯中未发现铁锰微结核，稀土元素含量也未出现异常增加趋势。由此可见微结核对稀土的富集有显著作用。这些微结核来源于东太平洋海隆热液柱中的颗粒物还是局部成岩作用。了解其物源和形成机制对了解稀土富集具有重要的指示意义。

除了铁锰微结核，WGC1401 岩芯中的重晶石含量也有显著变化。如 WGC1401 岩芯，从 300 cm 至表层，重晶石和 Ba 含量都表现出逐渐升高的趋势。有关 Ba 的来源主要有两种观点：一种观点认为 Ba 来源于海底火山活动；另一种则认为由于生物过程使海水中的 Ba 发生浓集，当生物骨屑在沉积物中分解时释放出 Ba 造成硫酸钡过饱和的微环境而形成重晶石。WGC1401 岩芯中有少量的重晶石，200 cm 以浅含量略高，200 ~ 440 cm 重晶石消失，440 cm 以下，再次出现，含量略低于上部。从岩性上看，WGC1401 岩芯硅质生物含量较高，变化趋势为上部最低，中部升至最高，下部略有降低，与重晶石的变化趋势正好相反。因此，沉积柱中的 Ba 并非来自生物。与其他站位相比，WGC1401 岩芯具有非常高的 Ba 含量，尤其是在岩芯上层，Ba 含量高达 9310×10^{-6}，如此高的含量可能由热液活动提供。要准确识别岩芯中重晶石的成因，还需要通过重晶石单矿物的 U、Th 含量指标。热液重晶石中 U、Th 含量很低，小于 0.05×10^{-6}，而自生重晶石的 Th 含量约 35×10^{-6}。如果可以确定岩芯中的重晶石为热液活动提供，那么也许可以判识热液活动为岩芯中的铁锰氧化物提供了物质来源。

南极底层流从晚渐新世以来一直活跃于太平洋，中中新世及晚中新世的冰期极盛期使得南极底层流极为活跃，明显的证据是在地层中形成大范围的沉积间断。基于生物地层学和磁性地层学研究得出，研究区附近 CC48 岩芯 88 cm 以浅发育大范围的沉积间断，时间间隔为 1.61 ~ 0.73 Ma；CCA121 岩芯在 335 cm 处存在 0.9 ~ 16.2 Ma 的沉积间断，沉积间断可能在本研究多个站位地层中也有体现，主要证据为多个站位（如 WGC1401、XTGC1302 和 XTGC1307A）埋深 300 cm 左右，岩性特征及 Fe、Mn、P、Co、Ni 等元素含量都出现转折性的变化。

东太平洋 CC 区富稀土沉积的广泛发育是复杂的地质背景和古海洋环境演化的产物。频繁的火山活动为钙十字沸石的发育提供了充足的基性火山碎屑物质，稳定缓慢的沉积速率保证了钙十字沸石的生长时间。热液活动可能为微结核与重晶石的生长提供了物质来源，南极底流活动也可能对微结核与重晶石的生长起到了促进作用。

蒂基海盆深海富稀土沉积区位于东太平洋洋隆西侧，马克萨斯群岛南部，水深为 4000 ~ 4600 m。2021 年我国的最新研究成果表明，蒂基海盆 S028GC23 柱状沉积物中稀土元素含量（$\sum$REY）从 $1136 \times 10^{-6} \sim 2213 \times 10^{-6}$不等，$\sum$REY 含量与 P_2O_5 和 CaO 显示出明显的正相关关系。原位微量元素分析结果显示，富稀土沉积物中生物磷灰石（鱼牙）中的$\sum$REY 含量为 $1381 \times 10^{-6} \sim 19600 \times 10^{-6}$（平均为 8921×10^{-6}），显示生物磷灰石是该区域富稀土沉积中稀土元素的主要赋存矿物。LA-ICP-MS 面扫描结果显示，生物磷灰石中 REY 的含量从底部至顶部出现了明显减低的趋势，显示了 REY 是从鱼牙的底部最先进入，随后向顶部逐渐扩散。铁锰微结核可以分为水成成因和成岩成因两大类，其中的稀土元素含量分别为 993×10^{-6} 和 607×10^{-6}，考虑到其在沉积物中较高的比例（15%左右），其可以作为蒂基海盆富稀土沉积中稀土元素的次要赋存矿物。全岩沉积物与生物磷灰石 Sr-Nd 同位素特征均显示，海水是蒂基海盆富稀土沉积中稀土元素的主要来源。成岩微结核的出现以及生物磷灰石中 Y/Ho 比值的变化显示了孔隙水在深部同样发挥了作用。

4.2.4 中印度洋海盆－沃顿海盆稀土成矿带

中印度洋洋盆东以 90°E 海岭为界，西与中印度洋中脊和查戈斯-拉卡代夫海岭相交，北至印度和斯里兰卡，南临东南印度洋中脊北部。在此区域内，分布着一系列北东-南西向到南北向的断裂带，如 73°E 断裂带、76°30′E 断裂带、79°E 断裂带、83°E 断裂带和 86°E 断裂带等。测深数据显示中印度洋洋盆分布着大量的孤立海山和互相平行或平行于断裂带的海山，其特征与太平洋非热点火山很相似。在中印度洋洋盆北部主要受到陆源碎屑沉积的控制，这些陆源碎屑主要为来自印度次大陆的河流沉积物；在 5°～15°S，主要是硅质软泥的分布区，这里水深普遍超过 5000 m，远离大陆，因此钙质沉积和陆源碎屑的影响较小。在硅质软泥分布区的南部，则是中印度洋洋盆铁锰结核的主要产区。在靠近洋中脊和海岭的区域，水深相对较浅，广泛分布了钙质沉积物。而在 15°S 以南，由于远离大陆，受陆源物质的影响较小；同时，海洋初级生产力水平与赤道区域相比较低，该区域主要分布的沉积物类型为深海黏土。

国际上关于印度洋深海沉积物稀土元素组成的研究非常少。Pattan 等报道，沃顿海盆存在 ∑REY 较高的深海红黏土沉积，但由于缺少 Pr、Tb 和 Tm 的数据，推算其 ∑REY 可达 1190×10^{-6}。Pattan 等在中印度洋海盆同样发现了该类深海红黏土沉积，推算其 ∑REY 可达 786×10^{-6}。20 世纪 90 年代科学家发现，中印度洋海盆和沃顿海盆发育 ∑REY 较高的深海红黏土。2014 年，Yasukawa 等对沃顿海盆 DSDP213 站位岩芯研究发现，该站沉积物中发育约 50 m 厚的富稀土沉积，但埋深超过 100 m；2015 年至 2018 年，中国大洋协会首次在中印度洋海盆和东南太平洋发现了大面积深海富稀土沉积物，开辟了深海稀土资源调查研究的新领域。近年来，中国科学家对富集区内深海沉积物稀土元素特征进行了大量研究，发现该区深海富稀土沉积 ∑REY 最高可达 2000×10^{-6}，主要发育于沉积物表层 0～5 m 层段。随着近年来调查研究的深入，我国已经在中印度洋海盆初步推断划出两个富稀土沉积区域，在沃顿海盆和印度洋中央洋盆有富含稀土元素的深海黏土分布，并且认为 Wharton 海盆东南水深大于 CCD 的海域和印度洋中央洋盆南部的结核区，可能是富稀土深海黏土发育的理想区域。

深海稀土成矿带特征对比一览表见表 4-6。

岩相学和地球化学研究显示，中印度洋海盆富稀土沉积物来源主要为风尘物质。除此以外，中印度洋海盆富稀土沉积物中还含有来自上覆海水的内源铁锰微结核、来自盆地南部东南印度洋中脊的玄武质火山玻璃和少量来上覆海水的硅质生物（仅沉积物顶部）和鱼牙等。其中，内源铁锰微结核和生物源鱼牙等是富稀土沉积物中稀土元素的主要赋存相。

表4-6 深海稀土成矿带特征对比一览表

海区	成矿带	沉积物主要类型	ΣREY /μg·g^{-1}	ΣREY平均值 /μg·g^{-1}	≥700 μg/g	主要发育层位	主要赋存矿物
太平洋	西太平洋	深海黏土（沸石黏土、远洋黏土）	700～7974	1330	819	>1.3 m；2～12 m发育3层；ΣREY>2000 μg/g富集层	生物磷灰石为主，其次为铁锰微结核
	东南太平洋		700～2485	1221	360	0～10 m	
	中-东太平洋		700～1732	910	468	0～64 m；多层	
印度洋	中印度洋海盆		700～1987	1120	756	0～5 m	
	沃顿海盆		700～1113	815	34	103～122 m	

对90°E海岭以东，Broken脊以北的沃顿海盆内42-GC34柱状沉积物进行鉴定，结果显示该站黏土矿物主要由绿泥石、高岭石、伊利石和蒙脱石组成，黏土矿物蒙脱石对稀土元素富集起到积极的作用，本站样品的蒙脱石在硅质黏土、远洋黏土、含沸石黏土、沸石黏土中的含量平均值依次为1.05%、1.63%、2.70%、34.4%；随着蒙脱石含量的增加，ΣREY逐渐增加。虽然黏土矿物并不是深海沉积物中REY富集的主要矿物，但由于黏土矿物具有较强的吸附性，其在深海沉积物中REY的富集过程中可能承担了“载体”的作用：前期吸附海水中的REY，随后在成岩的过程中通过离子替换的方式将REY释放到最终“宿主”生物磷灰石中。

中国大洋协会组织的第30航次第四航段获取了1.4 m长重力柱样品GC02，研究表明稀土元素和P_2O_5的相关性显著（$R_2=0.92$，$n=15$），与Mn也有良好的相关性，但与Fe的相关性较弱，显示印度洋中央洋盆的富稀土深海黏土为一类低铁的富稀土沉积物，而显著区别于热液成因的多金属软泥，并且微结核的存在对稀土元素的分馏特征没有显著影响。尽管稀土元素与K关系密切，但是近年来研究表明，含K的钙十字沸石并不是沉积物中稀土元素的赋存矿物，其共生机制还有待于进一步研究。GC02柱的这些特征表明，印度洋中央洋盆分布着和太平洋同一类型的富稀土深海黏土，以鱼骨碎屑为主要载体，分布在初级生产力和沉积速率很低的深海海盆，与钙十字沸石分布范围具有一致性，以中、重稀土元素富集、Ce负异常为典型特征。

总体而言，中印度洋海盆-沃顿海盆深海稀土成矿带内深海沉积物稀土元素含量中等，中印度洋海盆富稀土沉积赋存层位较浅，沃顿海盆赋存层位较深，与中-东太平洋富稀土成矿带相当，也是全球非常重要的深海稀土成矿带。

4.3 深海稀土软泥勘探

自2011年大洋中稀土资源发现以后，日本在国家计划层面大力推动深海稀土资源的调查研究进程。2013年4月，日本内阁会议修订的《海洋基本计划》中，明确提出要加强海底沉积物中稀土资源的调查研究。据此，日本经济产业省于2013年12月制订了《海洋能源矿产资源开发计划》，决定开展深海沉积物稀土资源潜力评估测试、采泥、扬泥技术研究等。日本石油天然气金属矿物资源机构（JOGMEC）牵头，经过3年研究完成了此项稀土沉积物资源潜力评价研究任务。2013—2015 年，JOGMEC 在其专属经济区南鸟礁周边海域进行稀土资源评价的同时，还进行了可采性经济评价，测算结果表明，在资源具有充分保障的基础上，只有稀土价格保持在 2011 年前的历史最高价长达 20 年，才具备经济上的可采性。并提出了初步开采方案。

我国在日本宣布发现深海稀土资源之后立即开始了相关资源调查。中国大洋协会于 2012 年启动了“海底新型矿产资源预研究”课题，开始对深海稀土元素资源开展研究，至今已在印度洋和太平洋初步划定了稀土富集区。太平洋深海稀土调查方面，2013 年开始，中国地质调查局展开了对东太平洋的稀土资源专项调查，并于 2013 年首次对太平洋深海沉积物稀土资源进行了调查，证实了深海稀土资源的存在；2014 年，在中国大洋第 32 航次科考任务中，研究人员初步圈定深海稀土成矿远景区。在印度洋深海稀土资源调查方面，2014 年，中国大洋第 30 航次科考队根据发现的沉积样柱推断中印度洋海盆局部区域内可能存在富稀土沉积物；2015 年，在中国大洋第 34 航次中，研究人员在中印度洋海盆首次发现大面积富稀土沉积物，并初步推断划出了两个富稀土沉积区域；2017 年在大洋 42 航次中，研究人员基本查明了中印度洋海盆富稀土沉积的分布特征和范围。当前，我国仍在大力积极推动深海稀土资源调查研究工作。目前，深海稀土资源来源与分布情况见表 4-7。

表 4-7 深海稀土资源来源与分布情况

<table>
<tr><th>类型</th><th colspan="2">来 源</th><th>分 布</th><th>影响分布的因素</th><th>开 采 价 值</th></tr>
<tr><td rowspan="5">海底沉积物稀土元素</td><td rowspan="2">陆源风化物质输入（陆缘海底沉积物）</td><td>陆源风成沉积</td><td rowspan="5">从河口到洋中脊沉积物中都有稀土元素的分布，含量一般为深海沉积物 > 陆缘海沉积物 > 河口沉积物</td><td rowspan="5">主要受沉积物粒度、沉积物类型、元素组成、赋存状态、海底热液活动的影响。深海沉积物稀土元素含量值主要由粒度和海底火山活动决定，而陆缘海和河口沉积物稀土元素含量值则主要由粒度和物源决定</td><td rowspan="5">南太平洋东部、北太平洋中部和日本南鸟岛以南地区的深海泥中稀土元素比较富集，有一定开采价值</td></tr>
<tr><td>河流搬运作用</td></tr>
<tr><td rowspan="3">海底火山作用（主要为深海沉积）</td><td>火山岩海底风化</td></tr>
<tr><td>热液活动产物</td></tr>
<tr><td>火山灰沉降</td></tr>
<tr><td>海底多金属结核（结壳）稀土元素</td><td colspan="2">对海水和沉积物中稀土元素的吸附、陆源风化物质输入以及海底火山活动</td><td>稀土含量：结壳高于结核，海山结核高于海盆结核，边缘海高于远洋盆地</td><td>主要受锰结核含铁相、氧化还原条件、赋存状态、构造背景以及矿物成分的影响</td><td>具有一定开采价值</td></tr>
<tr><td>热液硫化物稀土元素</td><td colspan="2">海底岩浆岩与海水相互作用而形成</td><td>与海底沉积物及多金属结核（结壳）相比，热液硫化物的稀土元素含量很低，而且全球分布较少，大部分存在于深海之中</td><td>主要受热液流体与水体（围岩）作用和稀土元素离子半径的影响</td><td>从含量、分布及技术等方面来看开采价值低</td></tr>
<tr><td>海水稀土元素</td><td colspan="2">海水中溶解的稀土元素</td><td>分布从属于环大陆分带性（即随离大陆距离越远，海水的稀土元素含量值越大）</td><td>主要受水深、盐度和风成悬浮物质的影响</td><td>含量很小，开采价值低</td></tr>
</table>

4.3.1 稀土元素来源

稀土矿产资源来源对深海沉积物稀土资源勘探与分析存在重要影响。因此，稀土矿产资源来源问题始终是深海沉积物中稀土矿产资源研究所关注的重点问题。目前关于深海沉积物中稀土矿产资源的来源尚未得到统一，深海沉积物中 REY 的来源主要涉及两个问题：一是沉积物中的 REY 来源（直接来源），二是海水和孔隙水中 REY 的来源（间接来源）。目前大量全岩地球化学统计分析发现 REY 含量与 P、Fe、Mn 和 Al 相关性良好，因此沸石、生物磷酸盐（鱼牙骨）、铁的氢氧化物和黏土矿物等均成为稀土的可能赋存相。2014 年，Kon 等人对日本东南部的 Minami-Torishima 深海软泥中的鱼牙骨（磷灰石）进行了原位微量元素分析，发现鱼牙骨中含有高 REY（$2000\times10^{-6}\sim20000\times10^{-6}$），但其对整个沉积物中 REY 的贡献不清楚。由于与生物磷灰石、海水的 REY 配分模式非常类似，因而一直认为深海沉积物中 REY 主要来源于海水。

太平洋富稀土沉积物主要形成于热液活动及其相关 Fe 的氢氧化物；利用激光剥蚀等离子体质谱分析，发现深海沉积物中的稀土元素主要存在于磷灰石中；基于脊钙质沉积物进行化学分析，发现西南印度洋中脊区域深海沉积物中的稀土元素属于生物源，在一定程度上受陆源物质影响较大；南大西洋中脊各站位稀土元素分配模式存在相似性，表现为“轻稀土元素富集，重稀土元素亏损”，认为南大西洋中脊深海沉积物中的稀土资源主要来源于海水。

近年来的研究发现，沉积物-海水界面附近孔隙水中的 REY 也可能是富稀土沉积物中 REY 的重要来源。生物磷灰石作为深海沉积物中 REY 的主要赋存矿物，也是 REY 全吸收型的矿物，可用来示踪 REY 的来源。在沉积时间较短或者钙质生物沉积环境中，生物磷灰石的 REY 主要来自海水；而对于沉积时间较长，以及具有陆源碎屑沉积或者火山源沉积区域，其 REY 则更多地具有后期孔隙水叠加信息，反映了沉积物的物源信息。可见，海水和孔隙水是深海富稀土沉积中 REY 的主要来源。至于海水和孔隙水中 REY 的来源（间接来源）则比较复杂。从理论上讲，进入海洋的物质都有可能为海水和孔隙水提供 REY，包括火山蚀变物质、热液喷发物质乃至进入深海的陆源碎屑物质都是深海 REY 的“源”。

目前国际上针对富稀土沉积的孔隙水研究极少。Deng 等人（2017 年）对西太平洋沉积物与海水的 REY 特征研究发现，富稀土沉积物的 REY 配分模式与底层水体、孔隙水相近。Liu 等人（2021 年）对中印度洋海盆富稀土沉积区内沉积物研究发现，孔隙水中溶解态 $\sum$REY 浓度较高，达到纳摩尔量级（10^{-9} mol/L，即 nM），比海水中 $\sum$REY 高 2～3 个数量级，且相对富集中稀土（MREE），其 REY 配分模式与海水差异明显；此前 HALEY 等人（2004 年）在近海沉积物的孔隙水中也发现过类似的 REY 配分模式。其他相关物质来源已在 4.2 节中给出。

4.3.2 深海稀土的富集特征和控制要素

深海稀土软泥不同于所有已知的陆地稀土矿床，是一种新资源类型。影响深海稀土富集的主要因素有构造环境、物质来源、水深、沉积速率、氧化—还原环境、沉积物类型等；控制深海稀土大规模成矿的三大要素是大水深、低沉积速率和强底流发育（氧化环境）。形成大规模富稀土沉积的有利条件是构造稳定的深海盆地，水深在 CCD 之下；碎屑物质输入量少，沉积速率低；南极底流（AABW）发育，水体为氧化环境；沉积物类型主要为沸石黏土和远洋黏土等。沉积物类型实际上受水深、物质来源和沉积速率控制；低沉积速率为沉积物中磷灰石的富集和与海水的长时间接触提供了有利条件，沉积速率越低，越有利于沉积物中 REY 的富集；富氧底流则为富稀土沉积的发育提供了氧化环境，有利于重稀土微粒的封闭，以及磷酸盐、铁锰质氧化物等物质对 REY 的吸附，使稀土成矿作用在海底大范围内发生。深海稀土中生物磷灰石中 $\sum$REY 可达到 10^4 μg/g 以上，磷酸盐组分可贡献全岩 $\sum$REY 的 70%，是富稀土沉积中 REY 可能的主要赋存矿物。

WPC1101 沉积物柱状样源自中国大洋协会第 23 航次调查，位于东太平洋中国多金属结核合同区西区。研究对 CC 区深海泥的 REY 特征进行整理发现，该海域表层深海泥的 $\sum$REY 含量主要为 400 ~ 1000 μg/g，富 $\sum$REY 层位较厚，一般超过 30 m，其中 1222 站位厚达 70 m。不难想象其来源无非是碎屑继承或者海相自生组分的贡献。前者最为常见即为以铝硅酸盐微碎屑为代表的黏土，其 REY 含量及模式主要继承了源区物质的特征。而海相组分包括钙质生物壳体、硅质生物壳体、铁锰氧化物、磷酸盐等，它们的 REY 特征主要由沉积环境决定。深海泥中的钙质生物壳体如钙质超微化石、有孔虫等主要为 $CaCO_3$，硅质生物壳体如硅藻、放射虫等主要为 SiO_2，它们的 REY 含量可以忽略不计，被认为起到稀释作用。

4.3.2.1　REY 与黏土组分的关系

深海稀土软泥中的黏土矿物主要有蒙脱石、伊利石、沸石等，研究认为 97.3% 以上的 Al 以铝硅酸盐的形式存在，因此黏土矿物的权重可以由 Al 含量作为指标。研究区铝硅酸盐的 SiO_2 : Al_2O_3 质量比值接近 3，额外的 Si 主要以硅质生物壳体的形式存在。在 REY 与 Al_2O_3 图解中，它们显示较好的正相关关系。也就是高 REY 含量的深海稀土软泥具有高黏土含量，可以解读出两层意思：首先，黏土、钙质生物、硅质生物是组成深海泥的主要部分，此消彼长，而生物组成主要起到稀释作用。例如在接近大洋中脊或者赤道区域，深海泥具有普遍低的 REY 含量，主要是钙质软泥或者硅质软泥快速沉降起到稀释作用，降低了深海稀土软泥中 REY 含量；其次，REY 在海水中的质量分数很低（$n\times10^{-12}$），快速沉积的生物组分 REY 难以在短时间内富集，而研究认为沉积速率缓慢的深海稀土软泥普遍具有较高的稀土含量。高黏土含量的深海稀土软泥形成于低生物生产率的地方，代表慢速的沉积过程，能够为多金属沉积物及磷酸盐等海相组分赢得足够的时间富集 REY。

黏土组分中的黏土矿物（蒙脱石、伊利石和高岭石），尤其是蒙脱石，可以通过清扫作用吸附 REY 从而使 REY 富集，其稀土元素的清除表现为轻稀土(LREE) > 中稀土(MREE) > 重稀土(HREE)，这最终导致海水中的稀土元素呈现出中重稀土富集的趋势。

针对太平洋中部海盆中的不同类型沉积物稀土元素含量、比值及分布模式进行研究，发现稀土元素除了存在于矿物的晶体格架中，也以吸附状态存在于矿物相（沸石和黏土矿物）中，以上说明黏土组分的吸附作用对 REY 贡献可能具有重要意义。印度洋沃顿海盆 42-GC34 样品的蒙脱石在硅质黏土、远洋黏土、含沸石黏土、沸石黏土中的含量平均值依次为 1.05%、1.63%、2.70%、34.4%；随着蒙脱石含量的增加，$\sum$REY 逐渐增加。虽然黏土矿物并不是深海沉积物中 REY 富集的主要矿物，但由于黏土矿物具有较强的吸附性，其在深海沉积物中 REY 的富集过程中可能承担了“载体”的作用：前期吸附海水中的 REY，随后在成岩的过程中通过离子替换的方式将 REY 释放到最终“宿主”生物磷灰石中。

研究表明沸石本身并不富集 REY，也不能从海水中吸附 REY。大量地球化学和岩石学研究证实沸石黏土相比其他富集 REY 的远洋黏土及硅质黏土等具有最高的 REY 的含量，表明沸石一定程度上影响了沉积物 REY 的形成。Dubinin 研究发现南太平洋海盆沉积物中的钙十字沸石集合体中包含磷灰石和铁的羟基氧化物，是造成沸石黏土中 REY 高的重要因素。钙十字沸石是富 REY 深海沉积物中的主要沸石类型。有研究发现生物成因的鱼骨碎屑的磷灰石中，稀土元素的加入均发生在沉积界面 150 m 以内的沉积物中，与钙十字沸石出现的层位相吻合，说明钙十字沸石可能是富集 REY 沉积物形成过程中的伴随产物。另外，由于沸石来自周围火山物质的蚀变，而海水中的 REY 除了陆源物质和大气物质的输送外，海底火山来源是重要的途径，这些母岩对 REY 的来源可能具有重要的意义。

中太平洋 S01、S50 柱状样深海沉积物中的细粒黏土组分主要为源自亚洲大陆的风尘黏土；同时该区域中 Al、Fe 元素也主要源自陆壳风化产物，并随风尘携带至研究区沉积。两者均与稀土元素含量呈负相关关系，表明细粒的风尘黏土沉积物并不是研究区稀土元素的主要供给，也不利于稀土元素的富集。

4.3.2.2 REY 与磷酸盐的关系

CC 区内的深海泥∑REY 与 P 同样显示较好的相关性。日本学者认为南鸟岛周边海域深海沉积物中稀土元素的富集与鱼牙骨碎屑状的磷灰石密切相关，深海沉积物的粒度分析和成分分析表明，富含稀土的磷灰石主要属于沉积物的粗粒级组分。刘季花通过大量数据分析发现，P 与 La 的相关性高达 0.905，Toyoda 等人认为这种相关性主要是磷酸盐的贡献。在磷酸盐中，PO_4^{3-} 的半径较大，因而容易与半径较大的 3 价 REY 结合形成独居石；或者与半径较大的 2 价阳离子（Ca^{2+}、Sr^{2+}、Ba^{2+}）结合形成类磷灰石的矿物，此时稀土能与 Ca^{2+} 等类质同象。实际上，REY 在磷块岩中的含量也普遍较高，磷酸盐化的结壳 REY 含量明显高于未磷酸盐化的结壳。磷块岩因具有高的稀土含量，同时能够继承海水的稀土模式，因此常常用来反映地质历史时期的海水稀土模式。Dubinin 报道的沸石矿物特征，其 ΣREY 与 P 也具有良好的正相关关系。更为直接的证据来自澳大利亚沉积盆地中广泛发育的稀土磷酸盐矿物，如磷铝铈矿、磷钡铝矿、磷钇矿、磷灰石等。

关于磷灰石中稀土元素富集的地质过程，一直是尚未定论的科学问题。有研究认为，在鱼牙骨沉积期后的 $10^3 \sim 10^4$ 年内的早期，在较浅的埋藏环境下，稀土元素可由最初生物活体中远小于 1×10^{-6} 快速增加 3 ~ 4 个量级，甚至大于 10^6，然后化石骨骼和牙骨在整个地质历史中对 RE 等元素封闭，整个过程造成了沉积物中稀土元素的富集。由于北美页岩标准化后的磷灰石 REE 配分形式类似于现代海水 REE 配分形式，有学者认为海水是其 REE 的主要物质来源，稀土元素可以由海水进入磷酸盐，而那些与现代海水不同的 REE 配分形式是由于后期成岩过程中固体磷酸盐相和孔隙水平衡过程中 REE 在碎屑矿物和海洋自生矿物之间重新分配造成的，是矿床后期改造作用的产物。经过后期成岩作用中稀土离子在不同物相间的交换和重新结晶后的磷灰石中 MREE 明显比轻稀土和重稀土富集，配分形式表现为明显的“钟状”。

由于海水中稀土元素含量极低，深海中的 REE 含量为 $4\times10^{-12} \sim 6.5\times10^{-12}$，且现代鱼骨中所含的稀土元素最高的发现不超过 100×10^{-6}。生物磷酸盐化石中稀土元素的富集需要漫长的地质过程，暗示着富含 REY 的沉积物需要足够的沉积时间，必然要求沉积速率缓慢，沉积区物质来源供给相对匮乏。因此，远离火山热液活动区的中西太平洋区域比东太平洋热液活动区域更有潜力成为以磷灰石为主要载体的 REY 富集区。

研究区内的沉积物柱状样 WPC1101、PCA121、PC6060、PC48 及 PC6113，P_2O_5 与 ΣREE 具有较好的协同变化趋势，似乎也说明了稀土与磷酸盐具有紧密联系，如图 4-3 所示。当然深海稀土软泥中的 P 并不能完全决定 REY，稀土来源还应该综合考虑。例如中印度洋海盆深海泥的 P 与 ΣREY 均比较低，P 与 La 的相关性因此只有 0.5。磷酸盐矿物中 Ca 能与 REY 类质同象，REY 在磷酸盐结构中与 Ca 等碱金属竞争是其富集最重要的可能，而在钙质沉积物区磷酸盐交代碳酸盐会打破这种竞争关系；同时钙质沉积物沉积速率较快，也起到稀释作用。P/REY 的原子数量比值大，ΣREY 随 Ca 含量先增高后降低，说明富稀土泥中的磷酸盐主要还是与钙在一起。黏土作为铝硅酸盐，ΣREY 理论上在一定范围内变化。稀土在结核或结壳中的研究尽管比较多，然而深海泥中的铁锰氧化物究竟有多大贡献还不是很清楚。海洋中的活性磷酸盐含量低，一般不高于 3000 nmol/L，如果 P 进入沉积物中的通量一定，那么深海泥中 P 的富集需要足够的时间，P 含量与 ΣREY 具有正相关关系，因此低沉积速率的深海泥普遍具有高含量的稀土。深海稀土软泥中 P 含量高的样品 ΣREY 高，REY 主要由磷酸盐控制，其特征类似于海山磷块岩；而 P 含量低的样品 ΣREY 低，其他组分对 REY 的贡献相对增加，因而磷酸盐的贡献低。因此综合分析，本书提出研究区富稀土泥中高 P 含量是形成高 ΣREY 重要的控制因素。

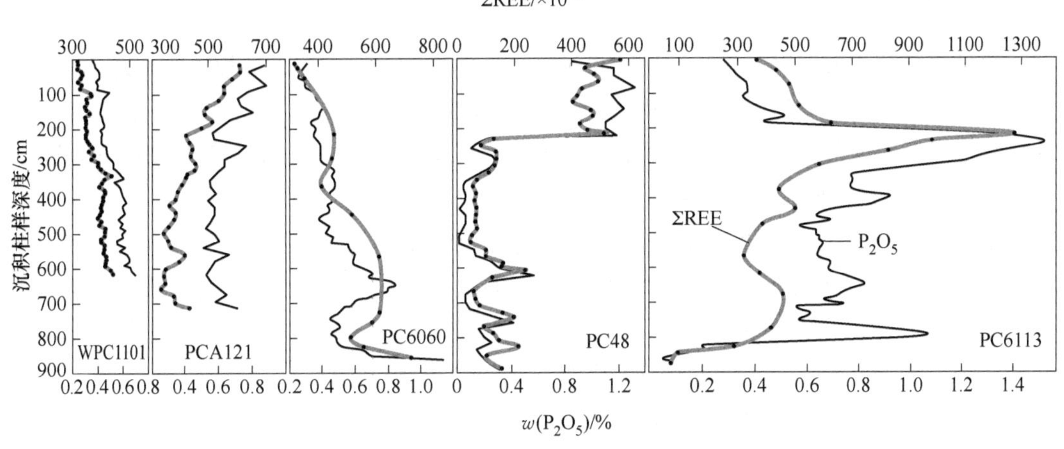

图 4-3 沉积物柱状样 ΣREY 纵向剖面图

深入调研发现，深海泥环境下金属氧化物稀土元素含量低，而沸石和蒙脱石等矿物自身稀土元素含量低，当 P 含量低时，它们对于深海泥的稀土特征具有一定影响，然而 P 含量高时，深海泥的稀土模式即显示磷酸盐的特征。对取自中太平洋重力活塞柱状样进行化学萃取和分离，萃取率达到 90%，在富稀土的溶液中测得 REY^{3+}、PO_4^{3-}，指示了深海泥中大部分稀土可能是以磷酸盐的形式存在。对前人数据重新整理，发现 ΣREY 对 P 含量极其敏感，是一种普遍规律，而 ΣREY 与 Al、Mn 的相关性在更大范围中显得不足为道。通过对结壳中富稀土磷酸盐的模拟计算，沉积柱状样中 P 与 REY 的协同变化，富稀土元素磷酸盐的萃取实验，REY 对 P 含量敏感性以及富稀土泥中稀土元素的配分模式特征，表明富稀土元素磷酸盐是深海沉积物稀土富集的主要控制因素。

4.3.2.3　REY 与铁锰氧化物的关系

稀土元素在海洋沉积物中的富集很大程度上受控于铁锰氧化物的清除作用。东南太平洋富 REY 深海软泥紧邻东太平洋洋隆，从热液羽状流沉淀下来的铁羟基氧化物从海水中吸附 REY，加藤泰浩等人认为是其中一种富集机制。深海泥 ΣREY 与 Fe_2O_3 以及 ΣREY 与 MnO 含量相关性同样良好。CC 区深海泥表层样品富含多金属结核，这些结核往往含有较高的 ΣREY；样品 W-22 具有较高的 MnO 含量（4.36%），REY 北美页岩标准化后具有与锰结核相似的特征，疑其受到铁锰氧化物影响较大。然而，已有的研究发现铁锰结核与深海泥的 REY 赋存矿物存在差异，前者倾向于 Fe、Ti、P 相关的矿物，后者与 Al、Mn、P 相关的矿物联系紧密。埋藏型的铁锰氧化物与深海泥上覆的多金属结核的沉积环境也有所不同，前者往往称为成岩型结核，后者为水成型结核，水成型结核具有显著高的 REY 含量。同时，通过结核和微结核的对比研究发现，微结核具有更低的 ΣREY。更为重要的是，北美页岩标准化后的多金属结核稀土模式常常出现 Ce 正异常，而研究区的深海泥却几乎只存在 Ce 负异常。以上研究结果显示铁锰沉积物与深海泥对 REY 的富集机制存在差异，铁锰沉积物的含量少 ΣREY 低，因此沉积物中的铁锰氧化物对 REY 的富集作用有限。尽管如此，铁锰氧化物在沉积物中的富集与海水中的锰通量以及海水的氧逸度相关，其在深海泥中的含量高，一定程度上指示了沉积速率低，同时能够贡献部分 REY。

4.3.3　深海稀土勘查技术

目前深海稀土资源勘查广泛采用的是沉积物岩芯取样与浅地层剖面探测等地球物理相结合的方法，即根据获取的柱状沉积物岩芯样品中的稀土元素含量、矿物组分、物性参数等，结合浅地层剖面等资料，综合研究判断深海稀土发育区域与富集层位，并初步估算资源潜力。

4.3.3.1　沉积物岩芯取样

深海沉积物岩芯取样主要采用重力取样器（以及重力活塞取样器）和钻探取样（钻探船、深海钻机）等设备。目前在深海稀土资源勘查中主要应用重力取样器和重力活塞取样器调查取样，并收集深海钻探（DSDP）和大洋钻探（ODP）钻取的岩芯样品；调查间距一般按照 100 km、50 km、25 km 以及更小的间距进行加密。

A　重力取样器和重力活塞取样器

国外比较著名的超长型重力活塞取样器包括美国 Woods Hole Oceanographic Institution（WHOI）研制的 Giant Piston Corer、Jumbo Piston Corer 和 Long Coring，法国 Institute Polaire Francais Paul-Emile Victor（IPEV）研究所的 Calypso Corer 等。其中 Calypso Corer 于 2002 年在墨西哥湾北部获取了长度为 64.5 m 的岩芯，2019 年 3 月在印度洋克洛泽群岛北部创造了沉积物岩芯长度 69.73 m 的新纪录；2007 年 Long Coring 取样器在 Bermuda Rise 海域获取了 46 m 的沉积物岩芯；2021 年 5 月，日本利用 40 m 重力活塞在西太平洋 8023 m 水深处获取了 37 m 沉积物岩芯。

目前国内科考船上配备的重力活塞取样器长度一般不超过 30 m，其中“向阳红 01”“科学号”和“东方红 3”等船配备取样器长度为 30 m，“海洋六号”船配备取样器长度为24.5 m，“雪龙2”船配备取样器长度为22 m。1997年原国家海洋局第一海洋研究所利用“向阳红09”船重力活塞取样器（取样器长20 m）在冲绳海槽北部（水深703 m）取得了17.11 m沉积物岩芯，广州海洋地质调查局“海洋六号”船2017年在太平洋深海盆地取得14.45 m沉积物岩芯，中国海洋大学“东方红3”船2019年在东沙群岛附近海域（水深2500 m）取得23.6 m沉积物岩芯，“雪龙2”船2020年在北极海域（水深1870 m）取得18.65 m沉积物岩芯。

深海稀土多发育于海底表层至以下十余米，最深可达表层以下百余米。目前在深海稀土资源勘查中，利用重力取样器和重力活塞取样器获取岩芯长度一般为数米至十余米，岩芯长度多未穿透富集层底部边界。

B 深海钻机

在深海钻机研制领域，美国等发达国家于20世纪末就开始了相关研究。1996年，美国威廉姆逊公司为日本金属矿业事业团设计制造的世界上首台海底中-深孔岩芯取样钻机BMS的钻深能力为20 m（作业水深为500～6000 m），2003年，美国威廉姆逊公司研制的首台深孔岩芯钻机PROD的钻深能力为125 m（最大作业水深为2000 m），2005年，英国地质调查局（BGS）研制的中—深孔岩芯钻机RockDrill2的钻深能力为15 m（最大作业水深为3100 m）；2005年，德国不来梅大学研制的深孔岩芯钻机Me Bo的钻深能力为50 m（最大作业水深2000 m）。2006年，美国Sea Floor Geo Services公司还研制出可搭载在ROV等近底作业平台上的ROV Drill钻机系列，其中基本型的钻深能力为18 m（工作水深为3000 m），M50型的钻深能力为55 m（工作水深为2200 m），M80型的钻深能力为80 m（可扩展到160 m，其工作水深与配套带缆遥控水下机器人ROV相同）。

2010年，长沙矿山研究院研制了工作水深为1000～4000 m、钻深能力为20 m的海底中—深孔岩芯钻机，2012年，钻深能力扩展到60 m。2015年，湖南科技大学研制出适用水深3500 m、钻深能力为60 m的国内首台海底多用途深孔钻机“海牛号”，2017年将其钻深能力扩展至90 m。2021年4月，“海牛Ⅱ号”在南海超过成功下钻231 m（水深2060 m），刷新了世界深海海底钻机钻探深度新纪录。

目前，这些深海钻机主要用于发育水深相对较浅的近海或半深海的石油天然气、多金属硫化物等资源的勘查与研究，尚未有关于深海钻机在深海稀土资源勘查中取样应用的报道。日本和我国在深海稀土研究中，都收集了DSDP和ODP计划钻取的沉积物岩芯样品和相关数据。

4.3.3.2 浅地层剖面探测技术

在深海稀土资源地球物理勘查中，主要是利用浅地层剖面探测仪等设备获取调查区域内的浅地层剖面资料，结合沉积物岩芯中富集层段的声学特征进行对比，以探索解决REY富集层位的连续性及三维分布问题。

REY主要富集于细颗粒的深海沉积物中，由于其具有黏性大、粒度细、纹层间物性差异小等特点，目前还未找到直接有效的识别方法。Nakamura等人（2016）利用在南鸟岛周边海盆获取的20 m深度内的浅地层剖面及多波束地形资料，根据沉积层与下伏地层的平行关系和反射强度，将沉积物初步划分为非穿透形（O形）、透明形（T形）和分层形（L形）三种。结合岩芯地质特征对比研究发现，O形具有非穿透和高反射性特点，无明显沉积结构，一般为没有沉积层覆盖的基岩露头；L形分层序列形成多个反射面，通常覆盖于T形之上，多为非富集的半深海沉积物；T形具有声学穿透性，受声学基底反射界面影响，上边界可分为不规则和平滑两种类型。初步判断南鸟礁周边海盆中富稀土层主要发育于未被L形覆盖的T形地层内；但精细识别还有待进一步研究，且仍难以有效识别出具体富集层位。

4.3.3.3 沉积物元素原位快速探测技术

沉积物原位参数测量作为一种新型探测技术，近年来开展了相关研究与近海试验。随着深海拖体、ROV、AUV、HOV 等平台的广泛应用，深海沉积物的相关探测技术开始得到重视，但目前整体还处于初步探索阶段，相关探测技术主要为某个特定参数的近底或原位点状测试。

针对深海稀土资源的高效探测，克罗地亚、挪威、美国等国科学家联合，利用放射性同位素 Lu176 和 Gd 热中子捕获等放射性核素，探索了基于海底作业平台的表层沉积物中 REY 快速探测技术的理论与方法，即利用放射性核素法，原位测量沉积物 REY 中某种元素的含量；根据建立的单个元素含量与∑REY 的线性关系，初步估算表层沉积物的∑REY。其中，Lu176 同位素法主要利用测量放置在屏蔽容器内氧化镥的 Lu176 同位素发生 β 衰变的辐射量，探索性测量沉积物中 Lu 含量，再推导估算沉积物中∑REY。实验室模拟结果显示，该方法虽然简单，但由于深海沉积物中低浓度的 U、Th 等元素会降低其检测限，并延长其检测时间。Gd 热中子捕获法主要是采用搭载在 ROV 运载平台上的中子传感器，通过发射 14MeV 脉冲的中子，利用远程操控平台捕获并测量沉积物中的 Gd 含量，进而推导估算沉积物中∑REY。该方法探索了在浅海开展沉积物中∑REY 原位快速测量的理论可行性，但其对深海稀土资源的高效探索的可行性与应用需进一步研究。

4.4 深海稀土软泥开采

深海稀土软泥是继多金属结核、富钴结壳和多金属硫化物之后的第四种深海矿产资源。海洋中的稀土元素主要分布于海底沉积物、多金属结核（结壳）、热液硫化物以及海水中，其中多金属结核（结壳）及海底沉积物中的稀土元素含量相对较高，具有一定的开采价值。鉴于深海稀土软泥与多金属结核产出环境相近，二者往往伴生，多金属结核开采技术大多适用于深海稀土，因此一般认为，深海稀土软泥可能会与多金属结核一起，成为首批开发的深海矿产资源之一。

4.4.1 中国深海稀土软泥开采研究现状

中国大洋协会于 2012 年启动了“海底新型矿产资源预研究”课题，开始对深海稀土元素资源开展研究，至今已在印度洋和太平洋初步划定了稀土富集区。相关研究人员认为盐酸作为较理想的浸出剂，能够浸出富稀土沉积物中 90% 以上的 Y 和 40% ~50% 的 Ce，并从深海沉积物中提取出了稀土氧化物。熊文良等提出了选冶条件温和、能耗低、效率高、环境友好的以浮选为主的稀酸浸出流程，主要包括沉积物脱泥预处理、研磨浮选与粗精矿分离、粗精矿浸出与渣液分离、浸渣浮选分离等。范艳青等人从综合利用的角度，提出了利用 98% 的浓硫酸与沉积物混合稀释放热和化学反应放热，实现低能耗、自熟化的池浸提取深海沉积物中 REY，以及 Al、K 等金属的综合利用方法。2018 年，我国科考队员东南太平洋深海盆地内初步划分出了面积约150万平方千米的富稀土沉积区，这是国际上首次在东南太平洋海域发现大范围富稀土沉积，刷新了我国和国际上深海稀土资源的调查研究的新纪录，为在该区域深入开展深海稀土资源调查和相关环境研究奠定了基础。

4.4.2 日本深海稀土软泥开采研究现状

2011年，日本科学家宣布，在南太平洋东部和北太平洋中部发现大面积富稀土深海沉积物，绝大多数厚度都超过30 m；在北太平洋东部地区深海沉积物中也富含稀土，厚度超过70 m。而后，日本发现在南鸟岛以南约200 km、水深5600 m海底之下3 m左右的浅层沉积物中，存在浓度最高达到0.66%的稀土，这是全球最高浓度，其稀土总储量约为680万吨，相当于日本227年的国内消费量。2013年5月19日，日本研究人员再次宣布在印度洋东部的海底发现了含有高浓度稀土的海底泥，在水深约5600 m的海底以下75~120 m处，存在含有稀土的泥层，浓度也是相当之高。

日本科学家认为可以把深海沉积物从海底开采运往陆地，再通过简单的酸淋洗从沉积物中提取稀土。但日本针对深海采泥、扬泥研究仅是开展了陆上气动升降试验，针对陆上冶炼分离系统也只是提出了建设性方案，因此，日本距离深海稀土实际开采还十分遥远。2013—2015年，日本以南鸟礁周边海盆中富稀土沉积为对象，进行了深海稀土开发利用研究，提出了与多金属结核采矿模式相类似的深海稀土资源开发理念，初步设计了扬泥量为3500 t/d的海上浮式生产-存储-卸载系统及作业流程方案，如图4-4所示。

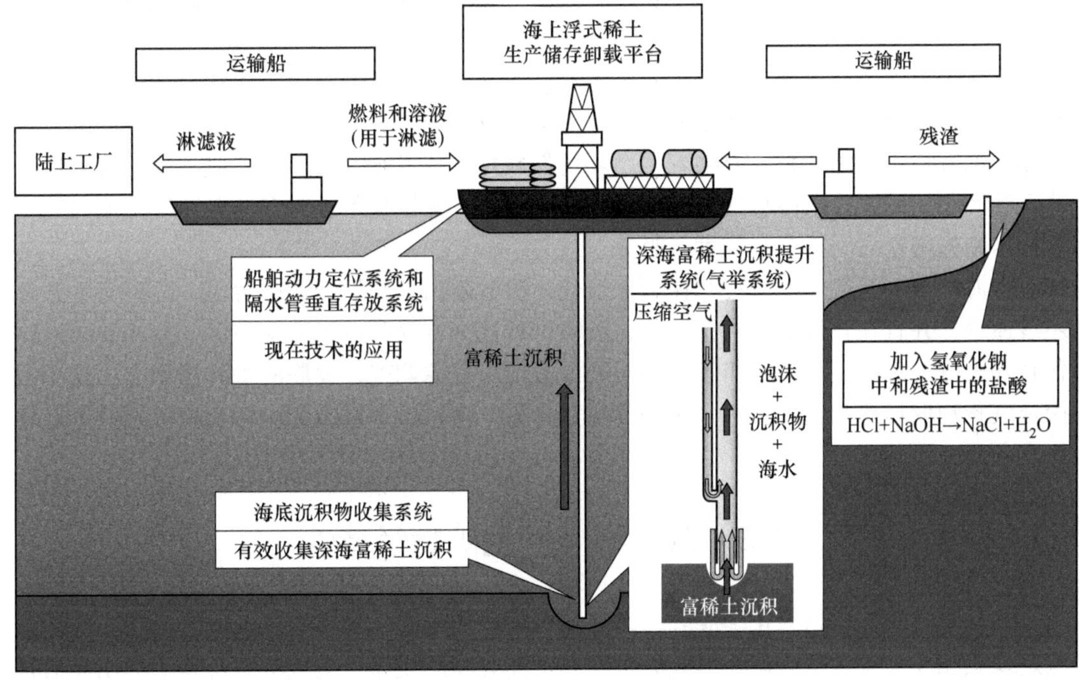

图4-4 深海稀土软泥开发利用模式

彩图

该方案主要包括以下6个部分。（1）海底采泥与选矿：针对富稀土沉积物黏度大等特性，对比疏浚型、旋转型、桨型等3种钻取刀头的性能模拟试验，初步确定了旋转型和桨型的钻取方式，刀头的理想转速为78 r/min；利用水力旋流分离器在海底对粗颗粒的生物成因磷灰石进行选择与回收。（2）海底扬泥：对气举技术改良后，初步提出了多次加压、连续扬泥的气举方式扬矿方案。（3）泥浆现场脱水：在采矿母船上对泥浆进行离心脱水，并将残液回流返至海底。（4）泥样海上运输：将脱水后的泥块从采矿母船转运至陆地上进行冶炼。（5）选冶与分离：用盐酸进行淋洗、用碳酸钠进行沉淀，之后按照现有分离工艺对REY进行分离、回收。（6）尾矿综合利用：对尾矿进行酸中和、脱水、固化等处理后，制作成建筑材料加以综合利用。此外，日本对该开采系统进行了成本估算，计划近年进行深海稀土资源试采。

4.4.3 英国深海稀土软泥开采研究现状

2012年，英国南安普敦大学开展了深海稀土采矿的概念设计。在该设计中，深海富稀土沉积物的采集装置采用了绞吸式履带挖掘采矿车，模拟并初步估算了掘进速率、绞吸头转速、绞吸刀片尺寸、设备功率等。在海底进行REY的冶炼，并将冶炼产品装在反应罐中，利用绞车系统提升至海面平台。在海底的冶炼流程中，首先将采集的富稀土沉积物转移至浸出槽内，加入酸溶液进行混合与处理；在物理分离后将渗滤液导入沉淀容器内，采用沉淀法、溶剂萃取法、离子交换法和滤膜法等方式对其中的REY进行回收；采用电析法对多余的废酸液进行回收利用。常温下深海沉积物REY的酸浸出回收率在80%以上。

总体来看，当前世界对深海稀土资源的勘探技术和研究手段尚未成熟，深海稀土元素形成机制、富集位置、迁移转化模式等还有待于进一步研究分析。与其他海底资源的开采一样，深海稀土资源开采也面临着生态环境易破坏、技术难度大、开采成本高、管理规范缺乏等问题。同时，我国在深海稀土资源调查手段、深钻技术、深海钻探船等方面与美日等技术领先国家之间仍存在较大差距。

深海稀土资源这一新兴资源在未来很长一段时间内都会处于调查阶段，距离实际开发还很遥远，并且在开采的技术、经济、环境可行性等方面存在很多未知性，但相关技术储备必须先行。现阶段我国应继续持续开展深海稀土资源调查，发展深水海洋调查、深海钻探及沉积物取样等装备及技术，做好实验室分析、模拟、开采研究，为未来可能的试采做好准备。

4.5 深海稀土软泥矿物学特性

矿物学是研究矿物的化学成分、内部结构、外表形态、物理性质、成因产状、分类和鉴定及其相互关系，探讨矿物形成的时间和空间分布的规律、变化历史及其实际用途的科学。矿物学是地质科学的一门重要分科，以地壳中产出的无机晶质矿物作为主要研究对象。

通过对海洋沉积物元素组成和含量分析可以了解沉积物的主要化学成分，揭示沉积物的物质来源和分布规律，抓住划分沉积物类型最本质的东西。矿物学研究，尤其是稀土赋存矿物鱼牙和铁锰微结核的研究，是揭示该类矿床成矿机制的重要研究内容。

太平洋海底既有丰富的矿产资源，也是进行地学理论研究的极好场所。早在1872—1986年，“挑战者”号对太平洋沉积物进行了系统的采样并做了详细的室内分析，Murry和Renard在1891年出版了《深海沉积》一书，论述了各类软泥、红黏土、铁锰沉积物的成因、成分以及分布规律，该书成为研究太平洋沉积的基础。接着，美国、德国等也对太平洋进行了考察。第二次世界大战之后对太平洋沉积的研究飞速发展，尤其是1968年“格罗玛·挑战者”号开始执行钻探计划及以后氧同位素古温测定、超导磁力仪古地磁测年和液压活塞取样技术的进步，带来了地学上的革命，大大加深对深海沉积的研究。近年来对深海铁锰结核等矿产资源的需求，激发各国加紧对深海沉积环境进行综合研究。

我国对太平洋深海沉积的研究起步较晚，1976年3月3日—1978年3月21日，为了完成远程运载火箭的调查任务，对太平洋特定区域进行了四次气象、水文、地质、沉积考察，开了我国深海考察研究之先河，这次共取得5412 m水深的表层样10 kg，5407 m水深的柱样80 cm及一些锰结核。在“第一次全球大气试验（FGGE）”中，我国于1979年1月—1980年6月派出“实践”号和“向阳红09”号两条船在赤道太平洋地区进行底质和柱状取样，对调查地区的沉积物类型、分布特征、形成机理做了详细研究，其后，又做了黏土矿物、沉积化学、碎屑矿物、微体古生物、氧同位素、^{14}C、古地磁等方面的分析。为了调查海底铁锰结核矿产资源，国家海洋局“向阳红16”号（1983年）、地矿部“海洋4号”（1986—1988年）对太平洋地区进行了深入调查。这些考察研究活动使我国取得了太平洋沉积物第一手宝贵资料，填补了我国对太平洋沉积物研究的空白，尤其是对沉积物中玻璃陨石的研究受到世界同行的高度评价。

4.5.1 稀土元素特征值和配分模式

稀土元素和金属钇的总含量 $\Sigma REY=\Sigma(REE, Y)$；轻稀土元素含量 $LREE=\Sigma(La, Ce, Pr, Nd)$；中稀土元素含量 $MREE=\Sigma(Pm, Sm, Eu, Gd, Tb, Dy, Ho)$，由于Pm在自然界中含量过低，难以检测，故有时不统计Pm；重稀土含量 $HREE=\Sigma(Er, Tm, Yb, Lu)$。

$$\text{轻重稀土比值}(La/Yb)_N=\frac{La_N}{Yb_N} \tag{4-1}$$

$$\text{轻中稀土比值}(La/Sm)_N=\frac{La_N}{Sm_N} \tag{4-2}$$

$$\text{中重稀土比值}(Sm/Yb)_N=\frac{Sm_N}{Yb_N} \tag{4-3}$$

$$\text{铈异常 }\delta Ce=\frac{2Ce_N}{La_N+Pr_N} \tag{4-4}$$

$$\text{铕异常 }\delta Eu=\frac{2Eu_N}{Sm_N+Gd_N} \tag{4-5}$$

式中，N代表经标准化后的元素值 $REY_N=\dfrac{REY\text{样品}}{REY\text{页岩}}$。一般采用澳大利亚后太古代平均页岩（Post-Archean Australian Shale，PAAS）进行标准化。

石学法研究员带领的深海稀土研发团队研制的深海富稀土沉积物地球化学标样，通过了多轮专家评审，被定级为国家一级标准物质，这是我国也是国际上首次成功研制深海富稀土沉积物标准物质，填补了该领域的国内外空白。该标准物质具有定值元素种类多、稀土元素含量较高且梯度明显等特点，其主要技术特性如定值项目、定值方法、稳定性等均达到国内外标准物质研制先进水平。

深海软泥中富 REY 站位的稀土元素配分模式与生物成因站位和海水稀土配分模式相似，而与岩石成因站位的稀土配分模式不同；岩石成因站位的稀土配分模式与亚洲黄土和沉积物碎屑相稀土配分模式相似。岩石成因站位稀土配分模式主要受到陆源风尘黄土的控制，而富 REY 站位和生物成因站位则有可能主要受控于风尘黄土或者铁锰氧化物颗粒对海水中稀土元素的吸附作用；富 REY 站位与生物成因站位在含量上的差异，研究者初步认为主要是由生物组分的稀释作用引起的。

4.5.2　深海稀土软泥分布模式

深海富稀土沉积主要发育在深海盆地的沸石黏土和远洋黏土中，属于自生成因；部分发育在洋中脊附近的盆地中，受到热液作用的影响。研究发现，深海黏土中稀土元素主要赋存于生物磷灰石中，海水是稀土元素的主要来源；在早期成岩阶段，稀土元素在深海沉积物中发生转移和重新分配，并最终富集于生物磷灰石中；大水深（CCD 面之下）、低沉积速率和强底流活动是深海稀土大规模成矿的主要控制因素。

深海沉积物中的稀土元素含量明显受沉积物组分的控制，ΣREY 在不同类型沉积物中呈规律性变化，表现为在沸石黏土、远洋黏土、硅质黏土、硅质/钙质软泥中依次减少。统计发现，深海富稀土沉积发育的沉积物类型主要为沸石黏土、远洋黏土，广泛分布于深海盆地中，部分发育在洋中脊附近的盆地中，受热液作用的影响。沸石黏土和远洋黏土物质组成的差别主要在于黏土矿物和沸石含量（质量分数）不同，前者的黏土含量（质量分数）为50%～70%，沸石含量（质量分数）达25%～40%；后者则主要由黏土组成，一般在75%以上。沸石黏土和远洋黏土都属于深海黏土。深海黏土通常发育于远离大陆且水深超过4000 m 的深海，钙质、硅质生物壳体和陆源碎屑物质含量低。深海富稀土沉积主要为棕色/红棕色深海黏土，主要组成矿物包括黏土矿物、钙十字沸石、生物磷灰石、微结核，以及少量石英、长石等碎屑矿物。需要说明的是，由于微结核和生物磷灰石为非晶质矿物，或者结晶度较差，在 XRD 图谱上无法识别。总体来说，沸石黏土相较远洋黏土普遍具有更高的稀土元素含量。

通过对三大洋深海沉积物研究发现，REY 在沸石黏土和远洋黏土中最为富集，富稀土沉积物大多表现为 Ce 负异常的 LREE 亏损、M-HREY 富集的特征，为典型受到海水来源影响的 REY 配分模式。经过后期成岩作用中稀土离子在不同物相间的交换和重新结晶后的磷灰石中 MREE 明显比轻稀土和重稀土富集，配分形式表现为明显的“钟状”。Dubinin 在 2000 年研究发现南太平洋海盆沉积物中的钙十字沸石集合体中包含磷灰石和铁的羟基氧化物，是造成沸石黏土中 REY 高的重要因素。由于该研究显示沸石表现为明显的 Ce 正异常，这也很好地解释了深海沉积物中 REY 与 Fe 之间的正相关关系。

深海富稀土沉积物的 M-HREY 和 HREY 占比均随 ΣREY 增加明显增大。与陆地稀土矿床相比，深海富稀土沉积物的 M-HREY 占比、HREY 占比虽略低于华南离子吸附型重稀土矿床，与贵州磷块岩稀土矿床相当，但远高于白云鄂博稀土矿床和华南离子吸附型轻稀土矿床；并且其ΣREY较华南离子吸附型稀土矿床和贵州磷块岩稀土矿床明显偏高。此外，深海富稀土沉积还富集Mn、Sc、Co、Ni、Cu和Zn等金属元素，且Th、U等放射性元素含量比陆地稀土矿床低1~2个数量级。可见，深海稀土经济价值和综合利用价值非常高，是一种有潜力的深海矿产资源。

深海富稀土沉积都发育于碳酸盐补偿深度（CCD）之下，沉积物类型、沉积速率、物质组成、氧化—还原环境等都是影响深海REY富集的主要因素。REY在沸石黏土和远洋黏土中最为富集，其次为硅质黏土和硅质软泥，钙质黏土和钙质软泥的ΣREY较低，即从钙质软泥→钙质黏土→硅质软泥→硅质黏土→远洋黏土→沸石黏土，LREE、HREY和ΣREY逐渐增加，HREY相对富集程度增加；Ce负异常越来越明显，Eu正异常逐渐减弱。富稀土沉积发育于氧化环境中，深海底流携带来的溶解氧对富稀土沉积的发育具有重要作用；且沉积速率越低，越有利于沉积物中REY富集。

4.5.3 深海稀土地球化学特征

中国大洋协会是全面统筹组织我国国际海底区域矿产资源调查开发的专门机构。早在20世纪90年代初，在其支持下，我国科学家就对太平洋沉积物中的稀土元素地球化学特征和变化规律进行了研究，取得了丰富成果，但当时没有将其作为一种潜在的矿产资源加以考虑。2011年，中国大洋协会又在国内最早组织科学家开展了深海稀土研究，2012年正式立项开始世界大洋海底稀土资源潜力研究。目前我国深海稀土调查研究已走在世界前列。

大量地球化学和岩石学研究证实沸石黏土相比其他富集REY的远洋黏土及硅质黏土等具有最高的REY的含量，表明沸石一定程度上影响了沉积物REY的形成。任江波等人（2015）通过对东太平洋CC区柱状样地球化学统计分析研究也发现深海黏土中ΣREY与Al_2O_3具有较好的正相关关系，认为黏土物质本身对稀土元素的富集起到积极的作用。

深海富稀土沉积除富集稀土元素外，还富集Mn、Sc、Co、Ni、Cu、Zn等金属元素。深海富稀土沉积中上述金属元素比上地壳平均值高1~2个数量级。同时，深海富稀土沉积中Th、U等放射性元素含量低，其含量大体与上地壳平均值相当，比陆地稀土矿床低1~2个数量级，表明深海稀土开采过程中不会产生明显的放射性污染。深海富稀土沉积中稀土元素配分模式表现出明显的负Ce异常及弱正Y异常，以轻稀土元素相对亏损、中—重稀土元素相对富集为特征。本次研究还发现，深海富稀土沉积物的中—重稀土元素占比（ΣM-HREY/ΣREY）和重稀土元素占比（ΣM-HREY/ΣREY）随ΣREY值增加而增大。深海富稀土沉积物中ΣM-HREY/ΣREY和HREY/ΣREY值虽略低于华南离子吸附型重稀土矿床，但与贵州磷块岩稀土矿床相当，且远高于白云鄂博稀土矿床和华南离子吸附型轻稀土矿床。深海富稀土沉积除富集稀土元素外，还富集Mn、Sc、Co、Ni、Cu、Zn等金属元素。深海富稀土沉积中上述金属元素比上地壳平均值高1~2个数量级。同时，深海富稀土沉积中Th、U等放射性元素含量低，其含量大体与上地壳平均值相当，比陆地稀土矿床低1~2个数量级，表明深海稀土开采过程中不会产生明显的放射性污染。深海富稀土沉积中稀土元素配分模式表现出明显的负Ce异常及弱正Y异常，以轻稀土元素相对亏损、中—重稀土元素相对富集为特征。

2013 年，中国地质调查局广州海洋地质调查局“海洋六号”船在执行中国地质调查局深海地质 01 航次期间，在中太平洋海盆西部布设了一条海洋地球物理测线调查，综合利用多波束测深、浅地层剖面测量及单道地震测量，调查中太平洋深海富稀土沉积物的时空分布状况及其声学特征；同时进行了重力活塞沉积物柱状取样（S01、S50 测站），以研究深海沉积物稀土元素的富集机制。

4.6 深海稀土软泥提取冶金

4.6.1 深海稀土软泥选矿及浸出工艺

由于沉积物粒度细、黏土矿物含量高、含稀土矿物解离度低，重选富集难度大；如采用浮选，由于含稀土矿物与黏土矿物的嵌布关系密切且多以微细粒包裹体嵌布其中，浮选药剂也很难与其接触，很容易造成稀土矿物的损失，从而影响稀土矿物的选矿指标。

在选矿技术研究上，使用粒度分选和浮选等方法进行了选择性回收稀土精矿的海底选矿基础实验。稀土元素富集于 20 μm 以上的粗粒磷灰石中，实验取得了非常好的浮选分离效果。在冶炼方法研究上，实验结果表明：在选矿完成后，从提取液中回收稀土的最佳沉淀剂是碳酸钠。还发现使用选择性吸附重稀土的吸附剂，能够高效回收稀土元素。

有日本学者认为南鸟岛周边海域深海沉积物中稀土元素的富集与鱼牙骨碎屑状的磷灰石密切相关，深海沉积物的粒度分析和成分分析表明，富含稀土的磷灰石主要属于沉积物的粗粒级组分，并开展了有关深海沉积物稀土元素的酸浸出实验研究，得出在常温下采用酸浸出稀土的回收率在 80% 以上。

对含稀土 0.096% 的某深海沉积物样品开展选冶试验，沉积物颗粒粒度主要分布为 1～10 μm，其平均粒度仅为 3.23 μm，其中 5 μm 以下产率为 83.86%，稀土分配率为 74.38%；通过浮选获得 REO 含量（质量分数）为 1.50% 的精矿，稀土富集比 15 倍，稀土元素回收率为 17.11%，精矿中轻稀土含量（质量分数）为 0.78%、回收率约为 14%，中重稀土含量（质量分数）为 0.72%、回收率约为 23%；将选矿富集比调低至 10 倍，精矿中稀土总回收率为 31.83%，其中轻稀土回收率为 26.20%，中重稀土回收率为 41.55%。

我国和日本科学家的实验研究都表明，可直接用酸从这种沉积物中浸取获得混合稀土氧化物，浸取工艺比较简单。采用盐酸、硫酸、硝酸、磷酸等分别对沉积物进行浸出试验，盐酸、硝酸、硫酸的稀土浸出率均在 90% 以上，磷酸的稀土浸出率约为 23%。同时研究了浮选 + 化学除杂的选冶联合方案，精矿稀土品位可提高到 6.5%、富集比约为 70 倍，稀土回收率为 22%。

刘志强团队对太平洋中部和西北部调查区深海黏土中稀土元素的酸浸出工艺和选矿工艺进行了实验研究，研究结果表明，深海黏土采用酸浸取工艺提取稀土元素的方法可行，这为未来深海沉积物稀土资源的开发利用提供了依据。从不同种类酸浸出对比实验结果来看，硫酸、盐酸和硝酸均可以很好地浸出深海黏土中的稀土元素 Y，但盐酸对稀土元素 Y 的浸出效果最好。进一步提出了稀土元素的酸浸出提取并制取稀土氧化物的技术方案，通过“循环浸出”使深海沉积物中的稀土离子浸出进入溶液中并初步富集；通过“预处理”

“逆流萃取”“逆流反萃”“净化”实现浸出液中稀土离子与杂质金属离子的高效分离，并富集；通过草酸沉淀、焙烧获得稀土氧化物。通过该技术方案在实验室制取了稀土氧化物产品。

熊文良等人提出了选冶条件温和、能耗低、效率高、环境友好的以浮选为主的稀酸浸出流程，主要包括沉积物脱泥预处理、研磨浮选与粗精矿分离、粗精矿浸出与渣液分离、浸渣浮选分离等。范艳青等人从综合利用的角度，提出了利用98%的浓硫酸与沉积物混合稀释放热和化学反应放热，实现低能耗、自熟化的池浸提取深海沉积物中REY，以及Al、K等金属的综合利用方法。

此外，刘烜、邓善芝等团队针对太平洋某沉积物中生物型磷灰石和矿物型磷灰石粒度相对较粗，黏土中稀土含量低且对浮选影响较大的特点，采用分级预先脱除细粒级产品，对粗粒级样品通过分级磨矿—浮选工艺得到稀土粗精矿。其中粒径$>19\ \mu m$的粗粒级产品经一粗一扫二精浮选作业可以得到REO品位大于1%，REO回收率大于50%的稀土粗精矿。

海底稀土因其蕴藏量巨大，稀土配分与离子型稀土矿相似，稀土浓度较离子型稀土矿高，可达后者的数倍，且沉积物厚度深，相较于多金属结核、富钴结壳或多金属硫化物容易开采，而受到国内外关注。但其稀土赋存状态与陆地稀土矿完全不同，简单盐浸难以提取，选矿分离富集倍数和回收率低，直接酸浸试剂消耗大，且沉积物粒度微细、黏度大，不利于矿浆输送和固液分离，现有技术难以经济利用，需要在选冶技术上争取重大突破。

开发一种矿产资源的最终决定因素是市场，是否能够盈利。深海富稀土沉积物位于水深4000 m以下的海底，目前开采成本很高，而且还要考虑开发对海洋环境的影响。石学法认为目前我国针对深海稀土沉积物开展的科学研究、勘探开发、选冶技术研究等都还薄弱，许多工作还刚刚开始；我国应及早考虑在深海稀土资源开发方面有所作为，鼓励更多投入、更多人参与这项事业。

4.6.2 深海稀土软泥非冶金应用

此外，我国科学家还开展了富稀土沉积相关的矿物或同类结构物质在催化剂、吸附剂、充填剂等高附加值新材料的功能化应用或潜在应用的机理研究。以深海沉积物为对象，通过制浆、分离、酸洗等工艺流程，获取了高纯度黏土样品（非黏土矿物含量(质量分数)$\leqslant 1\%$)，制备合成了方沸石晶体、八面沸石晶体和钙霞石晶体等矿物，对比研究深海黏土系列分子筛的孔径范围、最大孔径、结晶程度等，认为合成八面沸石因孔径分布范围窄、孔容大，作为分子筛的应用效果最好；利用远洋黏土中的无定形物质结晶形成的大量羟基矿物，研制开发了可作为光催化剂、污染物降剂和水消毒剂的MoS_2与黏土的复合材料；利用黏土中的-OH基团与表面改性剂3-氨基丙基三甲氧基硅烷（APS），改进了抑制热带高膨胀性黑棉土的膨胀性。

4.7 未来研究展望

2011年，中国开始启动深海稀土资源调查工作，现在总体与日本处于“并跑”阶段，处于国际领先地位。深海稀土作为一种与已知陆地稀土矿床成因完全不同的新型稀土资源，目前对其成矿规律的认知程度非常有限，成矿理论研究明显不足。未来应该在加大深海稀土调查研究力度的同时，进一步加强深海稀土分布规律和成矿作用研究。

(1) 加强深海稀土软泥基础调查研究工作。深海稀土软泥相关研究刚刚起步，应该从基础入手，在广泛调查、深入研究深海富稀土沉积地球化学特征、矿化异常、成矿时代、成矿地质背景、稀土赋存状态、成矿物质来源和迁移的基础上，利用大数据技术方法，阐明深海稀土的成矿规律和分布规律，揭示深海稀土超常富集的成矿背景和控矿要素，建立深海稀土富集成矿理论，实现海底成矿理论创新和指导找矿突破。

(2) 探讨高新技术在深海稀土成矿作用研究中的应用。高新技术在传统陆地矿床和其他深海矿床研究中已显示出独特的优势，在今后研究中应该借鉴相关研究经验，充分利用高新技术解决深海稀土成矿作用研究的难点。如高分辨率透射电镜技术（HRTEM）、原位显微 XRD 技术和同步辐射 X 射线光谱分析技术（XAFS）可以用于确定深海富稀土沉积物中稀土元素的赋存矿物和赋存状态；深海沉积物定年一直是困扰学术界的一大难题，放射性同位素测年技术（铀系同位素测年等）在这方面具有独特的优势，同时也需要探索应用新技术新方法开展深海沉积物定年研究。

(3) 开展海陆成矿作用对比研究。虽然深海稀土可能在成因、机制等方面与陆地稀土矿床不同，但陆地稀土矿床成矿作用研究已经形成比较成熟的方法学体系和理论体系，可为深海稀土成矿作用研究提供指导和借鉴。海陆对比和海陆结合必将促进深海稀土成矿作用研究的快速发展。

(4) 重视深海稀土勘查技术和深海采矿技术研究。目前，日本在深海稀土采矿技术和采矿设备研究方面走在国际前列，但尚未进入实际应用，仍处在探索研发阶段。中国深海勘查和深海采矿技术设备以往主要依赖进口，与西方发达国家相比还存在较大差距，因此中国今后应特别重视深海勘查和深海采矿技术设备研究。

深海沉积物中的 REY 经过稀酸淋滤就可实现分离、提取，深海稀土常与多金属结核伴生，二者的开采环境相似、开采技术相近，因此深海稀土虽然发现较晚，但可能会与多金属结核一起，成为首批开发的深海矿产资源之一。

深海稀土软泥作为一种与陆地稀土矿床成因完全不同的新型稀土资源，目前对其成矿规律的认知程度很低、成矿理论研究明显不足，资源勘查评价技术方法与开发利用技术研究也还处于起步阶段。未来在加大深海稀土勘查力度的同时，应加强深海稀土分布规律和成矿作用，以及资源勘查评价、绿色开发、综合利用等技术领域的研究。

(1) 加强深海稀土软泥分布规律研究。作为近 10 年来在深海新疆域内发现的一种新型矿产资源，虽然各国科学家已经对深海稀土的地球化学特征、物质来源、相关矿物、富集控制要素等进行了广泛的探讨，但是对深海稀土的成矿规律和超常富集成矿机制认识程度仍然较低，成矿理论研究明显不足。

深海稀土分布广泛，但又表现出极强的非均值性。从目前已发现富集区的分布海区来看，主要发育于太平洋和印度洋，但是在同一大洋的不同海域、同一海域内不同位置，乃至同一站位的不同层位，沉积物中 REY 的富集程度差异非常大，符合开发条件的“高品位、分布连续、少杂质”的优质富集区并不常见。控制深海稀土在不同时空尺度超常富集的因素到底是什么？深海稀土的主要赋存状态、赋存矿物以及微观赋存相态是什么？深海稀土在生物磷灰石等矿物中的富集过程是怎样的？这一系列的问题，目前尚不清楚。需要加强深海稀土基础调查研究，利用大数据方法与高新技术以及海陆对比等，阐明深海稀土的成矿规律和分布规律，揭示深海稀土超常富集的成矿背景和控矿要素，建立深海稀土富集成矿理论，实现海底成矿理论创新和指导找矿突破。

（2）强化深海稀土资源勘查评价技术研究。深海稀土资源勘查广泛使用的是沉积物岩芯取样与浅地层探测相结合的方法。其中常规取样设备获取岩芯长度一般为数米至十余米，获取的岩芯多未穿透富集底部边界，而深海稀土富集层最深可达表层以下百余米；浅地层剖面探测仪等地球物理方法对于富稀土沉积层的三维分布边界的识别效果也不理想。为经济、高效探寻到符合开发条件的深海稀土优质富集区并进行评价，需要研发适合深海稀土发育环境的百米尺度取芯能力的深海沉积物钻探技术和设备，能够高效解析深海稀土富集层位顶—底界面的浅地层精细探测与精准解译技术，能够快速测量深海沉积物中REY的近底测量技术和仪器，形成集“长岩芯取样 + 高精度浅地层探测 + 海底沉积物元素原位探测”于一体的勘查技术体系。

近十年来，虽然对深海稀土资源的评价标准、资源量估算方法等进行了初步探讨，并初步估算了深海沉积物中REY资源量，但由于深海稀土调查研究程度较低，取样间距大、取样站位少，加之对富稀土沉积的三维分布缺乏有效、全面的掌握，对其评价还非常粗浅，需要进一步研究资源评价方法和资源量估算方法，确定有效评价参数。

（3）重视深海稀土软泥开发利用技术和设备研究。作为一种新型深海矿产资源，深海稀土的开发利用技术研究目前处于起步阶段。日本等国已开展了探索性研究，初步提出了深海稀土开发的采矿概念设计、开发技术理念；我国也在选冶流程、加工处理方法、新材料等方面进行了初步探索。随着深海稀土资源勘查的深入以及试采脚步的加快，应重视深海稀土资源绿色开发、综合利用技术研发，尤其是开发利用中核心技术和关键设备的研发，包括深海稀土的海底采矿与集矿、选矿与分离、扬矿与传输、冶炼与分离，以及废渣废液的无害化处理、回收与再利用，甚至是高附加值的功能性新材料、新工艺、新方法等综合利用技术，为实现深海稀土的绿色、高效、综合开发利用提供技术储备。

全人类协同努力，加深对深海稀土资源的认识，处理好资源开发与环境保护的关系，合理开发利用，造福于人类，是我们共同的责任。

思考题

4-1 深海稀土软泥与陆地稀土矿床相比具有怎样的优势？

4-2 深海稀土软泥中稀土元素的主要赋存状态是什么？

4-3 深海稀土软泥在三大洋中的分布特点如何？

参考文献

[1] Kato Y, Fujinaga K, Nakamura K, et al. Deep-sea mud in the Pacific Ocean as a potential resource for rare-earth elements [J]. Nature Geoscience, 2011, 4 (8): 535-539.

[2] 石学法，符亚洲，李兵，等．我国深海矿产研究：进展与发现（2011—2020年）[J]．矿物岩石地球化学通报，2021，40（22）：1-14.

[3] Obhodaš J, Sudac D, Meric I, et al. In-situ measurements of rare earth elements in deep sea sediments using nuclear methods [J]. Scientific Reports, 2018, 8: 1-7.

［4］石学法，毕东杰，黄牧，等．深海稀土分布规律与成矿作用［J］．地质通报，2021，40（2/3）：195-208.

［5］Gulley A L，Nassar N T，Xun S. China，the United States，and competition for resources that enable emerging technologies［J］．Proceedings of the National Academy of Sciences of the United States of America，2018，115：4111-4115.

［6］李振，胡家祯．世界稀土资源概况及开发利用趋势［J］．现代矿业，2017（2）：97-105.

［7］范宏瑞，牛贺才，李晓春，等．中国内生稀土矿床类型，成矿规律与资源展望［J］．科学通报，2020，65（33）：3378-3793.

［8］Kon Y，Hoshino M，Sanematsu K，et al. Geochemical characteristics of apatite in Heavy REE-rich deep-sea mud from Minami-Torishima Area［J］．Southeastern Japan Resource Geology，2014，64：47-57.

［9］Yasukawa K，Liu Hanjie，Fujinaga K，et al. Geochemistry and mineralogy of REY-rich mud in the Eastern Indian Ocean［J］．Journal of Asian Earth Sciences，2014，93：25-36.

［10］王汾连，何高文，孙晓明，等．太平洋富稀土深海沉积物中稀土元素赋存载体研究［J］．岩石学报，2016，32（7）：2057-2068.

［11］Bashir M，Kim S H，Kiosidou E，et al. A concept for seabed rare earth mining in the Eastern South Pacific［J］．The LRET Colleium，2012，1：1-138.

［12］Menendez A，James R H，Stephen R，et al. Controls on the distribution of rare earth elements in deep-sea sediments in the North Atlantic Ocean［J］Ore Geology Reviews，2017，87：100-113.

［13］Zhang X Y，Tao C H，Shi X F，et al. Geochemical characteristics of REY-rich pelagic sediments from the GC02 in Central Indian Ocean Basin［J］．Journal of Rare Earths，2017，10（35）：1047-1058.

［14］汪春园，王玲，贾木欣，等．大洋沉积物中稀土赋存状态研究［J］．稀土，2020，41（3）：17-25.

［15］石学法，毕东杰，黄牧，等．深海稀土分布规律与成矿作用［J］．地质通报，2021，40（2/3）：195-208.

［16］黄牧．太平洋深海沉积物稀土元素地球化学特征及资源潜力初步研究［D］．北京：国家海洋局第一海洋研究所硕士学位论文，2013.

［17］Dubinin A V. Geochemistry of rare earth elements in oceanicphillipsites［J］．Lithology and Mineral Resources，2000，35（2）：101-108.

［18］黄牧，刘季花，石学法，等．东太平洋 CC 区沉积物稀土元素特征及物源［J］．海洋科学进展，2014，32（2）：175-187.

［19］黄牧，石学法，刘季花，等．太平洋表层沉积物中 δCe 特征探讨［J］．矿物学报，2015，35（S1）：762-763.

［20］任江波，姚会强，朱克超，等．稀土元素及钇在东太平洋 CC 区深海泥中的富集特征与机制［J］．地学前缘，2015，22（4）：200-211.

［21］方明山，石学法，肖仪武，等．太平洋深海沉积物中稀土矿物的分布特征研究［J］．矿冶，2016，25（5）：81-84.

［22］Zhou T C，Shi X F，Huang M，et al. The influence of hydrothermal fluids on the REY-Rich deep-sea sediments in the Yupanqui Basin，Eastern South Pacific Ocean：Constraints from bulk sediment geochemistry and mineralogical characteristics［J］．Minerals，2020，10（12）：1141-1162.

［23］Liao J，Sun X，Wu Z，et al. Fe-Mn（oxyhydr）oxides as an indicator of REY enrichment in deep-sea sediments from the central NorthPacific［J］．Ore Geology Reviews，2019，112：103044.

［24］Zhou T，Shi X，Huang M，et al. The influence of hydrothermal fluidson the REY-rich deep-sea sediments in the yupanqui basin，eastern south pacific ocean：constraints from bulk sediment geochemistry and mineralogical characteristics [J]. Minerals, 2020, 10 (12): 1141.

[25] 朱克超，任江波，王海峰，等．太平洋中部富 REY 深海黏土的地球化学特征及 REY 富集机制 [J]．地球科学（中国地质大学学报），2015，40（6）：1052-1060.

[26] Kato Y, Fujinaga K, Nakamura K, et al. Deep-sea mud in the pacific ocean as a potential resource for rare-earth elements [J]. Nature Geoscience, 2011, 4 (8): 535-539.

[27] 王汾连，何高文，孙晓明，等．太平洋富稀土深海沉积物中稀土元素赋存载体研究 [J]．岩石学报，2016，32（7）：2057-2068.

[28] 任江波，何高文，朱克超，等．富稀土磷酸盐及其在深海成矿作用中的贡献 [J]．地质学报，2017，91（6）：1312-1325.

[29] Toyoda K, Tokonami M. Diffusion of rare-earth ele-ments in fish teeth from deep-sea sediments [J]. Nature, 1990, 345: 607.

[30] 沈华悌．深海沉积物中的稀土元素 [J]．地球化学，1990，4：340-348.

[31] 刘季花．太平洋东部深海沉积物稀土元素地球化学 [J]．海洋地质与第四纪地质，1992，12（2）：33-42.

[32] 刘季花，梁宏锋，夏宁，等．东太平洋深海沉积物小于 2μm 组分的稀土元素地球化学特征 [J]．地球化学，1998，27（1）：49-58.

[33] 张霄宇，黄牧，石学法，等．中印度洋洋盆 GC11 岩芯富稀土深海沉积的元素地球化学特征 [J]．海洋学报，2019，41（12）：51-61.

[34] Piper D Z. Rare earth elements in ferromanganese nodules and othermarine phases [J]. Geochimica et Cosmochimica Acta, 1974, 38: 1007-1022.

[35] Bao Z, Zhao Z. Geochemistry of mineralization with exchangeable REY in the weathering crusts of granitic rocks in South China [J]. Ore Geology Review, 2008, 33: 519.

[36] Zhao Z, Wang D, Chen Z, et al. Progress of research on metallogenic regularity of Ion-adsorption type REE deposit in the Nanling range [J]. Acta Geologica Sinica, 2017, 91 (12): 2814-2817.

[37] Kon Y, Hoshino M, Sanematsu K, et al. Geochemical characteristics of apatite in heavy REE-rich deep-sea mud from minami-torishima area, southeastern Japan [J]. Resource Geology, 2014, 64 (1): 47-57.